ΣBEST
シグマベスト

JN311496

スーパーエリート問題集
算数 小学3年

スペシャルふろく

どんぐり方式(ほうしき)
おもしろ文章題(ぶんしょうだい)
絵(え)かき算(ざん)

糸山 泰造 著

文英堂

スペシャルふろく

どんぐり方式
おもしろ文章題
絵かき算

糸山 泰造 著

文英堂

すべての のびゆく子供たちの ために

気になる子供たち
～満点落ちこぼれ現象～

　私は，大手進学塾で，中学受験・高校受験をする子供たちを数多く指導していたときに，たくさんの気になる子供たちを目にしてきました。

　小学校低学年の頃は満点ばかり取っていたのに，小学校高学年や中1の3学期頃になって，急に成績不振になる子供たちです。「計算はできるんですが文章問題が…」「基本はできるんですが応用が…」という前触れも共通していました。

　私は，この現象を「満点落ちこぼれ現象」と呼んでいます。原因は低学年のときにオリジナルの思考回路を作っていなかったことだと考えています。**自力で考えること（絶対学力の育成）をしないで**，暗記，計算，解法を覚えるというパターン学習で点数を取っていた子供たちです。

気になる子供たちの特徴
ちょっと複雑な文章問題を見て…

① 「わかんない」「習ってない」と言って，問題文を読もうともしない。
② 文脈を無視して，書いてある数字を使い，でたらめな計算をする。
③ 考えずに「たすの？ひくの？」と聞く。
④ 様々な計算をして，偶然答えが出るまで，何度も計算を続ける。
⑤ 頭の中だけで考え，文章を追えないと「難しい」と言ってあきらめる。
⑥ 面倒がって，意味もなく先を急ぐ。また，考えればわかるのに，あきらめる。

　このような症状が出ている場合は，これまでの学習方法を一時休止し，本書のどんぐり方式を参考に，「**自分の頭で考え抜く**」という学習スタイルを取り入れられることをお勧めします。

　なかには，文章通りの絵図が描けるようになるまでに，6カ月以上かかる子もいますが，必ず描けるようになりますので急がさないでください。

誰もが，楽しく入試問題も解けるようになる

　さて，次に紹介する解答例は，私の主宰する「どんぐり倶楽部」で，中学や高校の入試問題をキャラクターだけを変えて出題し，受験勉強を一切したことがない小学生が，どんぐり方式（もちろんノーヒント）で解いたものです。

＜2006灘中・算数（1日目）③の改題＞
小5／どんぐり歴4年

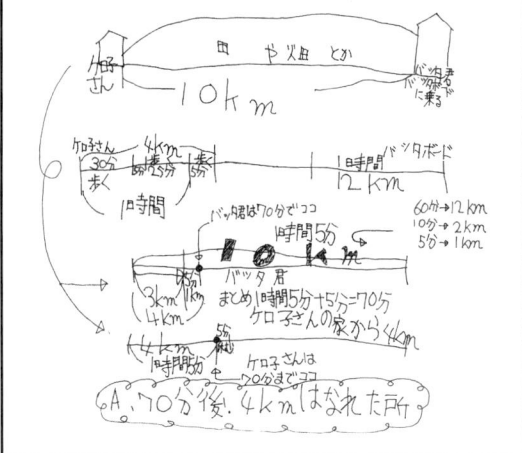

　これが，どんぐり方式で良質の算数文章問題を解いていると，自然に育つ力の一つです。

　このようなことは珍しいことではありません。無駄な学習をさせずに，子供の成長に合ったタイミングで，正しい手法を使って思考力養成をすれば，誰もが同じように育ちます。

　本書の問題は，「どんぐり倶楽部」の「良質の算数文章問題」年長～小6の700題から抜粋改訂し，若干の新作を加えたものです。

どんぐり方式 解き方のルール

1 問題文を読むのは1回だけ

最初は1行読んで（あげて）絵図を描くのがいいでしょう。それでも，何度も読むようであれば，1日で1行分だけ描くのでも結構です。重要なのは1回しか読まない，ということです。「何度も読みましょう」ではなく，「1回だけしか読めないんだよ」です。
また，読んでもらった方が楽しくできる場合は読んであげてください。

2 見えるように（具体的に）描く

「見やすさ」よりも「楽しさ」が大事です。**子供の自由な発想を一緒に楽しんでください。**もちろん，**問題文を絵図にした後は，その絵図だけで考えます**。簡潔な記号のような絵図ではなく，生き生きとした絵図が思考力養成には効果的です。
絵図の中には**文章での説明を入れないこと**と，問題文の中で数を確定できない場合，その部分を**オリジナルの絵図でどう描き起こすかが，とても重要なポイント**になります。

3 ヒント厳禁

語句の説明以外のヒントは厳禁です。白紙から生み出す**自力で描いた絵図**を使うことで，**100%の自信とオリジナリティーが本当の学力**を育てます。ただし，**知らない語句についての説明**だけは丁寧にしてください。

4 消しゴムは使わない

間違った場合でも，絵図は残しておいてください。考え方がわかります。

5 わかっても絵図を描く

頭の中でわかっても，答えがわかるように（見えるように）絵図を描いてください。

6 答えが出たら（見えたら）計算して確認する

絵図そのもので答えを出すことが大事です。計算は確認程度にしてください。**計算式がわからなくても，絵図で答えが出ていればOK**です。計算式を書かせるのは，**本人が書きたいという場合だけ**にしてください。また，十分な思考回路が育っていない時期から，計算式を書かせていると「式が思いつかないから解けない」という"立式病"にかかってしまう場合があります。さらに，「10の補数と九九」以外の暗算は厳禁です。計算は，必ず筆算を使ってください。

7 答えは単位に注意して式とは別に書き出す

筆算や計算式に単位が不要でも答えには必要です。指定されている単位を確認しましょう。

8 「わからん帳」を作る

できなかった問題はコピーし，ノート（どんぐり倶楽部ではこれを「わからん帳」といいます）**に貼り付け，間をおいて再挑戦**することをお勧めします。長期休みに消化するのがベストです。「わからん帳」は最終的に，お子さんの弱点だけが具体例付きで集まっている**世界で唯一の最も効果的な問題集・参考書**になります。

キーワードは
ゆっくり ジックリ 丁寧に

　子供が本来持っている力を稼働させるために，親が出来ることは，ただ，ゆったりと「待つこと」です。最初の一歩が待てないばかりに，いつまで経ってもヒントを待ち，教えられたことしかできない頭を育ててしまっては「もったいない限り」です。

　学習方法は簡単です。特別な知識も不要です。親御さんが，お子さんの隣で，違う問題を面白おかしく，子供よりちょっと下手な絵図を大きく「ゆっくり・ジックリ・丁寧に」描いて楽しんでいる姿を見せ続ければいいんです。
　「文章を絵にするだけでいいんだ」ということを，言葉の説明ではなく疑似体験させることで，最初の一歩が踏み出しやすくなるからです。

1週間に1問…これが効く！
問題を数多く解くことは，お勧めしません。

　数多く解こうとすると，速く終わらせようとしますので，せっかくの多様な思考回路の作成の時間を，単純な思考回路を強化する時間にしてしまう危険性があります。

　問題が解ければいい，あるいは，速く解けた方がいいというのは，多種多様なオリジナルの思考回路作成を終えてからの学習方法です。低学年のときは，どれだけ多種多様なオリジナルの思考回路を作ることが出来るかが重要なことなので，問題を使ってどれだけ楽しみながら，寄り道・脇道・回り道ができるかが勝負なのです。

　人間の頭には，楽しく工夫をしているとき，最も効果的に思考回路が作られます。どんぐり問題には，

・類推力を育てるために，イメージが膨らむ設定
・展開力を育てるために，ストーリー性のある文章
・感情再現力を育てるために，
　　擬人化されたキャラクター
・判断力を育てるために，
　　解くのには不要な数字や展開

などが仕組まれています。思考力養成にはこれら全てが必要なのです。

　擬人化にともなって，単位が（匹→人など）変わっている場合もありますが，訂正せずに楽しんで頂きたいと思います。

ナゼ，今，どんぐり？

　私たちの思考回路（考える力）はオリジナルの工夫をするときに産まれます。昔でしたら，遊びなど日常生活の中で，オリジナルの工夫をする機会がたくさんありました。
　ところが，現代は勉強でも遊びでも習い事でも日常生活でも応用の利く思考回路が自然に育つことは非常に難しくなっています。

　ですから，これからは，思考回路そのものを作り育てる思考回路養成教材が必要なのです。それが，今回の「どんぐり方式・おもしろ文章題　絵かき算」です。

　偶然を期待して，大量学習させる時代は終わりました。これからは「視考力を活用した思考力養成」で確実に，本当の考える力・絶対学力を育てるようにしてください。

※読解とは「文章を絵図化すること」ですので，「おもしろ文章題　絵かき算」は国語の読解力も育てます。

もくじ

1. センコウ君とデンコウ君 —— 6
2. スターフォール市の流れ星 —— 7
3. さとう取り合い大会 —— 8
4. 時間を食べるバクバクー —— 9
5. メエメエさんとメソメソ君 —— 10
6. みらいのたね —— 11
7. ブルーカードとホワイトカード —— 12
8. きん肉豆ふ —— 13
9. カメ丸小学校の首のばし大会 —— 14
10. 3色ミミズのモモッチ, ミドリッチ, アオッチ —— 15
11. レオン君とミオン君 —— 16
12. まっ赤なビッグ正方形 —— 17
13. 全校CDとばし大会 —— 18
14. たまご形ロボットと星形ロボット —— 19
15. シンガポールおうふくレース —— 20
16. うまか棒とドッキリあめ —— 21
17. ビックラこいた病 —— 22
18. 花びらプレゼント —— 23
19. 牛にゅう速飲み大会 —— 24
20. ダンゴム市の人口 —— 25
21. 全国黄金CDとばし大会 —— 26
22. ホッペタオチソーダあめ —— 27
23. ダンダンばり —— 28
24. フンボルト族とマゼラン族の人口調さ —— 29
25. お正月のお楽しみぶくろ —— 30
26. ズッコケ君のおつかい —— 31
27. 朝太郎の自動アメ玉せいぞうマシーン —— 32
28. アリヅカ小のありさがし —— 33
29. ウルトラ君のお小づかい —— 34
30. 巨大ウナギのかばやきとオメデタイステーキ —— 35
31. サヨウ君とハンサヨウ君 —— 36
32. ゾウリクがめの体重そく定 —— 37
33. ヒモヘビさん —— 38
34. UFO用ざぶとんがたクッション —— 39
35. 赤へび君と青へび君 —— 40
36. クマゼミの大声大会 —— 41
37. サンタさんのクリスマスカード —— 42
38. 今日のデザート —— 43
39. スタスタトロトロ兄弟カメレオン —— 44
40. ムーリー君とカッタ君 —— 45

 # センコウ君とデンコウ君

●答え→別冊正解答集 73ページ

　センコウ君とデンコウ君が火花とばしきょうそうをしました。3回で，とばした火花の数をきそいます。1回目はセンコウ君はデンコウ君の半分の火花しかとばせませんでしたが，2回目はセンコウ君は自分の1回目の2倍の火花をとばしました。デンコウ君は2回目も1回目と同じでした。3回目は，またまたセンコウ君が，自分の2回目の2倍の火花をとばしました。では，3回目でデンコウ君が，火花の数の合計でセンコウ君と同じになるためには，1回目にセンコウ君がとばした何倍の火花をとばせばいいでしょうか。

# スターフォール市の流れ星

● 答え→別冊正解答集 73ページ

　ここスターフォール市は，流れ星がボトボトふるように落ちて来ることで有名です。
　そこで，去年１年間のうちの７月・８月・９月の流れ星調さをすることになりました。調さのけっか，９月に流れ星がふって来た日数は８月にふった日数の２倍よりも２日間も多く，７月は９月のちょうど半分でした。７月に流れ星がふった日数が１１日間だったとすると，７月・８月・９月で流れ星がふらなかった日数は何週間でしょうか。

さとう取り合い大会

●答え→別冊正解答集 73ページ

アリンコ小学校の運動会で，さとう取り合い大会が始まりました。赤組と白組でたたかったところ，取ったさとうは，赤組は白組の5倍で，赤組と白組の合計は3kgでした。では，赤組は何gのさとうを取ったのでしょうか。

時間を食べるバクバクー

● 答え→別冊正解答集 73ページ

　バクバクーは，時間を食べるのが大すきで，来る日も，来る日も，1日に6時間ずつ，時間を食べつづけています。では，1時間あたり何分を食べているのでしょうか。

メエメエさんとメソメソ君

●答え→別冊正解答集 73ページ

　メエメエさんが，メソメソ君に，同じねだんの紙クッキーを２こと，その紙クッキー１このちょうど３倍のねだんのする，おやさいアイスクリーム１こを買ってあげます。みんなで４００円だそうです。では紙クッキー１このねだんとおやさいアイスクリーム１このねだんは，それぞれ何円でしょう。

みらいのたね

● 答え→別冊正解答集 74ページ

　みらいえい画館では、毎日、入り口にならんでいる先着50名に「みらいのたね」がプレゼントされます。今日は、たねが700こあるので、とくべつに10番目までの人には、いつものプレゼントの3倍のたねをプレゼントしました。先着35人が、「みらいのたね」をもらったとき、まだ配られていないプレゼント用のたねは何こでしょうか。

# ブルーカードとホワイトカード

● 答え→別冊正解答集 74ページ

　友だち7人でお年玉を出しあって、同じねだんのブルーカードとホワイトカードを買えるだけ買おうと考えています。計算してみると7865まい買えるそうです。分けるときには、1人ずつのカードが、半分はブルーカード、半分はホワイトカードになるようにして、できるだけたくさん同じまい数ずつになるよう7人で分けます。では、一番多くて何まい、一番少なくて何まいのブルーカードを買うことになりますか。

8 きん肉豆ふ

●答え→別冊正解答集 74ページ

朝早く目ざめたハム次郎は,どういうわけか,とつぜん,もっときん肉をつけようと思い,どうしたらきん肉がつくのかを調べました。すると,きん肉豆ふの半分がたん白しつで,そのたん白しつの半分の半分がきん肉になることをつきとめました。では,100gのきん肉をつけるにはきん肉豆ふを何g食べるとよいでしょうか。

 カメ丸小学校の首のばし大会

● 答え→別冊正解答集 74ページ

　今日は，カメ丸小学校の首のばし大会の日です。決勝せんにのこったのは，赤ガメ君，青ガメ君，緑ガメ君，黄ガメ君の4人でした。のばした長さは青ガメ君は赤ガメ君より1m17cm長く，赤ガメ君は緑ガメ君よりも1m25cm長かったそうです。黄ガメ君が6mちょうどで緑ガメ君の半分だったとすると，4人ののばした首の長さの合計は何m何cmになるでしょうか。

3色ミミズのモモッチ，ミドリッチ，アオッチ

●答え→別冊正解答集 74ページ

　合体できる3色ミミズのモモッチ，ミドリッチ，アオッチがいます。1本ミミズに合体すると9999cmになり，モモッチとミドリッチが合体すると33m，モモッチとアオッチでは9909cmになります。では，モモッチは何cmなのでしょうか。

レオン君とミオン君

● 答え→別冊正解答集 75ページ

　ウサギのレオン君とミニミニウサギのミオン君が今日も身長くらべをしています。今日は，レオン君はミオン君の100倍よりは0.03mだけひくかったそうです。今日のレオン君の身長が1.2mだったとするとミオン君の身長は何cmだったのでしょうか。

12 まっ赤なビッグ正方形

● 答え→別冊正解答集 75ページ

　まっ赤なビッグ正方形を毎回ピッタリと重なるようにおってドンドン小さな三角形を作りつづけます。では，元のビッグ正方形の面積は，それを4回おったときにできる小さくてまっ赤な三角形の面積の何倍でしょうか。（面積とは広さのことです。）

13 全校CDとばし大会

●答え→別冊正解答集 75ページ

　今日は全校CDとばし大会の日です。10人がいっしょにとばします。1位，2位，3位の3人の記ろくを合わせると，9位，10位の人の合計のちょうど4倍でした。また，この5人の記ろくを合わせると50mになりました。では，9位，10位の2人の記ろくの差を2mとすると10位の人の記ろくは何mになりますか。

たまご形ロボットと星形ロボット

● 答え→別冊正解答集 75ページ

　たまご形ロボットのムゲンドラが今までにたたかった相手は，今までに星形ロボットのキモンドラがたたかった相手の14倍です。また，ムゲンドラとキモンドラがたたかった相手の数のちがいは39ひきだそうです。では，ムゲンドラは何びきの相手とたたかったのでしょうか。

シンガポールおうふくレース

● 答え→別冊正解答集 75ページ

　マッコウクジラのマッコー君とザトウクジラのザットー君が，同時に日本をスタートして，日本から5000kmはなれているシンガポールでおり返してもどってくる，おうふくレースをしました。マッコー君は1秒間に200m，ザットー君は1秒間に160mで泳ぎつづけます。マッコー君が，午後2時27分35秒にゴールしたとすると，ザットー君がゴールしたのは午後何時何分何秒だったのでしょう。

16 うまか棒(ぼう)とドッキリあめ

● 答え→別冊正解答集(べっさつせいかいとうしゅう) 76ページ

1本20円のうまか棒(ぼう)をちょうど5本買えるお金を持(も)っておかし屋(や)に行ったところ，大安(やす)売りの期(き)間だったので，20円のうまか棒が17円になっていました。また，食べるとドッキリするドッキリあめも安くなっていたので，うまか棒を3本買って，5円になっていたドッキリあめを買えるだけ買いました。さてさて，ドッキリあめは何こ買えたでしょうか。

17 ビックラこいた病

● 答え→別冊正解答集 76ページ

　ミミズのニョロのクラスでは「ビックラこいた病」がはやっています。自分の名前をよばれると，大声で「ビックラこいた！」とさけんでしまうという病気です。今日はきのうの３倍の生とが「ビックラこいた病」で休んでいます。もしも，明日，今日の４倍の生とが休んでしまったら，ニョロだけになってしまいます。ニョロのクラスの生とを３７人とすると，きのうのけっせきした生との数は何人だったのでしょうか。

18 花びらプレゼント

●答え→別冊正解答集 76ページ

　ハルーダくんの家のさくらの木は，１りんに，水色の花びらが５まいついている花と，１りんに，白色の花びらが５まいついている花が，両方さく，すてきな木です。水色の花びらの花は，白色の花びらの花より２８りん多く，水色の花びらの花は全部で３２りんさいています。今，白色の花びら２まいと水色の花びら５まいを１ふくろに入れて配ります。一番多くて何ふくろできて，何色の花びらが何まいあまりますか。

19 牛にゅう速飲み大会

●答え→別冊正解答集 76ページ

今日はクラス対こうの牛にゅう速飲み大会の日です。カブト君は5分で10本, カップト君は4分で8本, カブット君は2分で5本の牛にゅうを飲みつづけました。牛にゅう1本を200mLとすると, この3人が1時間で飲んだ牛にゅうのりょうは何Lになるでしょうか。

20 ダンゴム市の人口

●答え→別冊正解答集 76ページ

　ダンゴム市の人口は，みんなで7200人です。今，けんこうしんだんをするために，男の人の列2列と女の人の列2列にならんでもらっています。数えてみると，全体では女の人の方が男の人よりも200人多いことがわかりました。では，女の人の1列には何人がならんでいるのでしょうか。ただし，男の人の2列は，それぞれ同じ人数で，女の人の2列もそれぞれ同じ人数です。

全国黄金CDとばし大会

● 答え→別冊正解答集 77ページ

　今日は全国黄金CDとばし大会の日です。1人5まいずつの黄金CDを5m先の箱に投げ入れます。箱に入った黄金CDのあつさにおうじてジェットヘリコプターをもらえます。ハジメ君は4まい，ツギノ君は3まい，オワリダ君は5まい入りました。黄金CD 1まいのあつさを6mm，黄金CDのあつさ2mmにつき3台のジェットヘリコプターをもらえるとすると，ハジメ君，ツギノ君，オワリダ君の3人でもらえるジェットヘリコプターは あわせて何台でしょうか。

22 ホッペタオチソーダあめ

● 答え→別冊正解答集(べっさつせいかいとうしゅう) 77ページ

今日は，体重(じゅう)によって，おかしがもらえる体重おかしデーです。体重５kgにつき２このホッペタオチソーダあめをもらえます。５kgにたりない場合は１こももらえません。クラゲダヨ～ン君の体重は１５０００g，ゾウガメ～ラ君は３６５kg，アザラシア～ン君は４２kgでした。３人がもらえるあめをあわせると，みんなで何このホッペタオチソーダあめをもらえるでしょうか。

23 ダンダンばり

●答え→別冊正解答集 77ページ

　はりあわせるたびにノリシロ（はりあわせるために重ねる部分）を１m ずつ広くしていく「ダンダンばり」をします。今回は，同じ長さのテープを６本はりあわせて，１本の長いテープを作ります。作り上げたテープの全部の長さが４５mになるようにするには何mのテープを６本用意すればいいのでしょうか。さいしょのノリシロは１mとします。

フンボルト族とマゼラン族の人口調さ

●答え→別冊正解答集 77ページ

　いさましいフンボルト族と気弱なマゼラン族がいっしょに住んでいる島があります。人口調さをしたところ、去年は全員で7000人だったのですが、今年は7051人になっていました。また、調さによると、今年はマゼラン族が、去年より174人ふえたとわかりました。では、フンボルト族は去年より何人ふえたのでしょうか、あるいはへったのでしょうか。

 お正月のお楽しみぶくろ

● 答え→別冊正解答集 77ページ

　お正月用に,お楽しみぶくろを用意しています。そのふくろは,外からは中身が見えません。中のおかしは,しゅるいはちがいますが,数は全部同じです。8ふくろ目をつくろうとしたところで,おかしが8こたりないことがわかりました。そこで,中のおかしの数を6こにしたところ,ちょうどふくろが1ダースできました。では,さいしょにふくろに入れようとしたおかしの数は何こだったのでしょうか。

26 ズッコケ君のおつかい

● 答え→別冊正解答集 78ページ

　8歩あるくたびに、7歩目と8歩目で必ず1回ずつズッコケるズッコケ君が、今日は午前と午後に合計2回おつかいに行って来ました。午前中は、お店に行くまでに8回ズッコケましたが、午後に行くお店はちょっと近かったので、お店に行くまでに6回のズッコケですみました。今日の外出はおつかいだけだったとすると、ズッコケ君が外をあるいた歩数は一番少なくて何歩、一番多くて何歩だったのでしょうか。もちろん、帰りも同じ歩数であるきます。

# 朝太郎の自動アメ玉せいぞうマシーン

● 答え→別冊正解答集 78ページ

朝太郎は，400秒で11このアメ玉を作ることができる自動アメ玉せいぞうマシーンを発明しました。このマシーンが2時間で作る事ができるアメ玉の数と，その数の百の位の数字を十の位にして，十の位の数字を一の位にして，一の位の数字を百の位にした数の差はいくつになるでしょうか。

28 アリヅカ小のありさがし

● 答え→別冊正解答集 78ページ

アリヅカ小学校では毎朝，３０分かけてありさがしをします。あさがお組は３５人，つばき組は４２人，ひまわり組は３８人です。あさがお組は１人ずつ６秒で１ぴき，つばき組は１人ずつ９秒で１ぴき，ひまわり組は１人ずつ８秒で１ぴきのありをさがすことができます。あり50ぴきにつき角ざとう７こと交かんできるとすると，毎朝みんなで何この角ざとうを手に入れることができますか。

29 ウルトラ君(くん)のお小づかい

● 答え→別冊正解答集(べっさつせいかいとうしゅう) 78ページ

ウルトラ君(くん)のお小づかいは２０００円でしたが，この４月からウルトラビッグになるので，１６００円ふえることになりました。その代(か)わり，今まではお小づかいの半分の半分をエネルギー代(だい)につかっていましたが，これからは，お小づかいの半分をエネルギー代につかうことになります。では，エネルギー代のほかにつかえるお金は何円ふえた，あるいはへったことになるのでしょうか。

30 巨大ウナギのかばやきとオメデタイステーキ

●答え→別冊正解答集 78ページ

今日はまんかいのさくらの下で，お花見です。ごちそうは巨大ウナギのかばやきとオメデタイステーキです。巨大ウナギのかばやきはオメデタイステーキの3倍の重さがあります。午前中に巨大ウナギのかばやきとオメデタイステーキを，半分ずつ食べたところ，のこりの重さは，あわせて12kgでした。では，巨大ウナギのかばやきはもともと何kgだったのでしょうか。

31 サヨウ君とハンサヨウ君

● 答え→別冊正解答集 79ページ

　どんぐり小学校の運動会では，2人1組で，1しゅう314mの円形のトラックを3しゅうするレースがもり上がっています。ところが，どうしたことか1組だけ組になっている2人が，それぞれ反対向きにスタートしてしまいました。サヨウ君とハンサヨウ君の組です。サヨウ君は2秒で6m，ハンサヨウ君は5秒で25mを走りぬける速さで走りつづけています。では，120秒後の2人の間のきょりはトラック上で何mあるのでしょうか。近い方のきょりを答えてください。

32 ゾウリクがめの体重そく定

●答え→別冊正解答集 79ページ

　学校のかんさつ室に，青ゾウリクがめちゃん，緑ゾウリクがめ君，赤ゾウリクがめさんがいます。今日，みんなの体重そく定をしました。すると，緑ゾウリクがめ君は赤ゾウリクがめさんの半分より4kg重いことがわかりました。さらに，青ゾウリクがめちゃんは赤ゾウリクがめさんの半分の3倍より6kg軽いこともわかりました。そして，青ゾウリクがめちゃんは30kgでした。では，みんなの体重をあわせると何kgになるでしょうか。

33 ヒモヘビさん

●答え→別冊正解答集 79ページ

1本のヒモの代わりに1ぴきのヘビさんにおねがいして，正三角形になってもらったところ，シッポを2cmパクッとくわえたので1辺が16cmの正三角形になりました。このヘビさんに正八角形になってもらうとしたら1辺の長さは何cmになるでしょうか。ただし，正八角形になるには力がいるので，ヘビさんがくわえる自分のシッポの長さは正三角形のときの5倍の長さになるそうです。

34 UFO用ざぶとんがたクッション

● 答え→別冊正解答集 79ページ

　半けい11mの巨大円形UFO（ユーフォー）が来るので，1辺が44cmの正方形のざぶとんがたクッションを運動場にしきつめる練習をします。正方形のざぶとんがたクッションを円形におくのはむずかしいので，全部のざぶとんを正方形になるようにしくことにしました。UFOがざぶとんからはみ出さないようにざぶとんをしきつめるには，少なくとも何まいのざぶとんがひつようでしょうか。もちろん，UFOのパイロットは運動場にしきつめられているざぶとんのまん中にUFOをちゃくりくさせます。

35 赤へび君と青へび君

● 答え→別冊正解答集 79ページ

　赤へび君と青へび君が，直けい1kmの円の形をした運動場を2しゅうします。赤へび君は1しゅう目を30秒ごとに100m進み，2しゅう目は50秒ごとに150m進みます。一方，青へび君は2しゅうとも40秒ごとに120m進みます。

　では2人がゴールする時間差はどれくらいになりますか。円形運動場の1しゅうのきょりは直けい×3で計算できることにします。(本当は×3.14で～す)

36 クマゼミの大声大会

●答え→別冊正解答集 80ページ

　クマゼミの大声大会がありました。この大会では音の大きさ（音りょう）をクマで表します。今年は1位が丸ゼミ君，2位が三角ゼミさん，3位が四角ゼミちゃんでした。四角ゼミちゃんの音りょうは40クマでした。三角ゼミさんは，四角ゼミちゃんの2倍よりも20クマ大きな声でした。また，丸ゼミ君は，三角ゼミさんの2倍よりも20クマも大きな声でした。では，1位から3位の音りょうの合計は何クマになるでしょうか。

37 サンタさんのクリスマスカード

●答え→別冊正解答集 80ページ

　サンタさんは，クリスマスカードをぜんぶで10まい買おうと思っています。カードはノーマルカード，スペシャルカード，レアカードで，それぞれ1まい80円，100円，200円です。ノーマルとレアの合計のまい数をスペシャルの2倍より2まい少なくなるように買います。ノーマルとレアの代金だけだと600円です。では，スペシャルもふくめた全部の代金は何円になるでしょうか。

38 今日のデザート

● 答え→別冊正解答集 80ページ

　4人家族のアヤカ家の今日のデザートおかしは，お父さんが朝早くから作っていた，大きな大きな正方形せんべい1まいです。これを，次のようにして4つの三角形に分けます。まず，正方形の1辺が正三角形の1辺になるように正方形の内がわにしるしをつけます。次に，そのしるしから正方形の四すみに線をひきます。すると，全部で4つの三角形ができます。子供2人の分は同じ大きさの三角形ですが，その三角形は正三角形，二等辺三角形，直角三角形，直角二等辺三角形のうちのどの三角形になっているのでしょうか。

39 スタスタトロトロ兄弟カメレオン

●答え→別冊正解答集 80ページ

　スタスタトロトロ兄弟カメレオンは同じ時こくに同時に家を出て学校に行きます。いつもは午前7時30分に家を出て兄のスタスタは午前8時2分，弟のトロトロは兄の63分後に学校に着きます。ところが，今日はスタスタが学校に着いたと同時にわすれ物に気づいて急いで家にもどりました。では，スタスタがわすれ物をとって，また学校に来た時こくは，トロトロが学校に着いた時こくの何分前，あるいは何分後だったでしょうか。兄弟カメレオンは，どんなにガンバッて急いでも歩く速さは，それぞれいつも同じだとします。

40 ムーリー君とカッタ君

●答え→別冊正解答集 80ページ

　カタツムリのムーリー君はお兄ちゃんのカッタ君におんぶしてもらって，50cmはなれた所に住んでいるマッタリーおじさんのところに出かけました。ところが，出かけて30cmのところで，カッタ君はおじさんにたのまれていた雨水をわすれてきたことに気づいたのでムーリー君をおろし，雨水を取りに帰りました。カッタ君はムーリー君を乗せていないときには乗せているときの2倍の速さで走ります。ムーリー君はお兄ちゃんに乗っていたときの半分の速さで進みます。おじさんの家に先に着くのはどちらでしょうか。

おまけ

■ 単位換算表は自分でつくれ！
～自分でつくるから，いつでもどこでも自由自在！～

単位換算の問題では，自分で換算表をつくることが大事です。表の中に数字を入れて，あとは筆算のように計算していくだけです。

泳いでけ，キハダ マグロよ　　ドコマでも
　　khD　　mgL　　　　　　　dcm

> 下のれいは
> 1.51kg＋260g＝□g
> の場合です

	k	h	D	mgL	d	c	m
	キロ	ヘクト	デカ	メートル グラム リットル	デシ	センチ	ミリ
	×1000	×100	×10		×$\frac{1}{10}$	×$\frac{1}{100}$	×$\frac{1}{1000}$
〈れい〉	1	5	1	←1.51kg			
		2	6	0 ←260g			
	1	7	7	0 ←1770g			

答え □＝1770(g)

■ わり算はならってなくてもできる！～分割算～について

わり算は，やり方をおぼえれば，ぜったいにできます。ですから，6年生までにゆっくり正しくできるようにれん習すれば十分です。ですが，「思考力」をみがきたいみなさんにオススメなのは，分割算です。この方が頭の体そうにもなりますし，おう用もききます。もしも，わり算を使うときは，かならず計算式と筆算を書いておきましょう。

わり算：7865÷7＝1123あまり4の場合 ← 7 「ブルーカードとホワイトカード」より

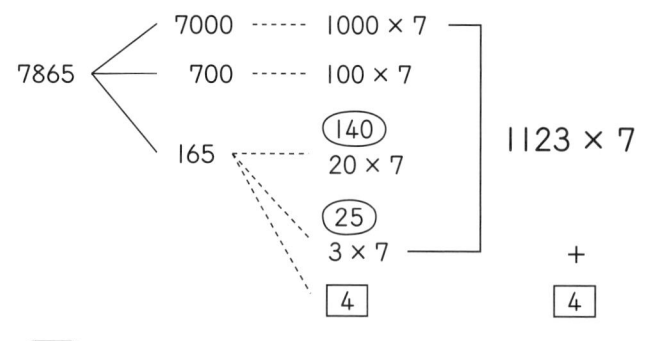

```
            7000 ------ 1000×7
7865 <      700  ------  100×7            1123×7
            165 ┌── (140)
                │    20×7
                └── (25)
                     3×7  ─────             ＋
                     [4]                   [4]
```

どんぐりギャラリー

どんぐり倶楽部の子供たちの作品例です。子供たちの生き生きとした思考のあとをごらんください。
（紙面の都合上，縮小してありますが，読みにくい場合は拡大してお使いください。）

クジラのマッコウ君の朝ごはんは小魚プランクトンです。赤プランクトンと青プランクトンを合わせると12428匹です。赤プランクトンは青プランクトンのちょうど12倍だとすると，赤プランクトンと青プランクトンは，それぞれ何匹いるでしょう。

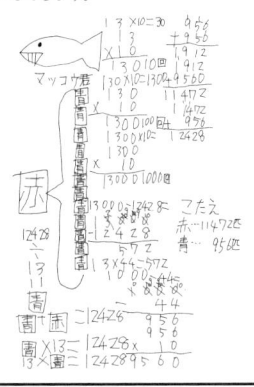

イカ君とタコ君が10枚CD飛ばしをしています。表が出たら7個お菓子をもらえますが裏だと，2個返します。最初は2人とも20個ずつのお菓子を持っています。では，イカ君が4枚，タコ君が9枚表を出したとすると，どちらが何個少なくもっているでしょう。

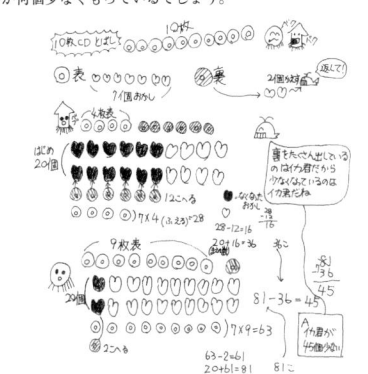

カニの介は一歩で25mm，カニの心は一歩で30mm歩く事が出来ます。二人は，お母さんに頼まれてお使いに行く事になりました。カニの介は15cm離れている魚屋さんへ，カニの心は12cm離れたパン屋さんへ行きました。二人が，家を出て帰って来るまでには，どちらが何歩多く歩くことになるでしょうか。

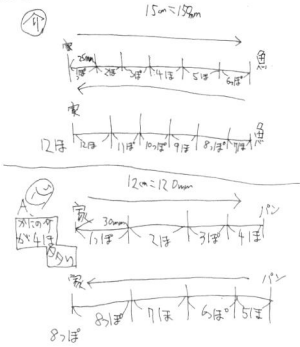

今日は，亀丸小学校の首延ばし大会の日です。決勝戦に残ったのは，赤亀君，青亀君，緑亀君，黄亀君の4人でした。青亀君は赤亀君より2m6cm長く，赤亀君は緑亀君よりも1m25cm長かったそうです。黄亀君が6m丁度で緑亀君の半分だったとすると，4人の合計の首の長さは何m何cmになるでしょうか。

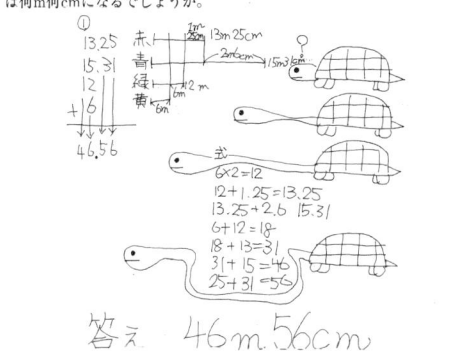

カブト3匹とクワガタ4匹を缶に入れて重さをはかったら2kg600gでした。缶はカブトと同じ重さで，カブトは3匹とも同じ重さです。また，クワガタは1匹がカブトと同じで，他の3匹はカブトのちょうど半分の重さです。では，軽いクワガタ1匹の重さは何gかな。

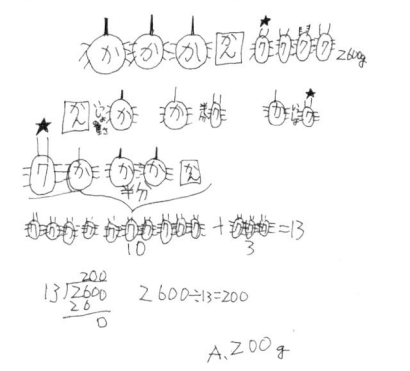

今日はハムスターのチェリーちゃんの誕生日です。毎年チェリーちゃんはハムハムマーケット商品券をもらうことにしています。今年は大好きな巨大ひまわりの種2個と立方体クルミ6個が買える280円の商品券3枚と，巨大ひまわりの種4個と立方体クルミ5個が買える350円の商品券2枚をもらいました。では，商品券全部の金額は巨大向日葵の種1個の何倍にあたるでしょう。

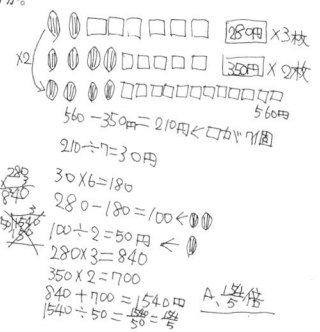

終わりに…
（健全な中学受験のために）

「わかる」とは，文字・言葉を視覚イメージで再現できること。

「考える」とは再現した視覚イメージを操作すること。

「判断する」とは視覚イメージ操作後に出来たものから最適な視覚イメージを選択すること。また，判断には自分の本当の感情を土台として作り上げてきたオリジナルの確かな判断基準が重要です。

勉強でも同じです。**自分で生みだしたもの（文章問題ならば自分で描いた絵図）を使うことが重要なのです。**感情を無視しても論理的思考は強化できますが，その理論を人間的に使いこなすことはできません。**感情再現を味わいながら論理的思考を育てることとは決定的に異なるのです。**同じように見えても，子供の豊かさ・温かさが全く違ってきます。これは**子供自身が自分の人生を楽しもうとするときに大変重要な要素となることです。**そして，大人になってからでは，取り返すことの出来ないものなのです。

考えることが楽しい，楽しいから考える，楽しく考えるから様々な工夫を生み出せる。これが**「生きる力」「人生を楽しむ力」**です。受験に関係なく，この考える力・絶対学力を育てるために「どんぐり方式・おもしろ文章題　絵かき算」を使っていただければ嬉しく思います。

■どんぐり倶楽部ホームページ（https://reonreon.com/）では「頭の健康診断」「漢字を一度も書かずに覚えてしまうIF法」「5分で無限暗算ができるようになる，デンタくん＋横筆算」等も公開しています。
　　連絡先：メール：dongurclub@mac.com
　　FAX：020-4623-6654
■「おもしろ文章題」の作品を募集しています。HPで公開しますので，希望者は，問題番号を添えて作品をメールかFAXにてお送りください。

B

Σ BEST シグマベスト

スーパーエリート問題集
算数 小学3年

前田卓郎　編著
糸山泰造

文英堂

読者のみなさんへ

◢ 多くのお父様・お母様方から
　「受験に強い子どもに育てるには，低学年のときにはどんなことをさせたらいいのでしょうか。」
という声をおよせいただきます。
　子供の個性は一通りではありませんから，万人に向く教材はありません。コツを捕まえるのが上手なお子様は，中学受験など，早めの受験に向く可能性が高いといえます。また，ゆっくりでも自分で問題解決していきたいお子様は，たとえ，小・中の間は目立った成績でなくても，もっと後で花開くこともあります。子供ののびる時期はその子独自のものですから，お子様に合った教材と時期を見極めることが，学力をのばす上では，最も重要です。

◢ しかし，**将来にわたってのびる本当の思考力を育成したい**，これは多くのお父様・お母様方がお考えになることではないでしょうか。特に低学年の時期は学習に対して白紙の状態なので，**この時期の学習方法がその後の勉強スタイルを決める**場合も少なくありません。

◢ 本書は，低学年のとき，このような「知能の耕し」をしておいたら，高学年になってぐんぐんのびるという教材を目標に編集しました。すなわち

> ① 知能レベルの高い子が，満足するようなハイレベルの教材であり，かつ学校では先の学年で習うことでも，既習のことの発展として，先取り学習ができる教材
> ② じっくりゆっくり時間をかけ，自分なりの解法を見つけて思考力を育成する教材

を目指しています。

◢ お子様が，いきいきと自分の力で考えて勉強に取り組むような態度の育成，これこそが，低学年のときに本当にやっておきたいことではないでしょうか。ものごとをじっくり考える思考力は一生ものですから，大事に育てていきたいもの。本書がその一助になることを願ってやみません。

特色と使い方

■無理なく力が付く3ステップ学習

教科書の学習内容と，その発展的内容を，☆ 標準(ひょうじゅん)レベル，☆☆ 発展(はってん)レベル，☆☆☆ トップレベルの3段階で学習できる仕組みになっています。学習指導要領では，その学年では学ばないことでも，既習内容の発展で学べることについては，先取りして掲載し，レベルの高いお子様が飽きない内容になっています。さらに，中学受験で問われる素材を，その学年に合わせて，ゲーム感覚で楽しめるように工夫して取り入れました。低学年のときにこのような問題にあたっておくことで，高学年になって本格的な受験学習を始めたときに，スムーズに取り組めるようになります。

■復習テスト，実力テストでさらに力がつく

複数章ごとに**復習テスト**を，さらに，巻末に**実力テスト**を掲載しています。
これまでに学習してきたことが定着しているか，確認できます。

■考える力をのばす スペシャルふろく

別冊に「どんぐり方式 おもしろ文章題 絵かき算」を用意しました。
この教材は
　①文章をじっくり読み，絵図に表す力をつける
　②絵を描く作業の中から，解法の道筋を考え，答えを求める
ことを目標としています。パターンにはまらない文章題なので，はじめはとっつきにくいかもしれませんが，次第に**未知のパターンの問題に出会っても，自力で解決できる力**が育成できるようになります。お子様が楽しんで取り組めるように，お子様の生活経験で考えられ，そして，ちょっとユーモアあふれる問題設定になるよう，工夫されています。
大人の皆さまにも十分楽しめる内容ですので，じっくり時間の取れる週末などに，親子二人三脚で取り組んでみてください。

■くわしい正解答集

別冊の正解答集で，くわしく本問の解説をしています。
コラム「**受験指導の立場から**」では，本問の問題が今後，受験にどうつながっていくかを解説しています。

もくじ

1. 大きい数・数の大小 …………… 4
2. 大きい数のたし算・ひき算 …… 10
3. 大きい数のこん合算 …………… 16
4. 整数のかけ算 …………………… 22
5. 1けたの数でわるわり算 ……… 28
6. 2けたの数でわるわり算 ……… 34
   ◆ 復習テスト1 …………………… 40
7. 計算のきまり（順序・逆算）…… 42
8. 計算のくふう …………………… 48
9. きそくせい(1) ………………… 54
10. きそくせい(2) ………………… 60
11. 表やぼうのグラフ ……………… 66
    ◆ 復習テスト2 …………………… 72
12. 分　数 …………………………… 74
13. 分数のたし算・ひき算 ………… 80
14. 小　数 …………………………… 86
15. 小数のたし算・ひき算 ………… 92

16. 小数のかけ算・わり算 ………… 98
    ◆ 復習テスト3 …………………… 104
17. ものの計りょう ………………… 106
    （力をつけるコーナー）
    平面図形の知しき ……………… 112
18. 平面図形(1) …………………… 114
19. 平面図形(2) …………………… 120
    （力をつけるコーナー）
    立体図形の知しき ……………… 126
20. 立体図形(1) …………………… 128
21. 立体図形(2) …………………… 134
    （力をつけるコーナー）
    立方体の切り口とてん開図 …… 140
    ◆ 復習テスト4 …………………… 142
22. いろいろな文章題 ……………… 144
23. 難問研究 ………………………… 150
    ◆ 実力テスト …………………… 156

1 大きい数・数の大小

☆ 標準レベル

●時間 15分
●答え→別冊2ページ

千や一万より上の位の数は，次のようになります。

位	千	百	十	一	千	百	十	一	千	百	十	一	千	百	十	一
							兆				億				万		
				1	9	2	0	0	0	0	0	0	0	0	0	0
	5	0	3	2	8	0	0	7	0	3	6	0	9	0	0	0

←一兆九千二百億
←五千三十二兆八千七億三百六十万九千と読みます。

1 次の数を，数字で書きなさい。(3点×5=15点)

① 四百二十七

② 八千百

③ 三千十六

④ 六千八百五

⑤ 九千八百六十七

2 次の数を，数字で書きなさい。(3点×6=18点)

① 三万六千八百二十一

② 七千八百五十九万

③ 九千三百三万二千

④ 六千百五万五百

⑤ 六億

⑥ 八兆

3 97625184について，次の問いに答えなさい。(4点×4=16点)

① 一万の位の数は何ですか。

② 百万の位の数は何ですか。

③ 6は何の位の数ですか。

④ 9は何の位の数ですか。

4 れいのように，＝（等号），＜，＞（不等号）を用いて，数の大小を表しなさい。(4点×4＝16点)

(れい)　3 ＝ 3　　4 ＜ 5　　9 ＞ 5

① 7271万 □ 876万　　　　② 八百九十七万 □ 三千四百万

③ 9億 □ 90000000　　　　④ 1000000000 □ 1兆

5 次の3つの数を左から大きいじゅんに記号をならべて書きなさい。

(5点×3＝15点)

① あ 207000　　い 22700　　う 200777

② あ 八百万　　い 四千万　　う 五百八十万

③ あ 一万より100小さい数　　い 千を20こあわせた数
　う 千を10こと，百を20こあわせた数

6 次の数を，数字で書きなさい。(5点×4＝20点)

① 千万を8こと，百万を5こと，十万を6こと，一万を7こあわせた数

② 十万を5こと十を25こあわせた数

③ 百万を3こと百を18こあわせた数

④ 千万を9こと，一万を256こあわせた数

おとなの方へ：一万より上の位，億や兆にまで学習範囲を広げていきます。正しく位を理解できること，大小比べ，漢数字の読み書きなどが主な学習内容です。また，大きい数の簡単な演算（たし算・引き算）も学習します。

1 大きい数・数の大小

★★ 発展レベル

● 時間 20分
● 答え→別冊2ページ
得点 /100

1 次の数を，数字で書きなさい。(4点×6＝24点)

① 六千一万四千

② 五千百万二十

③ 百一万百

④ 八百九万七十

⑤ 六千四百億七万九百二十

⑥ 五十兆六万八十

2 次の数を，数字で書きなさい。(4点×3＝12点)

① 十万を21こと，百を345こあわせた数

② 百万を48こと，一万を3こと，百を5こあわせた数

③ 十万を109こと，十を1423こあわせた数

3 0，1，2，3，4，7，8，9の8この数字を全部使ってできる整数のうち，次の数を答えなさい。(4点×2＝8点)

① 2000万より小さくて，いちばん近い数

② 2000万より大きくて，いちばん近い数

発展レベル ☆☆

4 次の2つの数は、どちらが大きいでしょうか。不等号を用いて表しなさい。
(4点×6＝24点)

① 3090万 □ 3100万　　② 600100 □ 601000

③ 1234567 □ 12345607　　④ 234567 □ 1234567

⑤ 234567 □ 123456　　⑥ 98754 □ 1134500

5 下の数直線上にある、あ、い、うにあてはまる数を答えなさい。(4点×6＝24点)

① あ　い　う
500　600　700

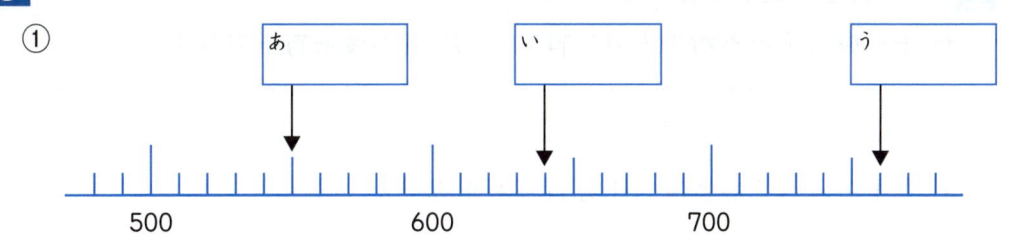

② あ　い　う
11000　12000　13000

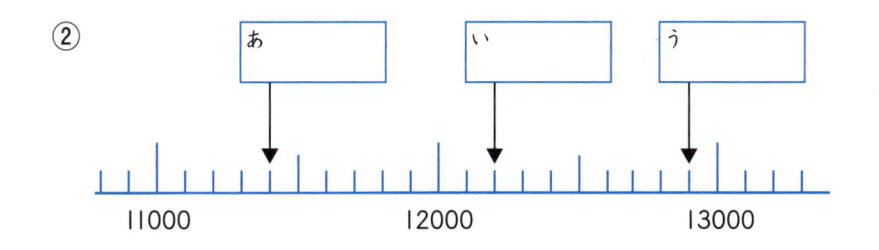

6 るりさんと、はるきさんで、数の大小のくらべっこをしています。0から9までの数のうち、□に数を1つだけ入れて、るりさんより、はるきさんの作る数の方を大きくするには、□にどんな数を入れたらいいでしょうか。あてはまるものを全部答えなさい。(4点×2＝8点)

① るり　256　　はるき　25□

② るり　679　　はるき　□678

7

1 大きい数・数の大小

★★★ トップレベル
●時間20分　●答え→別冊3ページ　得点 /100

1 次の数の読み方を漢字で書きなさい。（4点×4＝16点）

① 292056500

② 70856810257

③ 4092110105193

④ 871500050000000

2 次の数を，数字で書きなさい。（4点×4＝16点）

① 十八億三千六百四十五万三百

② 五百億七百十万三十

③ 二十五兆八千四百億六千五百万七千五十九

④ 五千二十兆一億三百万四千八百二十九

3 次の計算をしなさい。答えは兆，億，万を使いなさい。（4点×3＝12点）

① 3億1275万 ＋ 5億850万 ＝

② 3兆2700億 ＋ 2兆7300億 ＝

③ 5億100万 － 1億1800万 ＝

4 下の数直線の上のア〜ウの数を，万を使って答えなさい。（3点×3＝9点）

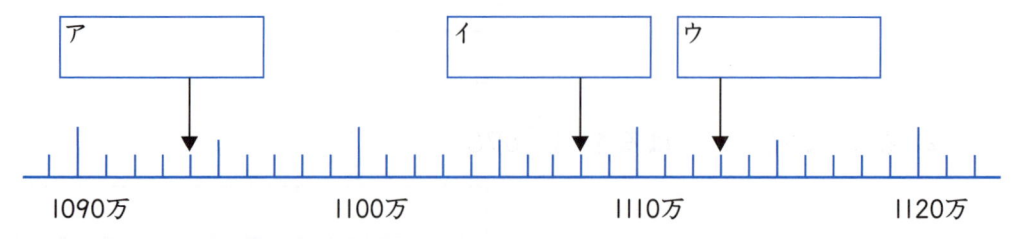

ア　　　　　　　　　イ　　　　ウ

1090万　　　1100万　　　1110万　　　1120万

5 右の数直線上の数のあ，いが次のようであるとき，下の問いに答えなさい。

(3点×9＝27点)

① あが10，いが20のとき，ア，イ，ウの数を答えなさい。

ア □　　イ □　　ウ □

② あが10万，いが20万のとき，ア，イ，ウの数を万を使って答えなさい。

ア □　　イ □　　ウ □

③ あが130億，いが180億のとき，ア，イ，ウの数を億を使って答えなさい。

ア □　　イ □　　ウ □

6 ゆみこさんは，今日から毎日10円玉を1まいずつちょ金箱に入れることにしました。10円玉が5まいになれば，それを取り出して，かわりに50円玉を1まい入れます。また，50円玉が2まいになれば，それを取り出して，かわりに100円玉を1まい入れます。このとき，次の問いに答えなさい。

(5点×4＝20点)

① 8日目には，10円玉，50円玉，100円玉はそれぞれ何まいずつになりますか。

10円玉 □ ，50円玉 □ ，100円玉 □

② 10円玉，50円玉，100円玉がそれぞれ1まいずつになるのは，何日目ですか。

□

③ 10円玉，50円玉，100円玉の合計が，はじめて7まいになるのは，何日目ですか。

□

④ 10円玉，50円玉，100円玉の合計が，3回目に3まいになるのは，何日目ですか。

□

2 大きい数のたし算・ひき算

★ 標準レベル

● 時間 15分
● 答え→別冊4ページ
得点 /100

1 次の計算をしなさい。(2点×6=12点)

① 450
 +120

② 372
 +125

③ 247
 +186

④ 754
 +167

⑤ 965
 +287

⑥ 865
 +786

2 次の計算をしなさい。(2点×6=12点)

① 876
 −123

② 987
 −257

③ 647
 −186

④ 734
 −159

⑤ 111
 − 48

⑥ 103
 − 86

3 次の計算をしなさい。(3点×6=18点)

① 2168
 +2933

② 4361
 +1619

③ 4585
 +1365

④ 7654
 −2133

⑤ 3076
 −1638

⑥ 8007
 −2909

10

4 次の□にあてはまる数をもとめなさい。(6点×6=36点)

① 　3 4 □
　+ □ □ 1
　─────
　　6 8 5

② 　5 □ 7
　+ □ 8 9 □ ※
　─────
　1 0 2 6 1

③ 　5 □ 2 3
　+ □ 4 9 □
　─────
　7 9 1 5

④ 　8 □ □
　- □ 0 4
　─────
　　6 2 3

⑤ 　2 0 8 5
　- □ 5 □ 2
　─────
　□ □ 0 3

⑥ 　9 □ 9 9
　- □ 8 6 3
　─────
　　2 7 □ 6

5 あすかさんの学校の子どもの人数は2376人です。ともやさんの学校の子どもの人数は，3986人です。両方の学校の子どもの人数をあわせると，何人になりますか。(式3点，答え3点，計6点)

式

答え □

6 右の表は，おまつりで売れたかき氷の数です。味は表の中の3つしかありません。
次の問いに答えなさい。(式4点，答え4点，計16点)

かき氷の味	売れたこ数（こ）
イチゴ	1329
メロン	865
レモン	1012

① かき氷は全部で何こ売れましたか。

式

答え □

② メロン味とイチゴ味ではどちらが何こたくさん売れましたか。

式

答え □ 味が □ こ たくさん売れた

> **おとなの方へ** 大きい数の計算が主な目標です。筆算で行うときは，これまでと同様，①位をそろえる②一の位から計算する③繰り上がりや繰り下がりに注意する　ことが重要です。

2 大きい数のたし算・ひき算

★★ 発展レベル

●時間 20分
●答え→別冊5ページ
得点 /100

1 次の計算をしなさい。(3点×6=18点)

① 　3849
　+4186

② 　5706
　+8759

③ 　8975
　+4028

④ 　9669
　+9779

⑤ 　8104
　+8759

⑥ 　9567
　+8086

2 次の計算をしなさい。(3点×6=18点)

① 　4632
　-2871

② 　7149
　-3786

③ 　1034
　-　757

④ 　5527
　-1999

⑤ 　8214
　-3219

⑥ 　6001
　-2586

3 次の計算を筆算でしなさい。(4点×3=12点)

① 　4934
　　745
　+2965

② 　　794
　　5062
　+　628

③ 　　869
　　5216
　+3285

4 次の □ に正しい数を入れなさい。(3点×4=12点)

① 2987+□=10000

② □+8976=9070

③ 8006-□=2567

④ □-5631=1105

発展レベル ☆☆

5 次の図は、計算ゲームです。命れいにしたがって計算をすすめていきます。たとえば、アの箱には、（命れいア）にしたがって、一の位の数と、千の位の数を入れかえた数を入れます。□に正しい数を入れなさい。

(3点×5＝15点)

スタート
もとの数 2787

（命れいア）もとの数の一の位の数と、千の位の数を入れかえなさい。　ア □

（命れいイ）もとの数と、アの数をたしなさい。　イ □

（命れいウ）もとの数の百の位の数と十の位の数を入れかえなさい。　ウ □

（命れいエ）アからウまでの数の中で、いちばん大きいものからいちばん小さいものをひきなさい。　エ □

（命れいオ）エの数とたして1万になる数をもとめなさい。　オ □
ゴール

6 次の□にあてはまる数をもとめなさい。(4点×4＝16点)

①
```
   □ 8 5 □
 + 2 □ 9 3
 ─────────
   6 0 □ 7
```

②
```
   □ 7 □ 3
 + 4 □ 6 □
 ─────────
   9 7 3 0
```

③
```
   1 0 0 2 3
 -     □ 4 □ 6
 ─────────────
       8 □ 7 □
```

④
```
   □ 3 1 4
 -   □ 8 9 □
 ─────────
     5 2 □ 9
```

7 2093にある数をたしたら6012になりました。ある数は何でしょうか。ある数を□として式をつくり、ある数をもとめなさい。(式4点，答え5点，計9点)

式

答え □

13

2 大きい数のたし算・ひき算

★★★ トップレベル
●時間20分
●答え→別冊6ページ
得点 /100

1 次の計算をしなさい。(4点×6=24点)

① 　64324
　　75415
　+22675

② 　25787
　　84685
　+66768

③ 　94089
　　55237
　　 2279
　+　 362

④ 　19617
　-　3634

⑤ 　40504
　-28594

⑥ 　61002
　-51954

2 れいにならって次の計算をしなさい。(3点×10=30点)

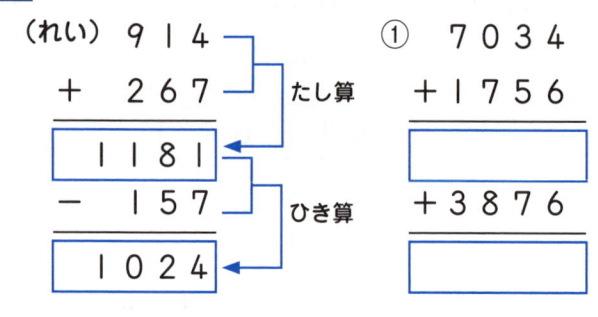

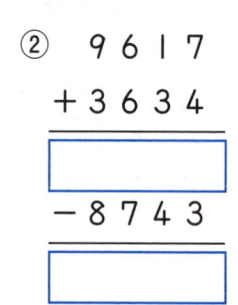

(れい)　914
　　+ 267
　―――――
　　1181
　　- 157
　―――――
　　1024
　（たし算／ひき算）

① 　7034
　+1756
　―――――
　　□
　+3876
　―――――
　　□

② 　9617
　+3634
　―――――
　　□
　-8743
　―――――
　　□

③ 　95224
　-68796
　―――――
　　□
　+56443
　―――――
　　□

④ 　80053
　-48709
　―――――
　　□
　-　9987
　―――――
　　□

⑤ 　90065
　-19876
　―――――
　　□
　-49986
　―――――
　　□

3 次の□にあてはまる数をもとめなさい。(4点×4=16点)

①
```
  5 7 □ 2
+ □ 9 3 6 □
─────────
1 1 □ 9 3 1
```

②
```
  □ 5 □ 8 4
+   4 2 1 □ □
─────────
  7 □ 5 8 1
```

③
```
  □ 7 4 □
-   3 □ 5 9
─────────
    9 9 9 3
```

④
```
  □ 4 □ 7 □
-   1 7 5 □ 8
─────────
  1 □ 0 7 4
```

4 右の表は、1900年と、2000年のある市の男女べつ人口です。1900年から2000年の間にどれだけ人口がふえましたか。

年	男	女
1900年	48965	47592
2000年	128625	127927

(式5点, 答え5点, 計10点)

式

答え

5 ある図書館には、本が375673さつありましたが、となりの町の図書館と合ぺいしたので、本が692944さつふえました。そのあと、新しい本を2万さつ買いたしました。今、この図書館には何さつの本がありますか。

(式5点, 答え5点, 計10点)

式

答え

6 みなとさんの学校では、ベルマークを集めています。去年ののこりは28987点あり、今年はさらに38998点集まりました。これまでたまった分をあわせて48987点でマイクを買います。ベルマークは何点のこりますか。

(式5点, 答え5点, 計10点)

式

答え

3 大きい数のこん合算

☆ 標準レベル

●時間 15分
●答え→別冊8ページ
得点 /100

- たし算とひき算だけの計算は，計算のじゅん番をかえてもかまいません。
  〈れい〉 124+189−14=124−14+189=110+189=299
- スーパーレジ方しき　たし算とひき算のまじった式は，たし算部分，ひき算部分をべつべつに計算し，さい後にまとめて計算します。
  〈れい〉 70−12−25+3
  　　たし算部分：70+3=73　　ひき算部分：12+25=37　　73−37=36

1 スーパーレジ方しきをつかって，次の計算をしなさい。(2点×21=42点)

① 183+389−149−277=
　たし算部分 □ − ひき算部分 □ = 答え □

② 346−180+158−146=
　たし算部分 □ − ひき算部分 □ = 答え □

③ 800−444+589−644=
　たし算部分 □ − ひき算部分 □ = 答え □

④ 2495−1029+2105−3291=
　たし算部分 □ − ひき算部分 □ = 答え □

⑤ 2846+1571−2449−1286=
　たし算部分 □ − ひき算部分 □ = 答え □

⑥ 6635−2098−3235+6178=
　たし算部分 □ − ひき算部分 □ = 答え □

⑦ 8009−2285−3171+4927=
　たし算部分 □ − ひき算部分 □ = 答え □

2 次の☐に正しい数を入れなさい。(6点×5=30点)

① 1480+1078−☐=756

② 824−596+☐=685+1078

③ 1849−674−☐=783+55

④ 3782−209+☐=2279+2098

⑤ 10000−674−☐=1059−876

3 下の図では，線でつながった上の2この数をたした答えを下に書いていくきまりになっています。たとえば，①では，あ＝1＋2＝3，い＝2＋3＝5 となります。下のアからキのすべての空らんをうめなさい。(4点×7=28点)

① 1 2 3
   あ い
     ア

② 158 278 1059
     イ   ウ
        エ

③ 11064 オ カ
       キ   37791
          50599

ア☐   イ☐   ウ☐   エ☐

オ☐   カ☐   キ☐

おとなの方へ　たし算，ひき算の混合算では，たし算部分とひき算部分それぞれまとめて先に計算するのが効果的です。筆算で計算する場合，位をそろえて計算することは重要です。

3 大きい数のこん合算

☆☆ 発展レベル

●時間20分
●答え→別冊8ページ

1 次の計算をしなさい。(4点×5＝20点)

① 3849＋5706－8975＋5527＝

② 4186＋8759－4028－7214＝

③ 9669－5104＋6001－9567＝

④ 19779－8759－8086－1999＝

⑤ 24632－7149－1034＋3219＝

2 次の計算をしなさい。答えは兆，億，千万を使いなさい。(4点×3＝12点)

① 10億4千万＋2億5千万－3億7千万

② 12兆9千万－6兆3千万－4兆2千万

③ 3兆5000億－2兆9000億＋1兆8000億

3 次の □ に正しい数を入れなさい。(3点×4＝12点)

① 2987＋ □ ＋4667＝10000

② 12898＋8976－ □ ＝9070

③ 8006－ □ ＝2567＋3678

④ □ －5631－7869＝1105

発展レベル ☆☆

4 0, 2, 4, 6という数字を書いた4まいのカードを使って4けたの数をつくります。このとき、次の問いに答えなさい。(8点×3＝24点)

① そのうちで、いちばん小さいものはいくらですか。

② 6200より大きい数を全部たすといくらになりますか。

③ いちばん大きいものといちばん小さいものをたしたものから2番目に大きいものと2番目に小さいものをたしたものをひくといくらになりますか。

5 下は計算クロスワードです。「横のかぎ」は横に、「たてのかぎ」はたてに1字ずつたてにならべて書きます。たとえば、「横のかぎ」のアは100なので、下のように書きます。横やたてのア～カにあてはまる数をクロスワードに入れなさい。また、青色にぬられた部分の数をすべてたした数を答えなさい。(4点×8＝32点)

〈横のかぎ〉

ア　200－100＝100

イ　3643－1025＋4264＝

ウ　14567＋8209＋894＝

カ　57865＋76529＝

〈たてのかぎ〉

ア　3142－2454＋768＝

ウ　41305－27690
　　　＋7659＝

エ　5678－4098＋6957＝

オ　789654＋654382
　　　＋244354＝

〈青色の部分の数の和〉

3 大きい数のこん合算

★★★ トップレベル ●時間 20分 ●答え→別冊9ページ 得点 /100

1 次の計算をしなさい。(5点×4＝20点)

① 50000－6386－4356－753－2139＝

② 20000－15363＋14688－12133＋13584＝

③ 100000－23137＋13186－35427＋12364＝

④ 698879＋28467－34735－467785＝

2 次の□に正しい数を入れなさい。(5点×3＝15点)

① 3008＋412＋□＝7877

② □＋6834－24－128＝10087

③ 17423－4552－□＝2889

3 次の計算をしなさい。答えは兆，億，千万を用いて答えなさい。

(5点×3＝15点)

① 9億7千万＋12億4千万－3億5千万－8千万＝

② 19兆6千億－8兆9千億－356億＝

③ 8兆78億－98億6千万－12億4千万＝

4 次の3人の話を聞いてあやかさんのもっている金がくをもとめなさい。

(10点)

あかね：わたしは12000円もってるわよ。
ゆずね：わたしはあかねちゃんより3789円少ないよ。
あやか：わたしはゆずねちゃんより6789円多いわよ。

5 下の表は，さくらさんのお姉さんのお小づかいちょうです。もらった金がくと，使った金がくを，理由とともに書き，その度ごとに，のこった金がくを書き入れます。ア～オの空らんに正しい金がくを記入しなさい。

(3点×5＝15点)

日にち	もらった金がく(円)		使った金がく(円)		のこった金がく(円)
					27867
9月1日	お小づかい9月分	3000			30867
9月4日			本	1480	ア
9月8日			えい画を見る	1200	イ
9月12日			洋服を買う	9875	ウ
9月19日	アルバイト代	エ			33312
9月23日			ラケットのしゅう理	オ	32267

6 りほさんは，お年玉として，一万円さつ2まいと，千円さつ6まいと，百円玉16まいをもらいました。これまでのちょ金として，一万円さつ2まいと，千円さつ何まいかと，百円玉何まいかをもっています。これらを全部あわせてお店にもって行き，39800円のキーボードを買ったら，おつりが9600円もどってきました。千円さつと，百円玉は何まいもっていたでしょうか。なお，おつりの千円さつと，百円玉はできるだけ少ないまい数で考えなさい。

(5点×2＝10点)

千円さつ [　　　　]　　　百円玉 [　　　　]

7 だいとくんのお父さんは，中古の車を買いに行きました。赤いジープは予算の半ぶんより36万円安く，青いボックスカーは予算より18万円安かったそうです。青いボックスカーが，赤いジープより64万円高かったとすると，お父さんのはじめの予算はいくらだったのでしょうか。答えは万円を使って答えなさい。(15点)

[　　　　]

21

4 整数のかけ算

★ 標準レベル
●時間 15分
●答え→別冊10ページ

1 次の計算をしなさい。(2点×4=8点)

① 27×8＝
② 57×6＝
③ 74×7＝
④ 42×9＝

2 次の計算をしなさい。(2点×4=8点)

① 171×5＝
② 523×6＝
③ 625×8＝
④ 678×0＝

3 次の計算をしなさい。(2点×4=8点)

① 92×32＝
② 26×71＝
③ 18×48＝
④ 34×25＝

4 次の計算をしなさい。(3点×4=12点)

ヒント：たし算・ひき算と，かけ算のまじった式では，かけ算を先に計算します。

① 11×2+5＝
② 7+27×3＝
③ 24×3−13＝
④ 214−4×5＝

5 次の □ に正しい数を入れなさい。(3点×4=12点)

① 3×4+3×6＝3×
② 9×5＝9×3+9×
③ 7×10−7×3＝7×
④ 5×8＝5×15−5×

6 次の問いに答えなさい。(式3点, 答え4点, 計14点)

① いちろう君は9ダースのえん筆を持っています。さて, いちろう君は何本のえん筆を持っていますか。ただし1ダースは12本です。

式

答え □

② ゆみ子さんはスーパーで, 1ふくろ198円のみかんを7ふくろ買いました。代金はみんなで何円になりますか。

式

答え □

7 次の問いに答えなさい。(式3点, 答え4点, 計14点)

① 1こ75円の消しゴムを, 36こ買いました。このとき, 何円はらえばよいですか。

式

答え □

② 計算テストで, 14回つづけて84点を取りました。このとき, 合計の点数は何点ですか。

式

答え □

8 次の箱は, 命れいボックスです。箱の中に入れた数を命れい通りに何倍かしないといけません。次の数を入れればどんな数が出てきますか。

(3点×8=24点)

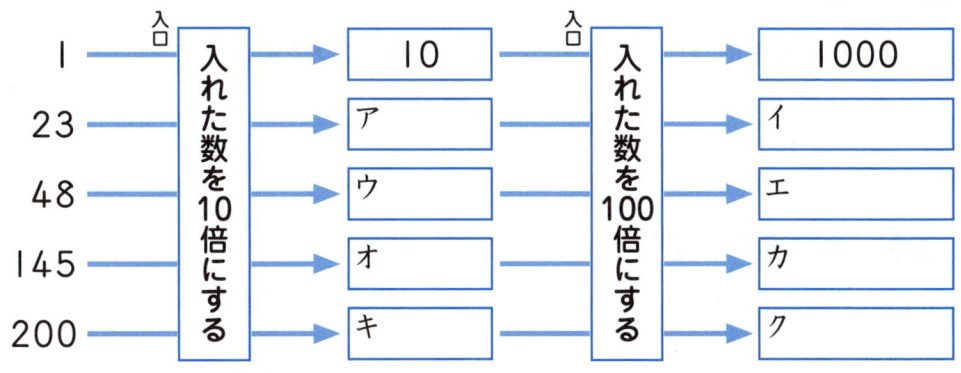

入力	入れた数を10倍にする	出力	入力	入れた数を100倍にする	出力
1		10			1000
23		ア			イ
48		ウ			エ
145		オ			カ
200		キ			ク

おとなの方へ: かけ算の筆算の方法をしっかり身につけさせましょう。10倍, 100倍すると, もとの数はどのようになるのか, 結合法則・分配法則なども体験的に理解させていきましょう。

4 整数のかけ算

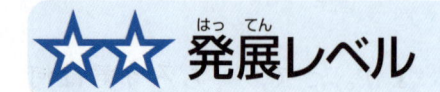

★★ 発展レベル
●時間20分 ●答え→別冊10ページ

1 次の計算をしなさい。(2点×6=12点)
① 1192×7＝
② 3125×8＝
③ 1897×4＝
④ 4775×6＝
⑤ 2663×8＝
⑥ 1285×8＝

2 次の計算をしなさい。(3点×6=18点)
① 87×79＝
② 83×96＝
③ 97×85＝
④ 98×94＝
⑤ 24×24＝
⑥ 79×98＝

3 次の計算をしなさい。(3点×6=18点)
① 437×207＝
② 207×437＝
③ 24×740＝
④ 470×920＝
⑤ 28×4300＝
⑥ 81×2900＝

4 次の計算をしなさい。(3点×6=18点)
① 236×45＝
② 517×39＝
③ 518×29＝
④ 417×293＝
⑤ 268×264＝
⑥ 433×617＝

発展レベル ☆☆

> 4（＝2×2），9（＝3×3）など，同じ数を2回かけた数を平方数といいます。
> 平方数はよく出てくるのでおぼえておくと今後，役に立ちます。

5 次の計算を筆算で計算しなさい。答えと同じ数字を，下からえらんで，ひらがなの記号を空らんに入れなさい。ひらがなを左から読むと文章になります。（計算3点×11＝33点，文章1点，計34点）

① 11 × 11　　② 12 × 12　　③ 13 × 13

④ 14 × 14　　⑤ 15 × 15　　⑥ 16 × 16

⑦ 17 × 17　　⑧ 18 × 18　　⑨ 19 × 19

⑩ 20 × 20　　⑪ 25 × 25

```
み：156   い：144   ほ：169   お：289   ぼ：324   え：361
る：400   ぞ：625   ま：192   ぶ：476   へ：121   し：255
い：389   き：872   う：196   う：256   す：225   ぱ：301
```

問題番号	①	②	③	④	⑤	⑥	⑦	⑧	⑨	⑩	⑪
ひらがな											

4 整数のかけ算

☆☆☆ トップレベル

1 次の計算をしなさい。(3点×6=18点)

① 7×651＝

② 4×932＝

③ 3×742＝

④ 3×269＝

⑤ 6×154＝

⑥ 7×309＝

2 次の計算をしなさい。(3点×6=18点)

① 436×240＝

② 5900×30＝

③ 350×650＝

④ 450×3800＝

⑤ 280×5400＝

⑥ 2700×3900＝

3 次の計算をしなさい。(4点×4=16点)

① 4378×357＝

② 5652×509＝

③ 784×2927＝

④ 457×5631＝

4 次の計算をしなさい。(4点×4=16点)

① 8500×48000＝

② 9080×7600＝

③ 40800×50600＝

④ 80900×35600＝

5 たくろう君の学校の3年生は全体で136人います。今度遠足に行くので、遠足代を1人750円ずつ集めました。さて、3年生全体で何円集まったでしょうか。(8点)

6 A国の人口は243万人だそうです。B国はさらに広いので、人口はA国の25倍だそうです。このとき、B国の人口は何人でしょうか。(答えるときは数字で答えなさい。)(8点)

7 ゆう子さんは、1こ100円のりんごを35こ買うつもりで、やお屋に行きました。すると、1こにつき5円安くなっていたので、さらに7こ多く買うことにしました。ゆう子さんが、はらうときに5000円さつを出したとすると、もらうおつりは何円でしょうか。(8点)

8 Aを5倍してBをたす計算をA◎Bと表すことにします。たとえば、8◎3＝8×5＋3＝43となります。このとき、□にあてはまる数をもとめなさい。(4点×2＝8点)

① (6◎2)◎4＝ □

② 1234◎ □ ＝6602

5 1けたの数でわるわり算

☆ **標準レベル** ●時間15分 ●答え→別冊12ページ 得点 /100

1 □にあてはまる数を入れなさい。(3点×4=12点)

① 6× □ =54なので，54÷6は □ になります。

② 7× □ =42なので，42÷7は □ になります。

2 次の計算をしなさい。(4点×8=32点)

① 32÷8＝　　　　② 64÷8＝

③ 81÷9＝　　　　④ 36÷4＝

⑤ 28÷4＝　　　　⑥ 54÷9＝

⑦ 63÷7＝　　　　⑧ 21÷7＝

3 下の図はわり算めいろです。①，②のように進むとそれぞれアからキのどの出口に出ますか。(4点×2=8点)

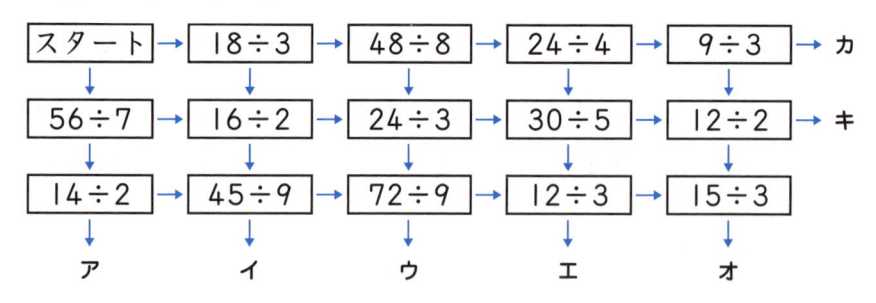

スタート→	18÷3 →	48÷8 →	24÷4 →	9÷3 →	カ
56÷7 →	16÷2 →	24÷3 →	30÷5 →	12÷2 →	キ
14÷2	45÷9	72÷9	12÷3	15÷3	
ア	イ	ウ	エ	オ	

① 答えがすべて6になるように進む場合。　□

② 答えがすべて8になるように進む場合。　□

4 次の問題について，式をつくり，答えをもとめなさい。(式4点，答え4点，計48点)

① 72このりんごを8人で同じ数ずつ分けます。1人何こずつもらえますか。

式

答え

② 30gのさとうを，5gずつふくろに入れます。何ふくろできますか。

式

答え

③ 夏休みに40まいのプリントが宿題に出ました。これを毎日同じまい数ずつ5日でやり終えるには1日何まいずつすればいいでしょうか。

式

答え

④ 56人の子どもたちを7チームに同じ人数ずつ分けると，1チームの人数は何人になりますか。

式

答え

⑤ 1セットに4まいずつふうとうが入っているレターセットが6セットあります。これら全部のふうとうを8人で同じまい数ずつ分けるとき，1人あたりのまい数は何まいになりますか。

式

答え

⑥ 3ダースのえん筆があります。これを9人の子どもに同じ本数ずつ分けると，1人あたり何本ずつになりますか。ただし，1ダースとは12本のことです。

式

答え

> **おとなの方へ**
> まずはかけ算との関係をきちっとつかむことです。本章では，1桁の数で割る割り算を扱います。割られる数＝割る数×商＋余りの関係式は大事です。また，余りは割る数より小さくなることに気をつけましょう。

5 1けたの数でわるわり算

★★ 発展レベル
- 時間20分
- 答え→別冊12ページ

1 次のわり算をしなさい。あまりのないときは「なし」とかきなさい。
（2点×8＝16点）

① 18÷3＝ □ あまり □   ② 28÷4＝ □ あまり □

③ 32÷5＝ □ あまり □   ④ 27÷4＝ □ あまり □

⑤ 43÷8＝ □ あまり □   ⑥ 50÷9＝ □ あまり □

⑦ 55÷7＝ □ あまり □   ⑧ 0÷2＝ □ あまり □

2 □にあてはまる数を入れなさい。（3点×6＝18点）

① 15＝2×□＋1なので，15÷2＝□ あまり1です。

② 23÷5＝□ あまり3   ③ 43÷6＝□ あまり1

④ 38÷□＝9あまり2   ⑤ 48÷□＝7あまり6

3 次のわり算をしなさい。①は，□にあてはまる数を入れなさい。②，③は，計算し，あまりのあるものは，あまりももとめなさい。

（①1点×6＝6点，②，③6点×2，計18点）

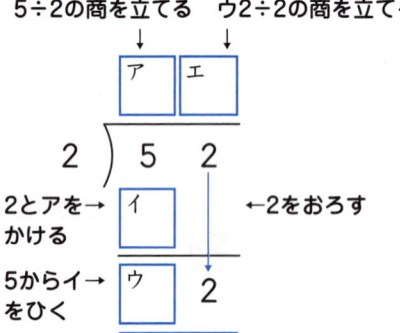

① 52÷2

5÷2の商を立てる　ウ2÷2の商を立てる
↓　　　　　　　　↓
ア　エ

2)5　2

2とアを→ イ　　←2をおろす
かける

5からイ→ ウ　2
をひく

オ　←2とエをかける

カ　←ウ2からオをひく

② 43÷3＝

3)43

③ 670÷5＝

5)670

発展レベル ☆☆

4 次の問題について，式をつくり，答えをもとめなさい。(式4点，答え4点，計48点)

① 30このキャンディを8人に同じ数ずつ分けます。1人何こもらえ，あまりは何こになりますか。

式

答え

② 65まいのおり紙を，7まいずつふくろに入れます。何ふくろできて，何まいあまりますか。

式

答え

③ 1人8こずつ配ると，9人に配れるだけのチョコレートがあります。このチョコレートを1人6こずつ配ると，何人に配ることができますか。

式

答え

④ 1年は何週間と何日あるか答えなさい。ただし，1年は365日として考えなさい。

式

答え

⑤ キャンディーが456こあります。1人に7こずつ配っていくと，何人に配れて，何こあまるか答えなさい。

式

答え

⑥ おり紙で千ばのつるをおります。今まで，8人が65わずつおりました。のこりを6人でおるには，1人何わずつおらないといけませんか。

式

答え

5 1けたの数でわるわり算

★★★ トップレベル
● 時間20分
● 答え→別冊13ページ

1 次の計算をしなさい。わり切れないときは、あまりも出しなさい。

(3点×9＝27点)

① 639÷3＝　　　② 910÷7＝　　　③ 757÷7＝

④ 782÷6＝　　　⑤ 6505÷5＝　　　⑥ 5360÷8＝

⑦ 3007÷3＝　　　⑧ 5678÷9＝　　　⑨ 7012÷7＝

2 次の計算をしなさい。わり切れないときは、あまりも出しなさい。

(3点×6＝18点)

わる数、わられる数両方のいちばん下の位に0があるとき同じこ数だけ0を消すよ。

90÷20なら 20)90 の筆算で 商4, あまり8 → 1□
あれ？　あまりはどうなるのかな？
「わられる数＝わる数×商＋あまり」だから…

① 280÷40＝　　　② 480÷60＝　　　③ 7200÷90＝

④ 12800÷400＝　　　⑤ 17000÷2000＝　　　⑥ 60000÷9000＝

3 次の中から2でわり切れる数、3でわり切れる数、4でわり切れる数、5でわり切れる数、9でわり切れる数をえらびなさい。(3点×5＝15点)

| 21　144　430　315　128　1224　339　5052 |

2でわり切れる数（　　　　　　　　　　　　　　　　）

3でわり切れる数（　　　　　　　　　　　　　　　　）

4でわり切れる数（　　　　　　　　　　　　　　　　）

5でわり切れる数（　　　　　　　　　　　　　　　　）

9でわり切れる数（　　　　　　　　　　　　　　　　）

4 1箱に消しゴムが25こ入っている箱が8箱あります。これから132このぞいて，のこりは7こずつ小さい箱につめました。小さい箱は何箱ひつようで，箱に入らなかった消しゴムは何こありますか。（式4点，答え4点，計8点）

式

答え　小さい箱は　　　　　箱，入らなかった消しゴム　　　　　こ

5 6m80cmのリボンがあります。これを同じ長さで8人に分けるとき，1人の長さは何cmになりますか。（式4点，答え4点，計8点）

式

答え

6 たて2m40cm，横3m30cmの長方形の形をしたけいじ板に1ぺんの長さが30cmの正方形の紙をはっていきます。正方形の紙は何まいいりますか。

（式4点，答え4点，計8点）

式

答え

7 教室に紙のたばがありました。これを1人128まいずつ9人に配ると，36まいあまりました。これと同じまい数の紙のたばを，何まいかずつ7人に配ったところ，あまりは5まいになったそうです。1人何まいずつ配ったでしょうか。（式4点，答え4点，計8点）

式

答え

8 次の☐にあてはまる数を入れなさい。（4点×2＝8点）

① 2☐ ÷ ☐）7 3 ，商の下に☐，余り☐☐ 余り1

② ☐☐ ÷ ☐）☐☐☐ ，5☐，☐☐，30，余り4

6 2けたの数でわるわり算

★ 標準レベル
- 時間 15分
- 答え→別冊14ページ
- 得点 /100

2けたの数でわる計算のポイントは
まず，わられる数の中に，わる数がだいたいいくつふくまれるか調べて，（これを仮の商といいます。くわしくは右のページ上でせつ明します。）正しいかどうかたしかめることをくりかえすことです。

1 下の□に正しい数を入れなさい。(2点×9＝18点)

① 61÷18＝
61の中に18は何こあるか，考えよう。
わる数，わられる数ともに四捨五入（くわしくは次のページ）して
60÷20でまずは，ためしてみよう。

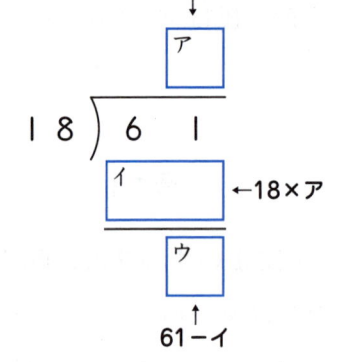

```
      ア
  18 ) 6 1
      イ    ←18×ア
      ウ
      ↑
     61－イ
```

② 161÷23＝

160÷20でまずは，ためしてみよう。

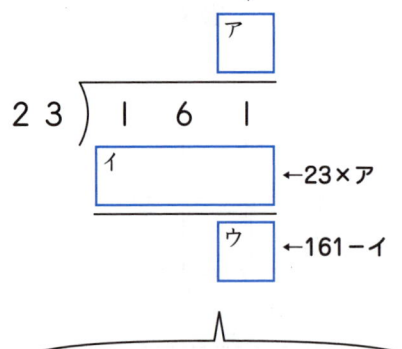

```
       ア
  23 ) 1 6 1
       イ      ←23×ア
       ウ      ←161－イ
```

仮の商が大きすぎると，ウのあたいがでてこないね。

③ 232÷38＝

230÷40でまずは，ためしてみよう。

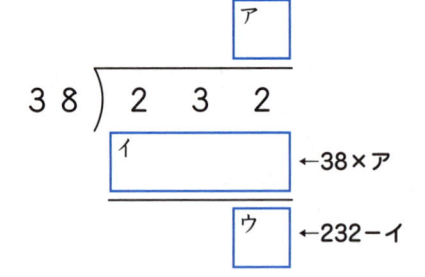

```
       ア
  38 ) 2 3 2
       イ      ←38×ア
       ウ      ←232－イ
```

仮の商が小さすぎると，あまりがわる数38より大きくなってだめなんだよ。

仮の商を立てるとき，四捨五入という方ほうを使うとべんりです。
たとえば，一の位を四捨五入する場合，
一の位の数が1，2，3，4のときは切りすてて0に，
5，6，7，8，9のときは切り上げて，十の位の数を1大きくします。
では，197÷62のわり算の式を，わる数もわられる数も一の位を四捨五入してわり算し，仮の商を立てるとき，どんな式になるかな？
　　　ア　190÷60　　イ　190÷70　　ウ　200÷60　　エ　200÷70
答え：ウ　197の一の位の7は切り上げて200に，62の2を切り捨てて60にします。
　　　仮の商が正しいかどうかは，あとの計算をしないとわからないので，注意だよ。

2 次の計算をし，わり切れないときは，あまりも出しなさい。(5点×6＝30点)

① 197÷62＝　　　　　　　　② 204÷51＝

③ 244÷81＝　　　　　　　　④ 277÷68＝

⑤ 639÷75＝　　　　　　　　⑥ 752÷93＝

3 次の計算をし，わり切れないときは，あまりも出しなさい。(6点×6＝36点)

① 723÷82＝　　　　　　　　② 421÷71＝

③ 477÷63＝　　　　　　　　④ 388÷48＝

⑤ 403÷67＝　　　　　　　　⑥ 483÷65＝

4 次の箱は，命れいボックスです。箱の中に入れた数を命れい通りにわらないといけません。次の数を入れればどんな数が出てきますか。(2点×8＝16点)

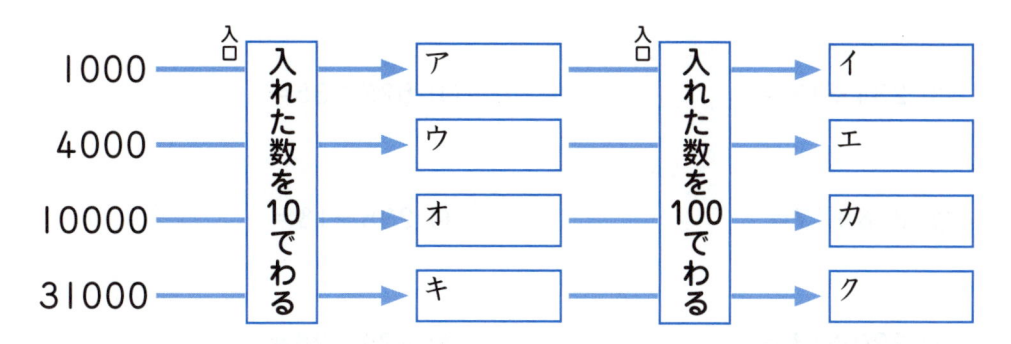

入れた数	入れた数を10でわる	出力	入れた数を100でわる	出力
1000	→	ア	→	イ
4000	→	ウ	→	エ
10000	→	オ	→	カ
31000	→	キ	→	ク

おとなの方へ　2桁で割るわり算は，割る2桁の数を一つのかたまりとみなし，割られる数の中に，割る数が何個ぐらい含まれるのか見当をつけることが大事です。見当付けた商が大きすぎたり小さすぎたりする場合が多く，慣れが必要です。じっくりマスターしたいところです。

6 2けたの数でわるわり算

★★ 発展レベル

●時間 20分
●答え→別冊15ページ

1 □に正しい数を入れなさい。わり切れないときは、あまりも出しなさい。

(2点×5＝10点)

3けた÷2けたの場合、わられる数の上2けたの数が、わる数より大きいとき商が2けたになるよ。
この問題ではわられる数の上2けたは48で、48＞18だから、商が2けたになるパターンだ。

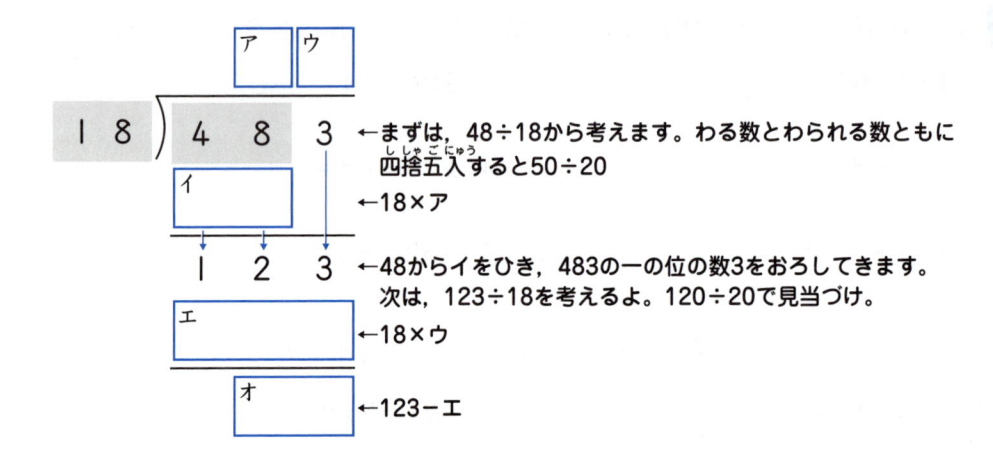

```
      ア ウ
18 ) 4 8 3   ←まずは、48÷18から考えます。わる数とわられる数ともに
     イ         四捨五入すると50÷20
               ←18×ア
     1 2 3   ←48からイをひき、483の一の位の数3をおろしてきます。
     エ         次は、123÷18を考えるよ。120÷20で見当づけ。
               ←18×ウ
         オ   ←123－エ
```

2 次の計算をしなさい。わり切れないときは、あまりも出しなさい。

(5点×8＝40点)

① 408÷24＝

② 210÷14＝

③ 234÷18＝

④ 525÷35＝

⑤ 818÷17＝

⑥ 235÷18＝

⑦ 290÷13＝

⑧ 429÷28＝

発展レベル ☆☆

3 次のわり算の筆算について，正しければ，（　）に〇を，まちがっていれば，下の箱に正しく筆算をしなさい。(10点×2＝20点)

① (　　　　　)

```
        6
    ────────
18 ) 1 2 6
     1 0 8
     ─────
       1 8
```

② (　　　　　)

```
       3 0
    ────────
29 ) 8 5 3
     8 7
     ─────
       2 3
```

4 次の問題について，式をつくり，答えをもとめなさい。(式5点，答え5点，計30点)

① まゆこさんの学校の農園で，さつまいもが367本とれました。45本ずつ箱づめしていくと，何箱できて，何本あまりますか。

式

答え　

② まさきさんはちょ金が983円あります。これで1本63円のシャーペンをできるだけ多く買おうとすると，何本買えて，何円のこりますか。

式

答え　

③ ゆりかさんのクラスの学級ひが876円あまったので，クラス全員に同じ金がくずつ返金し，あまったお金はPTAにきふするそうです。ゆりかさんのクラスが32人のとき，1人何円ずつ返金でき，何円PTAにきふすることになるでしょうか。

式

答え

6 2けたの数でわるわり算

★★★ トップレベル

時間 20分
答え→別冊16ページ

1 次の計算をしなさい。わり切れないときは，あまりも出しなさい。

（3点×8＝24点）

① 650÷13＝ 　　② 840÷28＝

③ 750÷25＝ 　　④ 229÷11＝

⑤ 654÷32＝ 　　⑥ 729÷24＝

⑦ 862÷23＝ 　　⑧ 927÷25＝

2 次の計算をしなさい。わり切れないときは，あまりも出しなさい。

わられる数のけた数が3けたより多くても，同じようにできるよ。

（4点×8＝32点）

① 2394÷18＝ 　　② 3775÷25＝

③ 7161÷33＝ 　　④ 1978÷14＝

⑤ 3998÷18＝ 　　⑥ 8792÷45＝

⑦ 12636÷52＝ 　　⑧ 16682÷38＝

3 次の☐にあてはまる数を入れなさい。(10点×2＝20点)

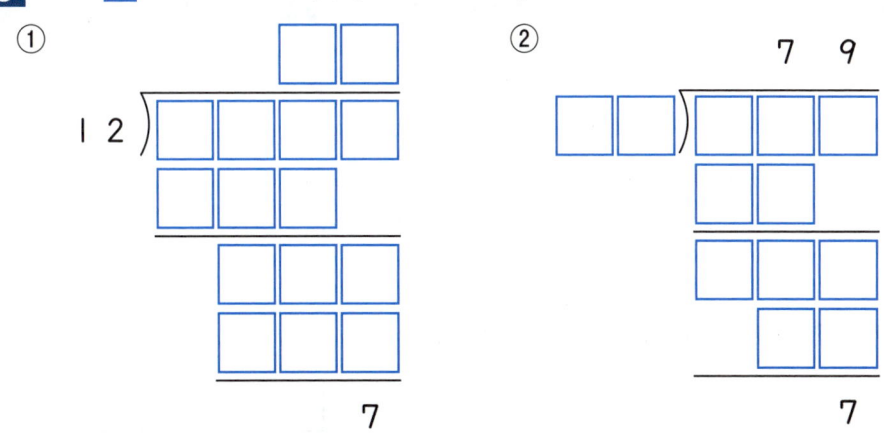

① 12)☐☐☐ 余り 7

② ☐☐)☐☐☐ 商 79 余り 7

4 次の問題について，答えをもとめなさい。

ヒント：図をかいてみよう。(8点×3＝24点)

① 運動場に135mのラインをひきました。45mおきにぼうを立てます。ぼうは何本ひつようですか。ただし，ラインのはじめとおわりには，かならずぼうは立てます。

② みどりが池のまわりの長さは288mです。池のまわりに48mおきに電とうを立てます。電とうは何本立ちますか。

③ ひよし小学校の3年生は，38人のクラスが3クラスと37人のクラスが2クラスあります。1列に45人すわれるざせきのえい画館でえい画を見るとき，ひよし小学校の3年生が使うのは何列目まででしょうか。ただし，ひよし小学校の3年生は1列目の一番はしからじゅんにつめてすわります。

復習テスト1

● 時間 20分
● 答え→別冊17ページ

1 次の数を，数字で書きなさい。(3点×2=6点)

① 百万を52こと一万を6こと百を8こあわせた数。

② 十万を21こと一万を345こあわせた数。

2 次の数を数字で書きなさい。(3点×2=6点)

① 十六億四千七百三十五万八百　　② 八千三十兆一億四百万

3 次の計算をしなさい。(③, ④は「兆」「億」「万」を使いなさい。)

(3点×4=12点)

① 37102+ ☐ =87995

② 28057+ ☐ =98115

③ 531億+279億+86兆-42兆+2億=

④ 4000億+1兆8000億-4000万=

4 次の計算をしなさい。(3点×8=24点)

① 148+6+108+7=

② 523+168-475=

③ 924-197-296=

④ 1849-783+55=

⑤ 2000-28-37-42=

⑥ 63+55+28+36+37=

⑦ 28040-10703+5877=

⑧ 138+64-49-79+231=

5 次の計算をしなさい。(3点×4=12点)

① 236×45＝ ☐

② 167×406＝ ☐

③ 436×240＝ ☐

④ 340×2700＝ ☐

6 次の計算をしなさい。わり切れないときは，あまりも出しなさい。

(3点×6=18点)

① 782÷6＝ ☐

② 8451÷6＝ ☐

③ 350÷90＝ ☐

④ 175÷20＝ ☐

⑤ 187÷35＝ ☐

⑥ 427÷36＝ ☐

7 次の問題について式をつくり，答えをもとめなさい。(式3点，答え3点，計12点)

① 1人7こずつ配ると，171人に配れるだけのキャンディがあります。このキャンディを1人9こずつ配ると，何人に配ることができますか。

式

答え ☐

② たくろう君の学年は全部で83人います。600本のえん筆を，なるべくあまりが少なくなるように同じ本数ずつ学年全員に分けると，1人あたり何本になりますか。また，そのとき，あまりは何本になりますか。

式

答え ☐

8 次の☐にあてはまる数をそれぞれもとめなさい。(5点×2=10点)

①
```
    8 ☐ 7 ☐
  + ☐ 4 ☐ 6
  ─────────
    1 0 0 2 3
```

②
```
    ☐ 7 4 ☐
  -   3 ☐ 5 ☐ 9
  ─────────
      9 9 9 3
```

7 計算のきまり（順序・逆算）

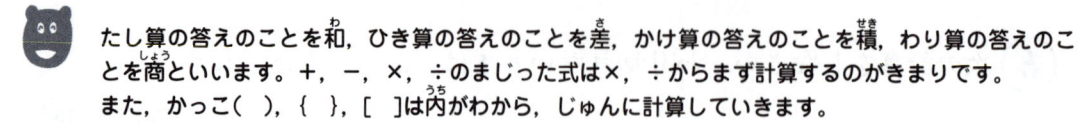

☆ 標準レベル

たし算の答えのことを和，ひき算の答えのことを差，かけ算の答えのことを積，わり算の答えのことを商といいます。＋，－，×，÷のまじった式は×，÷からまず計算するのがきまりです。
また，かっこ（ ），｛ ｝，［ ］は内がわから，じゅんに計算していきます。

1 次の計算をしなさい。（3点×5＝15点）

① 47－35＋14＝

② 12×4÷8＝

③ 7×5＋40÷8＝

④ 12×5－84÷6＝

⑤ 23＋49÷7－3＝

2 次の □ にあてはまる数をもとめなさい。（3点×4＝12点）

① □ ×12＝240

② 36× □ ＝3600

③ □ ÷15＝60

④ 52÷ □ ＝4

3 次の計算をしなさい。（5点×5＝25点）

① （50－7）×6＝

② 8×9÷（7－4）＝

③ 2＋3×｛8－4÷（12－8）｝＝

④ 70－｛(6－2)×3＋6×5｝＝

⑤ 8×［13－｛1＋18÷（9－3）｝］＝

4 次の問題を1つの式で表してから、答えをもとめなさい。

(式4点，答え4点，計24点)

① 320円の筆箱と80円のボールペンをセットにして買うことにしました。3600円では，何セット買えますか。

式

答え

② みかんが227こあります。きずのついているみかん17こを取りのぞいて，のこりを35人に同じ数ずつ分けると，1人分は何こになりますか。

式

答え

③ 42人の子どもに80円のケーキ1ことと120円のかんジュース1本を買って配ります。お金は全部で何円いりますか。

式

答え

5 次の文を1つの式に書き、答えをもとめなさい。(式4点，答え4点，計24点)

① 12と48の和を4倍し，その積を12でわる。

式

答え

② 560を，14と5の積でわり，その商に15をかける。

式

答え

③ 25と20の積に60くわえたものを1000からひく。

式

答え

おとなの方へ：＋－×÷，複数のかっこの混じる計算では，①内側のかっこから計算し②かけ算・割り算は，たし算・ひき算よりも優先して計算することがポイントです。□をふくむ式を解くときには，逆算を利用して計算します。

7 計算のきまり（順序・逆算）

☆☆ 発展レベル

- 時間 20分
- 答え→別冊19ページ

1 次の計算をしなさい。（4点×8＝32点）

① 16＋(37－10)÷9＝□

② 72÷8×(6－3)＝□

③ 54÷(12－21÷7)＝□

④ (3×3＋6)×(7－3)＝□

⑤ 36÷(2×6－36÷6)＝□

⑥ (14÷7＋4)×11＝□

⑦ (12＋60÷2)÷(22－8)＝□

⑧ 8×9－(12＋63÷9)＝□

2 次の計算をしなさい。（5点×8＝40点）

① □×(12－5)＝126

② 117÷(93－□)＝9

③ 7×□＋50＝260

④ {(57－22)÷□＋4}×11＝99

⑤ 36÷□＋4×2＝14

⑥ 14－6÷□×3＝5

⑦ 34－4×□＋15÷3＝31

⑧ 15－10×□÷4＝5

発展レベル ☆☆

3 次のある数を□として式をつくり，ある数をもとめなさい。

(式2点，答え2点，計16点)

① 49にある数をたすと80になる。

式

答え

② 152からある数をひくと75になる。

式

答え

③ ある数に9をかけると216になる。

式

答え

④ ある数を16でわると商が7になってわり切れる。

式

答え

4 命れいボックスに入れた数をその命れい通りに計算します。たとえば，100を命れいボックスあに入れたら10が出てきます。ある数を，次のじゅんに命れいボックスを入れたら，次のような数が出てきました。はじめに入れた数を□として式をつくり，ある数をもとめなさい。(式2点，答え2点，計12点)

| 命れいボックスあ | 10でわる | 命れいボックスい | 5をかける |
| 命れいボックスう | 12をたす | 命れいボックスえ | 15をひく |

① ある数をい→えのじゅんに入れたら50が出てきた

式

答え

② ある数をえ→あ→うのじゅんに入れたら72が出てきた

式

答え

③ ある数をう→い→え→あのじゅんに入れたら54が出てきた

式

答え

7 計算のきまり（順序・逆算）

★★★ トップレベル

1 次の □ にあてはまる数をもとめなさい。(5点×8=40点)

① $77 \div 7 + (24 - 12 \div 4) = \boxed{}$

② $10 - [4 - \{2 - (2 - 1) + 2\} + 1] = \boxed{}$

③ $(\boxed{} - 62) \div 8 = 20$　　④ $6 \times (82 - \boxed{}) = 252$

⑤ $7 \times (\boxed{} \div 2) = 84$　　⑥ $\boxed{} - (46 - 16) = 58$

⑦ $10 + (\boxed{} \times 9 - 16) = 48$　　⑧ $(29 + 81 \div \boxed{}) \div 8 = 4$

2 A▲B＝A×4－B とやくそくします。たとえば，5▲3＝5×4－3＝17となります。このやくそくにしたがって，次の □ にあてはまる数をもとめなさい。(3点×4=12点)

① $7▲8 = \boxed{}$　　② $18▲\boxed{} = 60$

③ $\boxed{}▲10 = 110$　　④ $20▲(150 - \boxed{}) = 3$

3 □を使った1つの式に書いてから，答えをもとめなさい。

(式2点，答え2点，計8点)

① 同じ数のあめ玉の入ったふくろが，7ふくろあります。そこに，お母さんが13こくれたので，全部で209こになりました。あめ玉は1ふくろに何こ入っていますか。

式

答え　□

② たかし君はえん筆を何本かと本を1さつ買いました。えん筆は1本65円で，本は1さつ350円で，代金は全部で1065円になりました。えん筆は何本買いましたか。

式

答え　□

4 次の□，△にあてはまる整数をもとめなさい。ただし，それぞれの問いで同じ記号は同じ数を表すものとします。(4点×6＝24点)

① □×□＝324

② □×□＝529

③ □×□＝3600

④ □×□＝1000000

⑤ □×7＋△×20＝101
　□：　　　　　，△：

⑥ □×6＋△×5＝37
　□：　　　　　，△：

5 まき子さんとちか子さんが，長いかいだんの下から50だん目にいます。じゃんけんをして，勝った人は3だん上がり，負けた人は動きません。また，あいこのときは2人とも1だんずつ上がります。(4点×4＝16点)

① 5回じゃんけんをして，下の表のようになりました。まき子さんとちか子さんは，それぞれ下から何だん目にいますか。

	1回目	2回目	3回目	4回目	5回目
まき子	グー	パー	グー	パー	チョキ
ちか子	チョキ	チョキ	グー	チョキ	グー

まき子　　　　　　，ちか子

② 5回じゃんけんをしたとき，まき子さんが下から63だん目にいます。このとき，ちか子さんは下から何だん目にいますか。

③ 5回じゃんけんをしたとき，まき子さんが下から58だん目にいます。このとき，ちか子さんは下から何だん目にいますか。

④ 5回じゃんけんをしたとき，まき子さんは，ちか子さんより12だん上にいました。このとき，ちか子さんは，下から何だん目にいますか。

8 計算のくふう

★ 標準レベル
● 時間 15分
● 答え→別冊22ページ
得点 /100

一の位に0を作るように計算のじゅんじょ・組み合わせをくふうします。
たし算：1+9=10，2+8=10，3+7=10，4+6=10，5+5=10などの組み合わせを使います。
かけ算：2×5=10　4×25=100　8×125=1000　は，よく使うのでおぼえておこう。

1 次の計算をくふうしてしなさい。（4点×4＝16点）

① 26＋87＋74＝　　　　　② 29＋97＋103＝

③ 48＋75＋52＋65＝　　　　　④ 83＋38＋62＋37＝

2 次の計算をくふうしてしなさい。（4点×4＝16点）

① 999＋99＝　　　　　② 814－99＝

③ 198＋3998＝　　　　　④ 1079－989＝

3 次の計算をくふうしてしなさい。（4点×4＝16点）

① 5×92×2＝　　　　　② 68×25×4＝

③ 8×6×125＝　　　　　④ 2×73×5×3＝

4 次の　　　にあてはまる数を入れなさい。（4点×5＝20点）

① 2×3＋2×5＝2×　　　　　② 5×6＋7×6＝　　　×6

③ 4×10－4×6＝4×　　　　　④ 10×7－10×3＝10×

⑤ （10＋5）×（10－5）＝10×10－※　　　×※

注意：2つの※マークには同じ数が入ります。

5 次の計算をくふうしてしなさい。(4点×2=8点)

① 33−9+67−91＝ ☐

② 153−84+47−16＝ ☐

6 次の計算をくふうしてしなさい。(4点×4=16点)

① 83+56+71+17+44＝ ☐

② 2×4×5×8×25×125＝ ☐

③ 2×20×200×5×50×500＝ ☐

④ 25×983×125×4×2×8×5＝ ☐

7 次の問いに答えなさい。(4点×2=8点)

① いちろう君は5回算数のテストを受けました。点数は，じゅんに83点，47点，74点，76点，53点でした。このとき，5回の合計点は何点ですか。

☐

② ゆうこさんは1977円ちょ金していました。その後，980円のぬいぐるみを買い，えん筆と消しゴムのセットも買って220円使ったそうです。このとき，ちょ金は何円のこっていますか。

☐

> **おとなの方へ**　計算しているときに「何か工夫して，速く楽に計算することができないだろうか？」と常に考えながら計算を進めることが大切です。本格的な受験勉強に入るとき大きな差になります。

8 計算のくふう

☆☆ 発展レベル

●時間 20分
●答え→別冊23ページ

1 次の計算をくふうしてしなさい。(3点×4＝12点)

① 72−19+28＝

② 171−38+29−62＝

③ 24×6÷8＝

④ 48×6÷8÷2＝

2 次の計算をくふうしてしなさい。(3点×4＝12点)

① 794+999＝

② 504−99＝

③ 98+364+198＝

④ 1456−998+544−999＝

3 次の計算をくふうしてしなさい。(3点×4＝12点)

① 24×25＝

② 25×36×2＝

③ 24×125＝

④ 75×9×4＝

4 次の計算をくふうしてしなさい。(3点×5＝15点)

① 998−174+53−226+55+47＝

② 87+46−27+38+54−43+62−57＝

③ 99+999+9999＝

④ 382+384+386−22−24−26＝

⑤ 80+78+76+74+72−71−73−75−77−79＝

発展レベル ☆☆

5 次の計算をくふうしてしなさい。(4点×6＝24点)

① 25×92×4＝ ☐　② 125×785×8＝ ☐

③ 25×140÷7÷5÷5＝ ☐

④ 380÷5×18÷19÷6＝ ☐

⑤ 4×21×15÷5÷7÷36＝ ☐

⑥ 27×22÷9×3÷11×1000＝ ☐

6 計算には次のきまりがあります。この関係をつかって，次を計算しなさい。

> ア×イ＋ア×ウ＝ア×(イ＋ウ)　　ア×イ＋ウ×イ＝(ア＋ウ)×イ
> ア×イ－ア×ウ＝ア×(イ－ウ)　　ア×イ－ウ×イ＝(ア－ウ)×イ
> ア×ア－イ×イ＝(ア＋イ)×(ア－イ)

(3点×3＝9点)

① 177×39＋177×61＝ ☐

② 777＋7777＝ ☐　←777も7777も7でわり切れる数だよ。

③ 209×191＝ ☐　←200に注目！

7 あき子さんは，1＋2＋3＋4＋5＋6＋7＋8＋9＋10の答えを次のように考えてもとめました。☐にあてあまる数をもとめなさい。ただし，同じ記号の箱には同じ数が入ります。(2点×8＝16点)

```
   ア
      ウ    オ
1＋2＋3＋4＋5＋6＋7＋8＋9＋10
   イ    エ
```

〈あき子さんの考え〉

1＋10＝☐ア，2＋9＝☐イ，3＋8＝☐ウ，4＋7＝☐エ，5＋6＝☐オ で

☐カ が ☐キ こあるから，もとめる和は ☐カ × ☐キ ＝ ☐ク より ☐ク

51

8 計算のくふう

☆☆☆ トップレベル

1 次の計算をくふうしてしなさい。(5点×4＝20点)

① 1987＋2675＋635＋1023＋9999＝

② 4043＋197－1676－1033＋2096＝

③ 998＋99＋999＋98＝

④ 1000＋1005＋1010－350－345－340＝

2 次の計算をくふうしてしなさい。(5点×5＝25点)

① 9×76＋9×24＝

② 82×91＋9×82＝

③ 24×3＋62×3＋14×3＝

④ 39×13－16×13＋27×13＝

⑤ 257×243＝

3 次の計算をしなさい。(5点×4＝20点)

① 1＋2＋3＋4＋ … ＋27＋28＋29＋30＝

② 2＋4＋6＋8＋ … ＋16＋18＋20＝

③ 1＋3＋5＋7＋ … ＋15＋17＋19＝

④ 9×1＋9×2＋9×3＋ … ＋9×16＋9×17＋9×18＝

トップレベル ★★★

4 下のめいろでは、それぞれの箱で、2つある出口のうち大きい数の方に進んでいきます。スタートから出発すると、どの記号のところに出ますか。(10点)

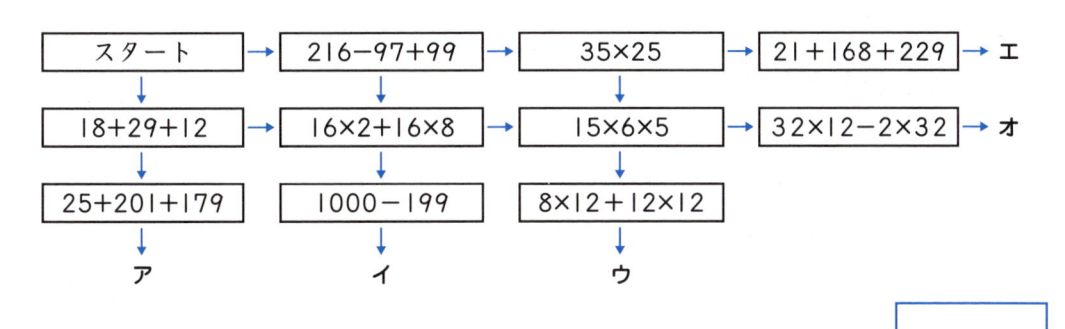

```
スタート    → 216−97+99 →   35×25   → 21+168+229 → エ
   ↓              ↓            ↓            ↓
18+29+12   → 16×2+16×8  →  15×6×5   → 32×12−2×32 → オ
   ↓              ↓            ↓
25+201+179   1000−199     8×12+12×12
   ↓              ↓            ↓
   ア             イ            ウ
```

5 (図1)のように両はしに整数をおき、その差をまん中におき、次にまん中の整数と両はしの整数とのそれぞれの差をそれぞれのまん中においていきます。

たとえば、(図1)では、はじめに両はしに2と10をおきました。次に10−2の8をまん中におきました。さらに、8−2の6と10−8の2をそれぞれのまん中におきました。(5点×5＝25点)

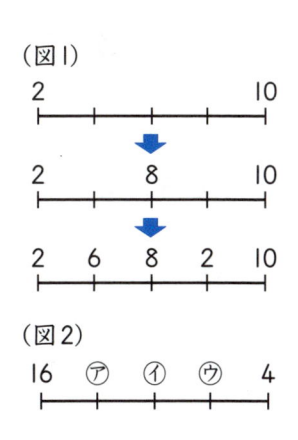

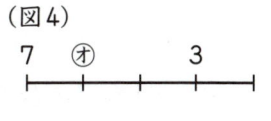

(図1)
```
2                    10
├─────────────────────┤
         ▼
2         8          10
├─────────┬───────────┤
         ▼
2    6    8    2    10
├────┼────┼────┼─────┤
```

① (図2)のとき、㋐、㋑、㋒にあてはまる整数を答えなさい。

(図2)
```
16   ㋐   ㋑   ㋒    4
├────┼────┼────┼────┤
```

㋐ ☐　㋑ ☐　㋒ ☐

② (図3)の㋓には、どんな整数が入りますか。あてはまる整数をすべて答えなさい。

(図3)
```
8    3         ㋓
├────┼────┼────┤
```

③ (図4)の㋔には、どんな整数が入りますか。あてはまる整数をすべて答えなさい。

(図4)
```
7    ㋔         3
├────┼────┼────┤
```

9 きそくせい(1)

★ 標準レベル

● 時間 15分
● 答え→別冊26ページ

1 次の記号や数の列は、あるきまりにしたがってならんでいます。□にあてはまる記号や数をもとめなさい。(5点×5＝25点)

① ○, ○, ×, △, ×, ○, ○, ×, △, ×, ○, ○, ×, □, ×, ○, ○, ……

② ○, ●, ○, ○, ●, ●, ○, ●, ○, ○, ●, ●, □, ●, ○, ○, ……

③ 9, 2, 3, □, 2, 3, 9, 2, 3, 9, ……

④ 1, 5, 6, 3, 1, 5, 6, 3, 1, □, 6, 3, 1, ……

⑤ 3, 3, 4, 3, 4, 5, 3, 4, 5, 6, □, 4, 5, ……

2 数字がきまりにしたがってならんでいます。このとき、次の問いに答えなさい。(6点×3＝18点)

6, 2, 3, 6, 2, 3, 6, 2, 3, 6, ……

① 51番目の数字は何ですか。

② はじめから62番目までに6は何こありますか。

③ はじめから23番目までの和はいくらですか。

3 次の数の列は，あるきまりにしたがってならんでいます。□にあてはまる数をもとめなさい。(7点×3=21点)

① 3, 5, 8, 12, 17, 23, □ , 38, 47, ……　　←ふえ方に注意

② 1, 3, 9, 27, □ , 243, 729, ……

③ 1, 4, 9, 16, □ , 36, ……　　←この数になる九九を考えてみよう

次は，等差数列という数の列について学びます。等差数列は，たとえば
1, 3, 5, 7, …（+2 +2 +2）　　10, 8, 6, 4, …（−2 −2 −2）
のように，同じ数ずつふえたり，へったりする数の列のことです。

4 次のように，数がきまりにしたがってならんでいます。

5, 11, 17, 23, 29, 35, ……　　（ア）

このとき，前から○番目の数を次のようにもとめていきます。(計36点)

① となりあう2つの数について，左の数より，右の数はどれだけふえますか。(以下，この数を『差』とよびます。)(5点)

② (1) 3番目の数17は，はじめの数5に何回『差』をたしたものですか。(5点)

(2) 6番目の数35は，はじめの数5に何回『差』をたしたものですか。(5点)

③ □にあてはまる数を入れなさい。
71は　はじめの数5に『差』を □ 回たした数で，前から □ 番目の数です。(5点×2=10点)

④ 119は，はじめから何番目の数ですか。(11点)

おとなの方へ　入試でも頻出の分野です。繰り返しを見つけること，等差数列の扱い，群数列の扱いが本章の目標です。等差数列は，○番目の項は，はじめの項に公差を（○−1）個たしたものであることに注意します。

9 きそくせい(1)

★★ 発展レベル ●時間20分 ●答え→別冊27ページ 得点 /100

1 次の記号や数の列は，あるきまりにしたがってならんでいます。□にあてはまる記号や数をもとめなさい。(4点×6＝24点)

① ○, ×, △, ○, ×, △, ○, □, △, ○, ×, ……

② ○, ●, ●, ○, ○, ●, ●, ○, ○, ●, □, ○, ○, ●, ……

③ ○, ●, ●, ○, ○, ○, ●, ●, □, ●, ○, ○, ○, ○, ○, ……

④ 1, 2, 3, 4, 1, 2, 3, 4, 1, 2, □, 4, 1, ……

⑤ 1, 2, 3, 2, 3, 4, 3, □, 5, 4, ……

⑥ 1, 1, 2, 1, 2, 3, 1, □, 3, 4, 1, ……

2 ご石が○○●○○●○○●……のようにならんでいます。(5点×4＝20点)

① はじめから20番目のご石は何色ですか。

② はじめから39番目のご石は何色ですか。

③ はじめから53番目までに黒は何こありますか。

④ はじめから40番目までに白は何こありますか。

発展レベル ☆☆

3 次のように，1，2，3の数字が，あるきまりにしたがってならんでいます。全部で50こあります。(5点×4＝20点)

　　1，2，1，3，1，2，1，3，1，2，1，3，……

① この数の列のさい後の数は何ですか。

② はじめからさい後までの和はいくらになりますか。

③ はじめから43番目の数は何ですか。

④ はじめから43番目までの和はいくらになりますか。

4 次のように，数字があるきまりにしたがってならんでいます。このとき，次の問いに答えなさい。(計36点)

　　2，5，8，11，14，17，……（あ）
　　　ア　ア　ア　ア　ア

① となりあう2つの数について，左の数より，右の数は同じ数ずつふえていきます。その数を数の列（あ）の下にある空らんに書き入れなさい。（以下，この数を『差ア』とよびます。）(6点)

② 数の列（あ）の4番目の数11は，
数の列（あ）の1番目の数2に，差アを $\left(\boxed{イ}-1\right)$ 回たしたものだから，
アを用いて　$11 = 2 + \boxed{ア} \times \left(\boxed{イ} - 1\right)$ と表せます。
イにあてはまる数を書きなさい。(10点)

　○番目の数までに，差アが何回あるか，わかったかな？
　このことに気をつけながら次の③，④の問題をといてみよう。

③ 前から10番目の数はいくつですか。(10点)

④ 前から30番目の数はいくつですか。(10点)

9 きそくせい(1)

★★★ トップレベル
時間20分　答え→別冊28ページ　得点 /100

1 下のようなじゅん番で，黒いご石と白いご石をならべました。次の問いに答えなさい。(5点×4＝20点)

○○●●○○●●○○●●……

① 25番目は，何色のご石ですか。

② 83番目は，何色のご石ですか。

③ はじめから50番目までに白いご石は何こありますか。

④ はじめから103番目までに黒いご石は何こありますか。

2 次のように，数があるきまりにしたがってならんでいます。このとき，次の問いに答えなさい。(5点×5＝25点)

　2, 7, 12, 17, 22, 27, ……

① 32は，はじめから何番目の数ですか。

② 47は，はじめから何番目の数ですか。

③ はじめから16番目の数は何ですか。

④ はじめから20番目の数は何ですか。

⑤ 100をはじめてこえるのは，はじめから何番目の数ですか。

3 ある整数が2でわり切れる数なら2でわり，2でわり切れない数なら3倍して1をたすことをします。できた数にも同じことをくり返していきます。この数をじゅん番に左からならべます。たとえば，はじめの整数が10のときは，下のようになり，6回目ではじめて1となり，あとは4，2，1をくり返します。次の問いに答えなさい。(8点×3＝24点)

はじめ,	1回目,	2回目,	3回目,	4回目,	5回目,	6回目,	7回目,	8回目,	9回目,	10回目,
10,	5,	16,	8,	4,	2,	1,	4,	2,	1,	4,

① はじめの数が7のとき，3回目の数はいくらになりますか。

② はじめの数が6のとき，何回目にはじめて1になりますか。

③ はじめの数が5のとき，30回目の数はいくらになりますか。

4 あるブザーは，スイッチを入れると10秒間音が鳴りつづけ，5秒間音が止まるということをくりかえします。午前9時30分ちょうどに，このブザーのスイッチを入れました。(31点)

① 午前9時30分38秒にはブザーの音は鳴っています。あと何秒で音は止まりますか。(10点)

② このブザーの音が，6回目に鳴りはじめるのはいつですか。(10点)

③ このブザーの音が，21回目に鳴り終わるのはいつですか。(11点)

10 きそくせい(2)

★ 標準レベル
● 時間 15分
● 答え→別冊29ページ

1 ■，▲，●の形が，下のようなくり返しで１列にならんでいます。次の問いに答えなさい。(計16点)

■ ▲ ● ▲ ■ ▲ ● ▲ ■ ▲ ● ……
1 2 3 4 5 6 7 8 9 10 11

① 13番目には，どんな形がならびますか。(5点)

② 50番目には，どんな形がならびますか。(5点)

③ 5回目の●は，何番目ですか。(6点)

2 次のように，数字があるきまりにしたがってならんでいます。このとき，次の問いに答えなさい。(8点×3＝24点)

1，3，6，1，3，6，1，3，6，……

① 1番目から40番目までの数の和はいくらですか。

② 1番目から60番目までの数の和はいくらですか。

③ 41番目から60番目までの数の和はいくらですか。

3 下の図のように，あるきまりにしたがって青い石をならべていきます。

(10点×3＝30点)

1番目　2番目　3番目　4番目

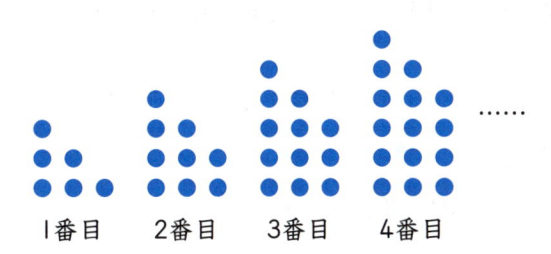

① 4番目の石の数は3番目の石の数より何こ多いですか。

② 5番目の石の数は全部で何こですか。

③ 15番目の石の数は全部で何こですか。

4 下の図のように，1辺1cmの正方形をあるきまりでならべていきます。

(10点×3＝30点)

1番目　2番目　3番目　4番目

① 5番目の図には，全部で何この正方形がならんでいますか。

② 20番目の図には，全部で何この正方形がならんでいますか。

③ 正方形が72こならんでいるのは何番目ですか。

おとなの方へ
前章よりさらに発展的な数列を扱います。さまざまな数列に触れて，知識を深めましょう。

10 きそくせい(2)

★★ 発展レベル
●時間20分 ●答え→別冊29ページ

1 次のように，数があるきまりにしたがってならんでいます。このとき，次の問いに答えなさい。(8点×3＝24点)

　　98, 95, 92, 89, 86, ……

① 16番目の数は何ですか。

② 77は何番目の数ですか。

③ 5は何番目の数ですか。

2 次のように，数があるきまりにしたがってならんでいます。このとき，次の問いに答えなさい。(8点×2＝16点)

　　1, 6, 11, 16, 21, ……

① 23番目の数字は何ですか。

② 91は何番目の数ですか。

3 次のように，あるきまりにしたがってならんでいる数の列があります。それぞれの問いに答えなさい。(15点×2＝30点)

① 　5, 8, 6, 9, 7, 10, 8, 11, …

　　このとき，15番目の数を答えなさい。（自修館中等教育学校）

② 　1, 3, 1, 6, 1, 9, 2, 12, 2, 15, 2, 18, 3, 21, 3, 24, 3, 27, 4, 30, …

　　この数の列で，はじめから数えて100番目の数をもとめなさい。

（東邦大附属東邦中）

4 下のように、ご石をならべていきます。(5点×3＝15点)

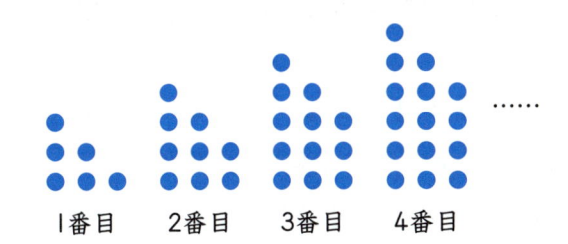

1番目　2番目　3番目　4番目

① 石が全部で60こならんでいるのは、何番目の図ですか。

② 石が全部で87こならんでいるのは、何番目の図ですか。

③ 3番目の図より石が24こ多くならんでいるのは、何番目の図ですか。

5 下の図のように、1辺1cmの正方形をならべていきます。1番目の図のまわりの長さは6cmです。図を見て、次の問いに答えなさい。(5点×3＝15点)

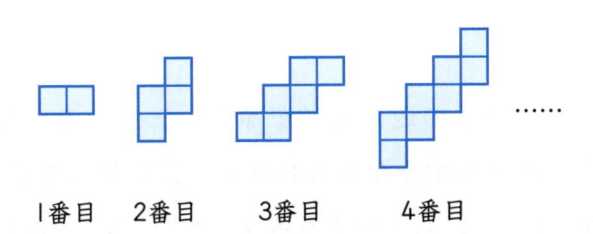

1番目　2番目　3番目　4番目

① 3番目の図のまわりは、2番目の図のまわりより何cm長いですか。

② 5番目の図のまわりの長さは何cmですか。

③ まわりの長さが50cmになるのは何番目の図ですか。

10 きそくせい(2)

★★★ トップレベル

1 下のように、数がきまりにしたがってならんだたし算の式があります。

11＋15＋19＋23＋………＋403＋407

これを11＋19＋……と1つとばしにさい後までたした答えをAとし、のこりの15＋23＋……と1つとばしにさい後までたした答えをBとします。このとき、AとBはどちらがいくつ大きいでしょうか。（10点）

□ が □ だけ大きい

2 次のように、数がきまりにしたがってならんでいます。このとき、次の問いに答えなさい。（6点×2＝12点）

1，1，2，1，2，3，1，2，3，4，1，2，3，……

① はじめて10が出てくるのは、はじめから何番目ですか。

□

② はじめから30番目は何の数字ですか。

□

3 正三角形とは、3本の辺の長さが等しい三角形のことです。（1回目）のような正三角形のあつ紙を組み合わせて、正三角形をじゅんにふやしてならべていきます。□にあてはまる数を入れなさい。（10点×2＝20点）

（学芸大附世田谷中・改）

① 7回目にできる正三角形のまわりの長さは □ cmです。

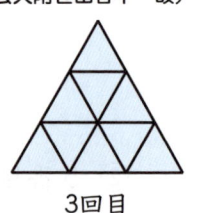

② 8回目にできる正三角形では、1辺3cmの正三角形のあつ紙は □ まいつかいます。

4 右の図のように，マッチぼうをじゅんにならべて，正方形をたてに2こずつふやしていきます。72本のマッチぼうをならべ終わったとき，小さな正方形（マッチぼう4本でできる正方形）は何こできますか。

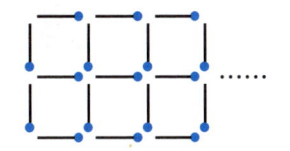

(8点)

5 図のように，あるきまりにしたがって，数がならんでいます。このとき，次の問いに答えなさい。(10点×2＝20点)（大妻多摩中）

① 7だん目の数でもっとも大きい数はいくつですか。

```
1だん目           1         1
2だん目         1    2    1
3だん目       1    3    3    1
4だん目     1    4    6    4    1
5だん目   1    5   10   10    5    1
  ⋮
```

② あるだんの数をすべてくわえると1024になりました。これは何だん目ですか。

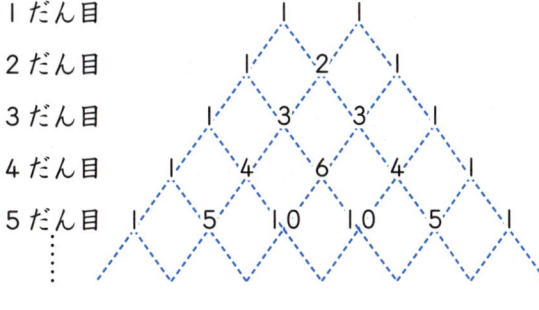

6 ゆみ子さんのちょ金箱には，10円玉と50円玉と100円玉を合わせて19まい入っていました。お母さんにたのんで，50円玉を100円玉にできるだけ両がえ（50円玉2まいを100円玉1まいにかえること）してもらったところ，お金は全部で15まいになり，10円玉と100円玉は同じまい数になりました。このとき，次の問いに答えなさい。(10点×3＝30点)

① ちょ金箱の中には全部で何円入っていますか。

② はじめ50円玉は何まいありましたか。

③ はじめ100円玉は何まいありましたか。

11 表やぼうのグラフ

☆ 標準レベル

- 時間 15分
- 答え→別冊32ページ

1 下の表は，たくやくんの学年の算数のテストのせいせきを調べたものです。

（計14点）

① 表のあいているところに人数を書きなさい。（2点×4＝8点）

② 右のぼうグラフをかんせいしなさい。（6点）

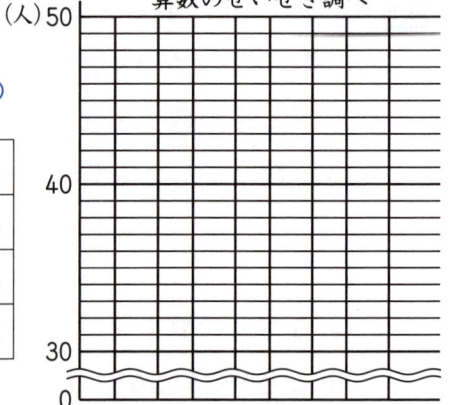

算数のせいせき調べ

90～100点	正正正正正正正正	人
80～89点	正正正正正正正下	人
70～79点	正正正正正正下	人
60～69点	正正正正正正下	人

2 よりこさんの学校では，1月にけっせきした3年生の人数を調べて右のような表にしました。（計29点）

① 表のあいているところに数を書き入れなさい。

（2点×7＝14点）

② けっせきがいちばん多いのは何組ですか。（5点）

③ 3組のけっせきの人数の2倍になるのは何組ですか。（5点）

④ けっせきした人数がいちばん多い組は，いちばん少ない組よりも何人多いですか。（5点）

けっせき調べ

組＼男女	男(人)	女(人)	合計
1組	1		7
2組		3	8
3組	3	1	
4組		4	12
合計			

3 右の表は、たくやくんの学校の3年生が住んでいる町を組ごとに調べて、まとめたものです。(計35点)

住んでいる町調べ

町＼組	1組	2組	3組	4組	合計
バナナ町	16	10	12	13	
みかん町	12	14	15	10	
りんご町	13	16	8	7	
合計					

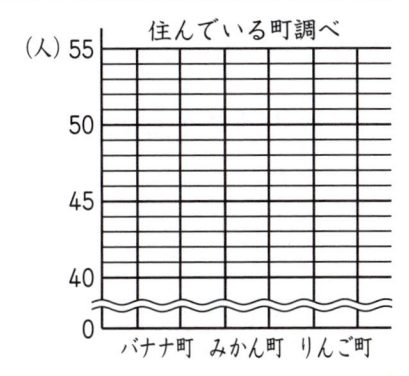

① 表のあいているところにあてはまる数を書きましょう。(2点×8=16点)

② 3年生全体で、住んでいる人がいちばん多いのはどの町ですか。2つ以上あれば、すべて答えなさい。(6点)

③ 3年生は、全部で何人いますか。(6点)

④ 右のぼうグラフをかんせいさせなさい。(7点)

4 右の表は、去年1年間を(1月～4月)、(5月～8月)、(9月～12月)の3つの期間に分けて、よりこさんのクラスの人が何さつ本を図書室でかりて読んだかを調べた表です。次の問いに答えなさい。(計22点)

図書室の利用調べ

しゅるい＼月	1月～4月	5月～8月	9月～12月	合計
物語	22			69
でん記		9	19	39
図かん	14	12	17	
その他	8		14	30
合計		52		

① 表のあいているところにあてはまる数を入れなさい。(2点×8=16点)

② (1月～4月)、(5月～8月)、(9月～12月)のうち、よりこさんのクラスの人が読んだ本の数がいちばん多いのは何月から何月の間ですか。(6点)

　　　月から　　　月の間

11 表やぼうのグラフ

★★ 発展レベル ●時間20分 ●答え→別冊32ページ

1 右のグラフは，よりこさんのはんの人のちょ金の金がくを調べたものです。

(6点×4＝24点)

ちょ金調べ

① 1目もりは，いくらを表していますか。

② よりこさんは，何円ちょ金していますか。

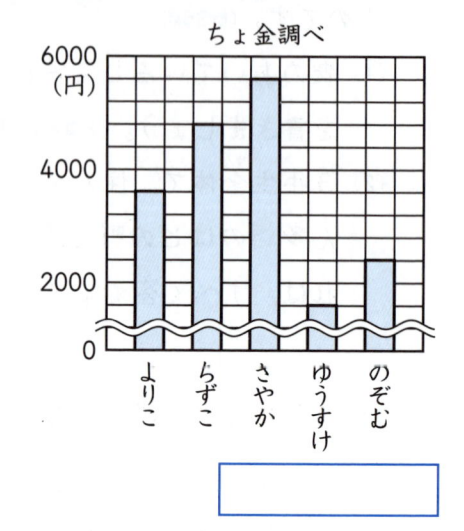

③ さやかさんはのぞむ君より何円多くちょ金していますか。

④ ちずこさんのちょ金の金がくは，ゆうすけ君のちょ金の金がくの何倍ですか。

2 りえこさんの学校の子ども180人に，犬やねこをかっているかを調べると，右の表のようになりました。

(7点×4＝28点)

ペット調べ

		犬		
		○	×	合計
ね	○	15人		50人
こ	×			
	合計		120人	180人

○はかっている人，×はかっていない人

① 犬をかっている人は，何人ですか。

② ねこをかっていない人は，何人ですか。

③ 犬もねこもかっていない人は，何人ですか。

④ 犬やねこをかっている人は，何人ですか。

発展レベル ☆☆

3 右の表は，あるクラスの赤組を20人と，白組20人に分け，それぞれ1人ずつサッカーボールをけって，ゴールに何回入ったかを調べたものです。

回数（回）	0	1	2	3	4	5
赤組（人）	ア	2	4	5	3	2
白組（人）	イ	ウ	6	3	2	3

5回より多く入った人はいませんでした。1回ゴールに入れば1点もらえ，入らなければ点はもらえません。このとき，次の問いに答えなさい。

(6点×4＝24点)

① アにあてはまる数をもとめなさい。　　　**4**

② 赤組の合計点は何点ですか。　　　**47点**

③ 白組の合計点は，赤組の合計点と同じになりました。このとき，イとウにあてはまる数をもとめなさい。　イ **3**　　ウ **3**

4 あすかさん，いちろう君，うららさん，えいじ君が10点まん点の漢字テストを受けたところ，次のようなけっかになりました。

　えいじ君は9点
　4人の点数の合計は36点
　あすかさんはうららさんより1点高く，うららさんはいちろう君より1点高い

このとき，次の問いに答えなさい。(計24点)

① あすかさん，いちろう君，うららさんの点数をそれぞれもとめなさい。

(5点×3＝15点)

あすかさん **10点**
いちろう君 **8点**
うららさん **9点**

② 4人の点数のけっかを右のぼうグラフにかきなさい。(9点)

漢字テストのとく点

11 表やぼうのグラフ

★★★ トップレベル
●時間20分
●答え→別冊33ページ

1 37人のクラスで，ピーマンとレタスの「すき」・「きらい」について調べると，右の表のようになりました。
このとき，次の問いに答えなさい。

（10点×4＝40点）

ピーマン・レタスの調さ

		ピーマン		
		すき	きらい	合計
レタス	すき	13人		18人
	きらい			
	合計		16人	37人

① ピーマンがすきな人は何人ですか。

② レタスがきらいな人は何人ですか。

③ ピーマンもレタスもきらいな人は何人いますか。

④ ピーマンかレタスのどちらか1つがきらいな人は何人いますか。

2 たくろう君とよりこさんは，⓪，①，②，③，④，⑤，⑥，⑦，⑧，⑨の10まいのカードで，カードめくりのゲームを5回しました。ひいたカードの数が大きい方が勝ちで，勝った人の点数は自分のカードの数の2倍の数から相手のカードの数をひいたものになります。負けた人は0点になります。下の表は，5回のゲームで2人が出したカードの数ですが，一部やぶれています。よりこさんの点数の合計をもとめなさい。（20点）

	1回目	2回目	3回目	4回目	5回目	合計
たくろう君	⑥	⑧	⓪	④	①	5点
よりこさん	⑦	⑨		③		

3 えい画館で，たくろう君，のぞむ君，たかゆき君の3兄弟が，お母さんにおやつと飲み物を買ってもらうことにしました。

3人は右のメニューからそれぞれおやつ1つ，飲み物1つをえらびます。おやつも飲み物も，みんながちがうものをえらぶとして，次の問いに答えなさい。(10点×4＝40点)

《メニュー》	
おやつ	飲み物
ドーナツ　100円	お茶　　　70円
アンパン　110円	ジュース　140円
クッキー　150円	牛にゅう　120円

① お母さんは合計何円はらいますか。

② 1人分のおやつと飲み物の合計のお金が，いちばん多くなるときといちばん少なくなるときのちがいは何円ですか。

③ おやつと飲み物の合計のお金が，たくろう君とのぞむ君は同じだったとすると，たかゆき君のえらんだ飲み物は何ですか。答えから1つえらんで○でかこみなさい。

お　茶・ジュース・牛にゅう

④ たくろう君がまちがえてたかゆき君と同じおやつを注文をしてしまったため，お母さんのはらった合計のお金が740円になりました。たくろう君がはじめに注文しようとしていたおやつは何ですか。答えから一つえらんで○でかこみなさい。

ドーナツ・アンパン・クッキー

復習テスト2

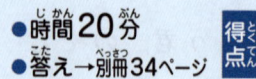

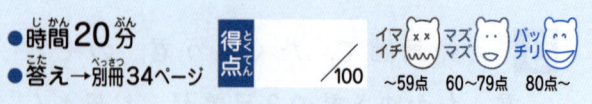

1 次の計算をしなさい。(5点×3=15点)

① (16÷8+4)×11＝

② 12×6−(12+63÷9)＝

③ 77÷7+(24−12÷4)＝

2 次の □ にあてはまる数をもとめなさい。(4点×5=20点)

① □+222=530

② □−68=1794

③ □÷9=16

④ 288÷□=24

⑤ □÷7=13あまり4

3 次の計算をしなさい。(5点×2=10点)

① {(31−3)÷(4+3)+2}×5＝

② [72−{(12+6×4)÷3−2}]×5＝

4 次のように，数字があるきまりにしたがってならんでいます。このとき，次の問いに答えなさい。(5点×5=25点)

5, 2, 1, 5, 2, 1, 5, 2, 1, 5, ……

① 17番目の数字は何ですか。

② 81番目の数字は何ですか。

③ はじめから62番目までに5は何こありますか。

④ はじめから25番目までの和はいくらですか。

⑤ はじめから何番目までの和が109になりますか。

5 下の図のように，1辺が1cmの正方形を上からじゅんに，1だん目には1つ，2だん目には3つ，3だん目には5つと，だんを次々重ねてできる図形をつくります。このとき，次の問いに答えなさい。(5点×3＝15点)

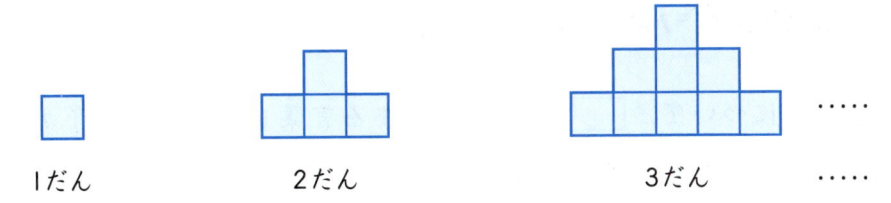

| 1だん | 2だん | 3だん | …… |

① 5だん重ねたとき，この図形の外まわりの長さはいくらですか。

② 12だん重ねたとき，この図形の外まわりの長さはいくらですか。

③ この図形の外まわりの長さが124cmになるようにつくるには，何だん重ねればよいですか。

6 右の表は，かおりさんのクラスで，行った習い事調べの表です。
次の問いに答えなさい。(計15点)

① 表の空らんをうめなさい。(2点×5＝10点)

② ピアノか習字かどちらか一方だけ習っている人は，ピアノも習字も習っている人より，何人少ないですか。(5点)

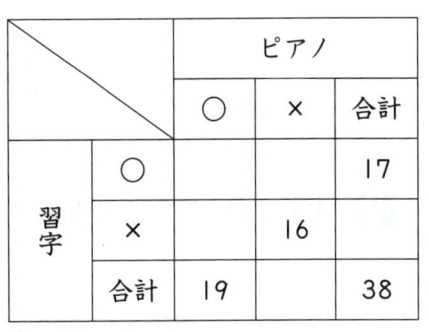

		ピアノ		
		○	×	合計
習字	○			17
	×		16	
	合計	19		38

○：習っている　×：習っていない

12 分 数

★ 標準レベル

1 次の文について、□にはあてはまる言葉または数字を下からえらび、( )には正しい数字を入れなさい。(2点×12＝24点)

① $\frac{2}{3}$ のような数字を分数といいます。このうち、2を□、3を□といいます。$\frac{2}{3}$ は1を( )でわった( )つ分という意味です。また、これは $\frac{1}{3}$ の( )つ分という意味です。

また、分数のうち、分子が分母より小さい分数を□、分子が分母と同じか、それより大きい分数を□といいます。

② 次の分数のうち、真分数は□と□、仮分数は□と□と□です。

真分数　分母　分子　仮分数
$\frac{7}{5}$, $\frac{3}{4}$, $\frac{3}{3}$, $\frac{4}{9}$, $\frac{14}{11}$

2 次の□にあてはまる数を分数で書きなさい。(3点×4＝12点)

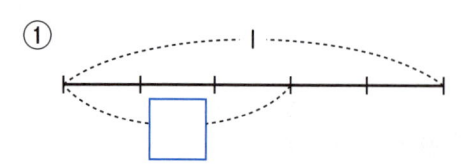

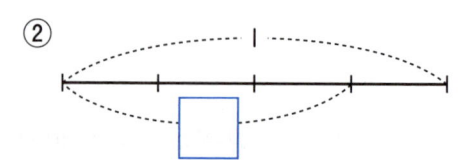

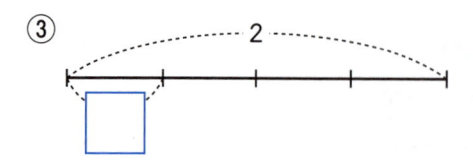

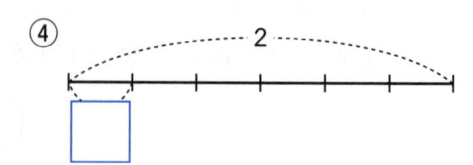

①

②

③

④

3 次の □ にあてはまる数をもとめなさい。(3点×6＝18点)

① 1を同じ大きさに8こに分けました。その1こ分の大きさを分数で書くと，□ です。また，その7こ分を分数で書くと，□ です。

② 1を同じ大きさで6こに分けました。その5こ分の大きさを分数で書くと，□ です。

③ $\frac{1}{9}$ の4こ分は □ です。

④ 3を同じ大きさに6こに分けました。その1こ分の大きさを分数で書くと，□ ，2こ分は □ になります。

4 次の2つの分数は，どちらが大きいか調べ，＝（等号）や＞，＜（不等号）を使って答えなさい。(3点×10＝30点)

① $\left(\frac{2}{7} \square \frac{1}{7}\right)$ ② $\left(\frac{3}{4} \square \frac{2}{4}\right)$ ③ $\left(\frac{1}{5} \square \frac{1}{7}\right)$

④ $\left(\frac{1}{8} \square \frac{1}{5}\right)$ ⑤ $\left(\frac{4}{7} \square \frac{5}{7}\right)$ ⑥ $\left(\frac{7}{12} \square \frac{11}{12}\right)$

⑦ $\left(\frac{7}{20} \square \frac{17}{20}\right)$ ⑧ $\left(\frac{3}{5} \square \frac{3}{4}\right)$ ⑨ $\left(\frac{5}{5} \square 1\right)$

⑩ $\left(\frac{2}{2} \square \frac{3}{3}\right)$

5 （ ）の中の分数を，小さいじゅんに左からならべなさい。(4点×4＝16点)

① $\left(\frac{4}{5}, \frac{2}{5}, \frac{3}{5}\right)$ ② $\left(\frac{1}{5}, \frac{1}{3}, \frac{1}{7}\right)$

③ $\left(\frac{3}{11}, \frac{3}{16}, \frac{3}{10}\right)$ ④ $\left(1, \frac{2}{9}, \frac{11}{9}, \frac{7}{9}\right)$

> おとなの方へ：まずは，分数の意味をしっかりと理解することが重要です。本章では真分数・仮分数・帯分数についても扱い，等しい分数や約分につながる練習も行っていきます。

⑫ 分数

★★ 発展レベル
●時間20分 ●答え→別冊36ページ

1 次の□にあてはまる数をもとめなさい。(2点×4=8点)

① $\frac{1}{5}$ の4倍は □ です。　　② $\frac{1}{7}$ の □ 倍は $\frac{5}{7}$ です。

③ □ の6倍は $\frac{6}{13}$ です。　　④ □ の8倍は 1 です。

2 1より大きい分数 $\frac{8}{5}$ について，次の問いに答えなさい。(計10点)

① 右の図で，左から $\frac{8}{5}$ にあたる目もりまでを色でぬりなさい。(4点)

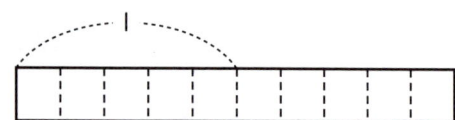

② 次の□にあてはまる数を入れなさい。(3点×2=6点)

$\frac{8}{5}$ は1と □ をあわせた数なので帯分数で表すと 1 □ となります。

3 次の分数について，仮分数は帯分数に，帯分数は仮分数に直しなさい。

(3点×8=24点)

① $\frac{4}{3}$ □　② $\frac{5}{4}$ □　③ $\frac{5}{2}$ □　④ $\frac{10}{3}$ □

⑤ $1\frac{1}{5}$ □　⑥ $1\frac{2}{7}$ □　⑦ $2\frac{1}{3}$ □　⑧ $3\frac{3}{5}$ □

4 次の( )の中の分数は，どちらが大きいか調べ，不等号を使って答えなさい。(2点×6=12点)

① $\left(\frac{1}{6} \square \frac{1}{5}\right)$　② $\left(\frac{3}{8} \square \frac{7}{8}\right)$　③ $\left(\frac{4}{5} \square \frac{3}{5}\right)$

④ $\left(\frac{3}{7} \square \frac{3}{8}\right)$　⑤ $\left(\frac{6}{13} \square \frac{5}{13}\right)$　⑥ $\left(\frac{5}{12} \square \frac{5}{16}\right)$

発展レベル ☆☆

5 （　）の中の分数を，大きいじゅんに左からならべなさい。(3点×4＝12点)

① $\left(\dfrac{1}{7}, \dfrac{6}{7}, \dfrac{2}{7}, \dfrac{7}{7}\right)$

② $\left(\dfrac{4}{7}, \dfrac{4}{5}, \dfrac{4}{10}, \dfrac{4}{11}\right)$

③ $\left(1\dfrac{1}{7}, \dfrac{10}{7}, \dfrac{2}{7}, \dfrac{7}{7}\right)$

④ $\left(\dfrac{3}{4}, \dfrac{3}{3}, \dfrac{3}{10}, 1\dfrac{1}{2}\right)$

6 かほさんと，ゆうなさんと，りんかさんはリボンを買いました。かほさんは $\dfrac{3}{7}$ m，ゆうなさんは $\dfrac{9}{7}$ m，りんかさんは $1\dfrac{1}{7}$ m買ったそうです。このとき，次の問いに答えなさい。(計14点)

① 右の図に，かほさん，ゆうなさん，りんかさんのリボンの長さ分を左から色をぬりなさい。(3点×3＝9点)

② かほさんとゆうなさんのリボンの長さのちがいは何mですか。(5点)

7 次のように，あるきまりにしたがって分数がならんでいます。このとき，次の問いに答えなさい。(4点×5＝20点)

$$\dfrac{1}{2}, \dfrac{2}{4}, \dfrac{3}{6}, \dfrac{4}{8}, \cdots$$

① 左から10番目の分数を答えなさい。

② 左から25番目の分数を答えなさい。

③ 分子が46のとき，分母はいくらになりますか。

④ 分母が158のとき，分子はいくらになりますか。

⑤ 分子と分母の和が105になる分数を答えなさい。

12 分数

★★★ トップレベル
●時間 20分
●答え→別冊36ページ

1 次の □ に正しい分数を入れなさい。1より大きい分数については仮分数でも帯分数でもどちらでもかまいません。(2点×6＝12点)

① 1dL＝ □ L　　② 1mm＝ □ cm　　③ 1cm＝ □ m

④ 10分＝ □ 時間　⑤ 21dL＝ □ L　　⑥ 17mm＝ □ cm

2 次の（ ）の中の分数を，大きいじゅんに左からならべなさい。
(4点×5＝20点)

① $\left(\dfrac{1}{5},\ \dfrac{1}{7},\ \dfrac{3}{5}\right)$

② $\left(\dfrac{5}{8},\ \dfrac{9}{8},\ \dfrac{5}{6}\right)$

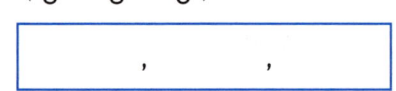

③ $\left(\dfrac{3}{4},\ \dfrac{4}{5},\ \dfrac{2}{3}\right)$　←ヒント　図をかいてみよう。1とのちがいに目をつけます。

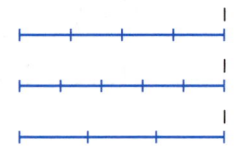

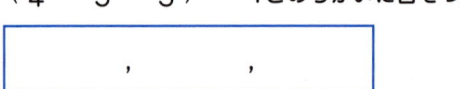

④ $\left(\dfrac{6}{7},\ \dfrac{5}{6},\ \dfrac{8}{9}\right)$

⑤ $\left(\dfrac{11}{13},\ \dfrac{9}{11},\ \dfrac{3}{5}\right)$

3 次の分数が，下の数を表す直線のどこにあたるか，れいにならって表しなさい。(2点×7＝14点)

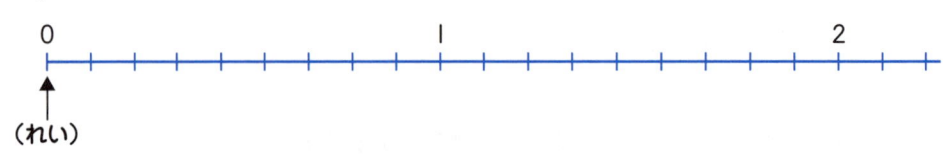

0　　　　　1　　　　　2
↑
(れい)

(れい) 0　　① $\dfrac{2}{9}$　　② $\dfrac{9}{9}$　　③ $\dfrac{14}{9}$

④ $\dfrac{7}{9}$　　⑤ $2\dfrac{1}{9}$　　⑥ $\dfrac{6}{3}$　　⑦ $\dfrac{5}{3}$

4 次の分数と等しい分数になるよう，□にあてはまる数を書き入れなさい。

(3点×8＝24点)

① $\dfrac{1}{2} = \dfrac{\square}{4} = \dfrac{\square}{6}$

② $\dfrac{1}{3} = \dfrac{\square}{6} = \dfrac{\square}{9}$

③ $2 = \dfrac{\square}{1} = \dfrac{\square}{2}$

④ $3 = \dfrac{\square}{1} = \dfrac{\square}{2}$

5 あるきまりにしたがって，次のように分数がならんでいます。次の問いに答えなさい。(5点×6＝30点)

① $\dfrac{1}{1}, \dfrac{2}{2}, \dfrac{1}{2}, \dfrac{3}{3}, \dfrac{2}{3}, \dfrac{1}{3}, \dfrac{4}{4}, \dfrac{3}{4}, \dfrac{2}{4}, \dfrac{1}{4}, \ldots$

（１）$\dfrac{5}{6}$ ははじめから何番目の分数ですか。

（２）はじめから，20番目の分数は何ですか。

（３）はじめから，20番目の分数までの間に出てくる1と同じ大きさの分数をすべて答えなさい。

② $\dfrac{1}{100}, \dfrac{5}{97}, \dfrac{9}{94}, \dfrac{13}{91}, \dfrac{17}{88}, \dfrac{21}{85}, \ldots$

（１）はじめから，20番目の分数の，分母と分子の和はいくらですか。

（２）はじめから30番目の分数は何ですか。

（３）はじめて1より大きくなるのは何番目の分数ですか。

13 分数のたし算・ひき算

★ 標準レベル

●時間15分
●答え→別冊38ページ

1 次の計算をしなさい。(2点×12＝24点)

① $\dfrac{1}{3}+\dfrac{1}{3}=$ 　　② $\dfrac{2}{7}+\dfrac{3}{7}=$ 　　③ $\dfrac{5}{8}+\dfrac{2}{8}=$

④ $\dfrac{3}{10}+\dfrac{6}{10}=$ 　　⑤ $\dfrac{5}{11}+\dfrac{4}{11}=$ 　　⑥ $\dfrac{7}{19}+\dfrac{6}{19}=$

⑦ $\dfrac{7}{9}-\dfrac{5}{9}=$ 　　⑧ $\dfrac{4}{5}-\dfrac{1}{5}=$ 　　⑨ $\dfrac{5}{7}-\dfrac{3}{7}=$

⑩ $\dfrac{9}{11}-\dfrac{2}{11}=$ 　　⑪ $1-\dfrac{1}{3}=$ 　　⑫ $1-\dfrac{4}{5}=$

2 次の計算をしなさい。答えが1より大きいものは，帯分数にしなさい。

(2点×8＝16点)

① $\dfrac{1}{7}+\dfrac{2}{7}+\dfrac{3}{7}=$ 　　② $\dfrac{2}{11}+\dfrac{3}{11}+\dfrac{5}{11}=$

③ $\dfrac{5}{12}+\dfrac{7}{12}+\dfrac{11}{12}=$ 　　④ $\dfrac{5}{13}+\dfrac{8}{13}+\dfrac{11}{13}=$

⑤ $\dfrac{11}{13}-\dfrac{1}{13}-\dfrac{2}{13}=$ 　　⑥ $\dfrac{11}{15}-\dfrac{2}{15}-\dfrac{8}{15}=$

⑦ $1-\dfrac{3}{7}-\dfrac{2}{7}=$ 　　⑧ $2-\dfrac{4}{5}-\dfrac{3}{5}=$

標準レベル ☆

3〜6 は答えが1より大きい分数の場合，帯分数にしましょう。

3 たくろう君は，牛にゅうをきのう $\frac{3}{5}$L，きょう $\frac{1}{5}$L 飲みました。あわせて何Lの牛にゅうを飲んだことになりますか。（式5点，答え5点，計10点）

式

答え ☐

4 みきさんは $\frac{5}{7}$m のリボンをもっています。今日，お母さんに $\frac{17}{7}$m もらいました。全部で何mのリボンをもっていることになるでしょうか。

式 （式5点，答え5点，計10点）

答え ☐

5 たくろう君は，$\frac{3}{5}$L の牛にゅうをもっています。アキさんは $\frac{2}{5}$L の牛にゅうをもっています。どちらが何L多くもっていますか。（式5点，答え5点，計10点）

式

答え ☐ が ☐ L多い

6 はるかさんはきのう $\frac{5}{6}$ 時間勉強しました。ゆうかさんは $\frac{11}{6}$ 時間勉強しました。どちらが何時間多く勉強しましたか。（式5点，答え5点，計10点）

式

答え ☐ が ☐ 時間多い

7 同じ大きさの分数を等号「＝」でつなぎます。次の ☐ にあてはまる数をもとめなさい。（2点×10＝20点）

① $\frac{2}{4} = \frac{\Box}{2} = \frac{\Box}{6} = \frac{\Box}{10}$

② $\frac{4}{12} = \frac{1}{\Box} = \frac{\Box}{9} = \frac{\Box}{15}$

③ $1\frac{1}{3} = \frac{\Box}{3} = \frac{\Box}{6}$

④ $2\frac{1}{4} = \frac{\Box}{8} = \frac{\Box}{16}$

おとなの方へ：本章では分母が同じ分数のたし算・ひき算を扱います。さらに，仮分数・帯分数・整数の混じった計算についても練習します。高学年での学習につなげていきましょう。

13 分数のたし算・ひき算

★★ 発展レベル

● 時間20分
● 答え→別冊38ページ

1 次の計算をしなさい。答えが1より大きいものは帯分数で答えなさい。

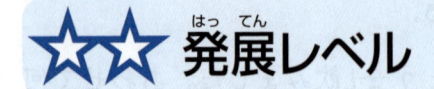

（3点×10＝30点）

① $\dfrac{1}{5} + \dfrac{3}{5} - \dfrac{2}{5} =$

② $\dfrac{5}{7} - \dfrac{2}{7} + \dfrac{4}{7} =$

③ $\dfrac{4}{9} + \dfrac{5}{9} - \dfrac{1}{9} =$

④ $\dfrac{5}{7} + \dfrac{1}{7} + \dfrac{4}{7} =$

⑤ $\dfrac{5}{12} + \dfrac{1}{12} + \dfrac{11}{12} =$

⑥ $\dfrac{8}{11} + \dfrac{1}{11} + \dfrac{2}{11} =$

⑦ $1 - \dfrac{5}{7} + \dfrac{3}{7} =$

⑧ $\dfrac{5}{9} + 1 - \dfrac{7}{9} =$

⑨ $1\dfrac{1}{2} + \dfrac{3}{2} =$

⑩ $2\dfrac{1}{5} - \dfrac{3}{5} =$

2 水が赤いびんに $\dfrac{2}{5}$L，青いびんに $1\dfrac{1}{5}$L，緑のびんに $\dfrac{7}{5}$L入っています。次の問いに答えなさい。（式5点，答え5点，計20点）

① 3つのびんに入っている水をあわせると，何Lになりますか。

式

答え

② 赤いびんと青いびんに入っている水をあわせたものは，緑のびんに入っている水よりどれだけ多いですか。

式

答え

3 次の□にあてはまる数をもとめなさい。(2点×12=24点)

① $\dfrac{1}{4} = \dfrac{\square}{8} = \dfrac{\square}{12} = \dfrac{\square}{20}$

② $\dfrac{2}{5} = \dfrac{4}{\square} = \dfrac{6}{\square} = \dfrac{10}{\square}$

③ $\dfrac{3}{8} = \dfrac{\square}{16} = \dfrac{\square}{24} = \dfrac{\square}{32}$

④ $3\dfrac{1}{3} = 2\dfrac{\square}{3} = 1\dfrac{\square}{3} = \dfrac{\square}{3}$

4 うさぎの1歩が $\dfrac{3}{7}$ m, かめの1歩が $\dfrac{2}{7}$ m とします。(8点×2=16点)

① 1歩の長さは、どちらが何m長いでしょうか。

□のほうが □m長い

② うさぎとかめが同時に出発して、うさぎが3歩進んだとき、かめは5歩進んでいました。どちらが何m前にいるでしょうか。

□が □m前

5 ゆみさん、さやかさん、かほさん、ゆうりさんの4人はそれぞれ、分母が9で、1より小さい分数が1こだけ書かれたカードを1まいずつもっています。次のことから、ゆみさんのカードに書かれた数をもとめなさい。(10点)

・4人のカードに書かれた数はすべてちがいます。

・ゆみさんと、かほさんでは、かほさんの方が $\dfrac{2}{9}$ だけ大きく、かほさんとゆうりさんでは、ゆうりさんの方が $\dfrac{2}{9}$ だけ大きいです。

・さやかさんの数も、ゆうりさんの数も、ともに分子が3でわりきれます。

13 分数のたし算・ひき算

★★★ トップレベル

時間20分　答え→別冊39ページ

$\dfrac{2}{4} = \dfrac{1}{2}$ ←2÷2=1 ←4÷2=2 のようにそれ以上同じ数でわりきれないところまで分母と分子を同じ数でわることを約分といいます。分数の計算では，約分できるものは約分するようにします。

1 次の計算をしなさい。約分できるものについては約分もしなさい。1より大きい分数は整数または帯分数で答えなさい。（4点×5＝20点）

① $\dfrac{7}{9} - \left(\dfrac{2}{9} + \dfrac{3}{9}\right) = \boxed{}$

② $3 - \left(2\dfrac{1}{2} - \dfrac{3}{2}\right) = \boxed{}$

③ $\left(\dfrac{3}{10} + \dfrac{5}{10}\right) - \left(\dfrac{7}{10} - \dfrac{1}{10}\right) = \boxed{}$

④ $2\dfrac{5}{6} - 1\dfrac{1}{6} - \left(\dfrac{5}{6} - \dfrac{3}{6}\right) = \boxed{}$

⑤ $10\dfrac{1}{10} - \dfrac{8}{10} - \dfrac{1}{10} = \boxed{}$

2 次の □ にあてはまる分数を入れなさい。約分できるものについては約分もしなさい。（4点×4＝16点）

① $\dfrac{2}{11} + \dfrac{3}{11} - \boxed{} = \dfrac{1}{11}$

② $\dfrac{2}{15} + \dfrac{7}{15} + \boxed{} = \dfrac{14}{15}$

③ $\boxed{} - \dfrac{7}{12} = \dfrac{7}{12} - \dfrac{3}{12}$

④ $\dfrac{13}{17} - \dfrac{8}{17} - \dfrac{3}{17} = \boxed{} - \dfrac{5}{17}$

3 表の空いているところに分数を入れて，たてにたしても，横にたしても，ななめにたしても，3つの数の和が1になるようにしたいと思います。空らんにあてはまる分数をもとめなさい。ただし，問題にあたえられている分数は約分していません。記入する分数は約分できるものは約分しなさい。

(10点×2＝20点)

①
$\frac{2}{15}$		
	$\frac{5}{15}$	
$\frac{6}{15}$		

②
$\frac{1}{15}$	$\frac{5}{15}$	
		$\frac{4}{15}$

4 次の□にあてはまる数をもとめなさい。(4点×5＝20点)

① $\dfrac{5}{6} = \dfrac{25}{\square} = \dfrac{\square}{60}$

② $\dfrac{3}{\square} = \dfrac{\square}{24} = \dfrac{27}{72} = \dfrac{78}{\square}$

5 重さのちがう3しゅるいのおもりA，B，Cがそれぞれたくさんあります。この中から2こ取り出して重さをはかると，下の6しゅるいの重さになりました。このとき，次の問いに答えなさい。1より大きい分数になるものについては仮分数または整数で答えなさい。

2この重さの合計 (g)	$\dfrac{10}{11}$	$\dfrac{15}{11}$	$\dfrac{24}{11}$	$\dfrac{8}{11}$	$\dfrac{17}{11}$	$\dfrac{6}{11}$

(8点×3＝24点)

① いちばん重いおもり1この重さは何gですか。

② 3しゅるいのおもり1こずつの重さの合計は何gですか。

③ 2番目に軽いおもり1この重さは何gですか。

85

14 小　数

★ 標準レベル

1 次の文について，□にはあてはまる言葉を下からえらび，（　）には正しい数字を入れなさい。（2点×7＝14点）

① 2.6のような数を□といいます。2の横にある．のことを□といい，6を□の数といいます。

② 3.14という数について，一の位の数は（　　），$\frac{1}{10}$の位の数は（　　），$\frac{1}{100}$の位の数は（　　）です。

1を5こ，0.1を2こ，0.01を6こ集めた数は（　　）です。

――――――――――――――――――
　　小数点　　小数　　分数　　整数
　$\frac{1}{10}$の位（小数第一位）　$\frac{1}{100}$の位（小数第二位）
――――――――――――――――――

2 次の↑のさしている数を，小数で書きなさい。（2点×4＝8点）

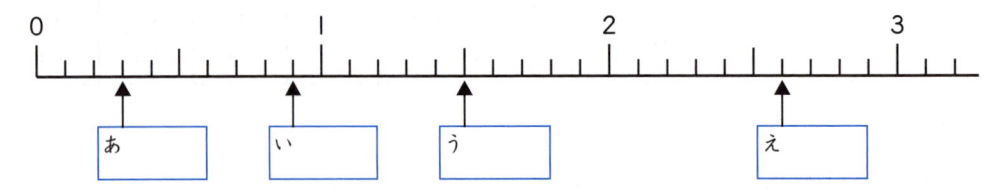

あ　　い　　う　　え

3 次の□にあてはまる，等号または不等号を入れなさい。（3点×6＝18点）

① 0.1 □ 0.4　　② 0.1 □ 0.03　　③ 0.1 □ $\frac{1}{10}$

④ 4.1 □ 4.15　　⑤ 5 □ 4.999　　⑥ $2\frac{2}{5}$ □ 2.4

4 次の □ にあてはまる数を小数で答えなさい。(3点×9＝27点)

① 0.1を4こと，0.01を7こと，0.001を3こあわせた数は □ です。

② 0.3を10倍した数は □ で，0.64を100倍した数は □ です。

③ 0.825を10倍した数は □ で，100倍した数は □ です。

④ 8を$\frac{1}{10}$倍した数は □ で，91を$\frac{1}{100}$倍した数は □ です。

⑤ 79.2を$\frac{1}{10}$倍した数は □ で，$\frac{1}{100}$倍した数は □ です。

5 図のような計算マシーンがあります。次の数を入れるとどんな数が出てきますか。(3点×11＝33点)

①
100 → 10
10 → 1
1 → 0.1

(1) 0.4＝ □　(2) 0.9＝ □　(3) 1.2＝ □
(4) 0.03＝ □　(5) 0.55＝ □

②
1000 → 10
100 → 1
10 → 0.1

(1) 4＝ □　(2) 0.8＝ □　(3) 1.7＝ □
(4) 2.43＝ □　(5) 0.81＝ □　(6) 12.5＝ □

おとなの方へ まずは，小数の意味や構造を把握することが大事です。数直線の目盛りの読み取りなどを通じて量的な理解を深めましょう。また，ある数を$\frac{1}{10}$, $\frac{1}{100}$したとき小数点の位置の変化についても理解を深めましょう。

14 小 数

★★ 発展レベル

● 時間 20分
● 答え→別冊41ページ

1 次の数を書きなさい。(2点×5＝10点)

① 0.1が2こ，0.01が5こ集まった数。

② 0.01が9こ，0.001が3こ集まった数。

③ 0.1が4こ，0.01が9こ，0.001が7こ集まった数。

④ 0.1が1こ，0.001が6こ集まった数。

⑤ 0.01が53こ集まった数。

2 次の小数を，れいにならって，下の数直線の上に表しなさい。

(2点×10＝20点)

① (れい) 1.1　　ア 1.7　　イ 2.2　　ウ 2.6　　エ 1.5　　オ 2.9

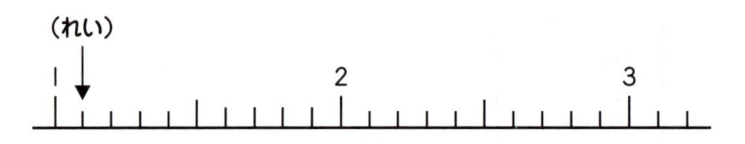

② ア 0.18　　イ 0.24　　ウ 0.15　　エ 0.32　　オ 0.09

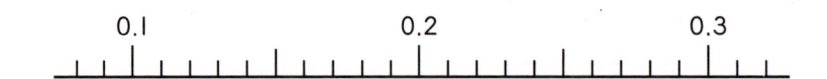

3 あてはまる数を ☐ に書き入れなさい。(3点×4＝12点)

0.01を23こ集めた数を小数で表すと ア ☐ で，0.01を230こ集めた数を小数で表すと イ ☐ です。アの数を分数で表すと ウ ☐ ，イの数を分数で表すと エ ☐ になります。ただし，帯分数で表しなさい。

発展レベル ☆☆

4 つぎの数を大きいじゅんにならべなさい。(3点×6＝18点)

① (0.3, 0.8, 1)　　　　　　　　② (0, 0.5, 0.1)

③ (0.12, 0.21, 0.102)　　　　　④ (0.95, 0.59, 0.095)

⑤ (1.001, 1.01, 0.11)　　　　　⑥ (3.05, 3.55, 0.3555)

5 ( )の中の単位で小数を用いて答えなさい。(3点×6＝18点)

① 0.3km (m) = ___ m　　　　② 860m (km) = ___ km

③ 0.25m (cm) = ___ cm　　　④ 300cm (km) = ___ km

⑤ 130g (kg) = ___ kg　　　　⑥ 3.6L (dL) = ___ dL

6 ☐ の中に，正しい数を入れなさい。ただし，それぞれ，左からじゅんに考えられるいちばん大きい数を入れます。(3点×4＝12点)

① 2.7m = ___ m ___ cm

② 53.4kg = ___ kg ___ g

③ 5.3L = ___ L ___ dL

④ 2.654m = ___ m ___ cm ___ mm

7 マラソンでは42.195km走ります。このきょりをm，cm，mmで表しなさい。

(計10点)

① mで表すと ___ m　　② cmで表すと ___ cm

　　　　　　　(3点)　　　　　　　　　　　　(3点)

③ mmで表すと ___ mm (4点)

89

14 小 数

★★★ トップレベル
●時間20分
●答え→別冊42ページ

1 次の □ の中に、あてはまる数を入れなさい。(2点×5＝10点)

① 0.205は、0.1が □ こと、0.001が5こ集まった数です。

② 0.84は、□ が84こ集まった数です。

③ 0.519は、0.1が5こと、0.001が □ こ集まった数です。

④ 1.7は、0.1が □ こ集まった数です。

⑤ 5.3は、0.01が □ こ集まった数です。

2 次の数直線の↑のところの数を書きなさい。(4点×4＝16点)

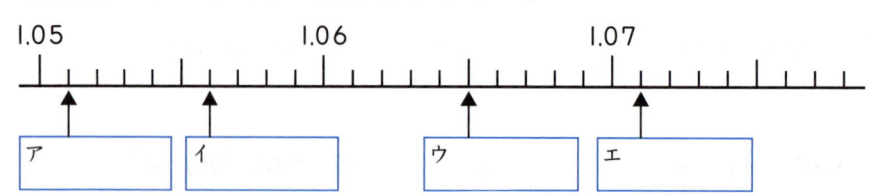

[数直線: 1.05, 1.06, 1.07]
ア　イ　ウ　エ

3 5.6□4の□の中に、0から9までの数字を1つだけ入れて、いろいろな小数をつくります。このとき、次の問いに答えなさい。(5点×4＝20点)

① できる小数を、みんな書き出しなさい。

② 5.65より大きい小数を、みんな書きなさい。

③ 5.63より小さい小数を、みんな書きなさい。

④ 5.635より小さい小数を、みんな書きなさい。

4 次の数を小数で答えなさい。(4点×6＝24点)

① 0.65を10倍した数

② 2.04を$\frac{1}{10}$倍した数

③ 6.27を100倍した数

④ 0.00835を1000倍した数

⑤ 4910を$\frac{1}{100}$倍した数

⑥ 3.074を$\frac{1}{1000}$倍した数

5 次の□の中に，あてはまる小数をもとめなさい。(4点×5＝20点)

① 0.01が30こと，0.001が3こ集まった数は □ です。

② 0.01の10倍と，0.001の10倍が集まった数は □ です。

③ 0.01の □ 倍は，2.43になります。

④ 0.001の □ 倍は，0.8になります。

⑤ 0.01の10倍と，0.001の5倍をあわせると， □ になります。

6 次の問題に答えなさい。(5点×2＝10点)

① 学校から，みずきさんの家は0.1km，ゆうきさんは200m，りんかさんは$\frac{300}{1000}$kmだそうです。いちばん学校から遠い家の人はだれですか。

② 水のりょうを表す単位にkL（キロリットル）というものがあり，1000L＝1kLです。かなさんのびんには35.5dL，みかさんのびんには$3\frac{9}{10}$L，はるかさんのびんには0.0035kLの水が入ります。いちばんたくさんの水が入るびんをもっている人はだれですか。

15 小数のたし算・ひき算

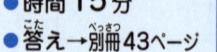

★ 標準レベル

1 筆算で次のような小数のたし算やひき算をしたいと思います。□に正しい数を入れなさい。(2点×4=8点)

小数のたし算やひき算は、小数点をそろえて、同じ位どうしたしたり、ひいたりします。くり上がりや、くり下がりも整数のたし算・ひき算と同じようにします。

(れい) 8.3+5.4
① 0.2+9.7
② 12.5+3.8

(れい) 1.2−0.7
③ 0.7−0.4
④ 1.3−0.5

2 次の計算をしなさい。(3点×12=36点)

① 6.4+6.5=
② 0.7+5.2=
③ 7.2+8.7=
④ 7.7+2.6=
⑤ 0.9+19.7=
⑥ 4.9+8.8=
⑦ 8.9−5.7=
⑧ 4.5−3.3=
⑨ 8.2−7.8=
⑩ 3.3−1.4=
⑪ 7.4−3.8=
⑫ 2−1.7=

3 次のたし算をしなさい。(3点×6＝18点)

① 4.24＋3.82＝　　　　　　② 9.51＋6.04＝

③ 9.05＋7.04＝　　　　　　④ 6.04＋0.334＝

⑤ 7.13＋0.325＝　　　　　⑥ 8.5＋7.71＝

4 次のひき算をしなさい。(3点×6＝18点)

① 5.98－2.57＝　　　　　　② 3.77－1.97＝

③ 1.23－0.77＝　　　　　　④ 2.58－2.52＝

⑤ 4.67－0.84＝　　　　　　⑥ 5.76－4.49＝

5 たくろう君の身長は1.42mです。アキさんは，たくろう君より0.28m高いそうです。アキさんの身長は，何mですか。(6点)

6 みなさんの体重は26.4kgです。みなさんのお父さんの体重は64.5kgです。2人の体重の差は何kgになりますか。(6点)

7 3，5，6，9のカードを下の☐にあてはめてできる数のうち，いちばん大きい数といちばん小さい数の差を求めなさい。(8点)

☐.☐☐☐

おとなの方へ　小数のたし算・ひき算は，整数の場合と同様，位をそろえて筆算で行います。繰り上がり・繰り下がりについても同様です。

15 小数のたし算・ひき算

★★ 発展レベル
●時間 20分
●答え→別冊43ページ

1 次の計算をしなさい。(3点×6=18点)

① 11.4−9.8−0.8＝

② 13.25＋3.07−11.49＝

③ 70.41＋124.97−85.6＝

④ 1.01−0.208＋0.309＝

⑤ 3.57−0.188＋1.617＝

⑥ 5.97−2.98＋13.5＝

2 次の計算をしなさい。(4点×3=12点)

① $0.8+\dfrac{1}{10}+0.05=$

② $12.5-1\dfrac{3}{10}-\dfrac{1}{10}=$

③ $3-0.118-2\dfrac{3}{10}=$

3 次の □ に正しい数を入れなさい。(5点×4=20点)

① 0.5＋ □ ＝1.55

② □ −7.44＝3.6

③ 2＋ □ ＋8.6＝12.47

④ 12.25−5.75− □ ＝3.7

発展レベル ☆☆

4 次の問題に答えなさい。(式4点, 答え4点, 計32点)

① ボールに2.6dLの牛にゅうと, 12.5dLのみかんジュースと, 4.5dLのヨーグルトをまぜてフルーツヨーグルトジュースを作りました。何dLになったでしょうか。

式

答え ☐

② 1.5Lのお茶の入ったペットボトルがあります。ここからかずきさんが0.45L飲んだ後, 0.56Lべつのびんからつぎたしました。今, 何Lのお茶が入っていますか。

式

答え ☐

③ みちよさんの家は学校から3.4kmのところにあります。かずよさんの家は学校から2500mのところにあります。どちらが何km学校から遠い所に家がありますか。

式

答え ☐ が ☐ km遠い

④ みなみさんは6.5mの紙テープをもっています。これを, 妹に$2\frac{3}{10}$m, 弟に140cm切りはなしてあげました。みなみさんは, いま, 紙テープを何mもっていますか。

式

答え ☐

5 次の数の列は, あるきまりにしたがってならんでいます。☐にあてはまる数を小数で入れなさい。(3点×6=18点)

① 0,   0.25,   0.5,   0.75,   ☐ , ☐ , …

② 10,   9.3,   8.6,   7.9,   ☐ , ☐ , …

③ 0.1,   0.2,   0.4,   0.8,   ☐ , ☐ , …

95

15 小数のたし算・ひき算

★★★ トップレベル　●時間20分　●答え→別冊44ページ

1 次の計算をしなさい。（4点×5＝20点）

① $4.02 - 0.819 + 5.98 =$

② $5.47 - 0.86 + 0.569 =$

③ $48.4 - 19.8 + 0.2 - 8.923 =$

④ $10.2 - 1.235 - 5.765 + 1.43 =$

⑤ $2.72 + 5.03 + 5.76 - 2.44 =$

2 次の計算をしなさい。答えは小数で答えなさい。（5点×3＝15点）

$\frac{1}{10} = 0.1$です。同じように，$\frac{1}{2} = \frac{5}{10} = 0.5$です。
これを使うと小数と分数のまじった計算も小数になおして計算できます。

① $2\frac{1}{10} + 0.25 - 1.2 =$

② $4\frac{1}{2} + 19.5 - 10.057 =$

③ $4\frac{1}{5} - \{2 - (1.5 - 0.175)\} =$

3 次の□にあてはまる数を小数でもとめなさい。（5点×3＝15点）

① $12.12 - \frac{1}{4} + \boxed{} = 41$　←ヒント：$\frac{1}{4}$を分母100の分数にしよう。

② $23\frac{1}{2} - (12.45 + \boxed{}) = 3.85$

③ $\boxed{} - (13.5 + 6 \times 3 - 3.75) = 2.25$

4 次の☐にあてはまる数をもとめなさい。(4点×5＝20点)

① 5kg－1.5kg－☐kg＝2780g

② 6L＋7.2L＋☐L＝139dL

③ 7.3L－1.9L－☐L＝26dL

④ 0.0028km＋0.00025km＋☐km＝803.05m

⑤ 25.3m＋0.46km－50cm＝☐m （聖学院中）

5 次の問いに小数で答えなさい。(式5点，答え5点，計20点)

① $2\frac{3}{4}$mの紙テープからあすかさんが0.5m，みずきさんが何mか切り取るとのこりは0.85mとなりました。みずきさんは何m切り取ったでしょう。

式

答え ☐

② かずきさんは38.5kmのとなり町の市役所まで，はじめの$15\frac{3}{5}$kmは自転車で，次の何kmかはバスで，のこりの4.5kmは走って行きました。バスに乗ったきょりは何kmですか。

式

答え ☐

6 ☐の中に1，3，5，7，9の5つの数字を1つずつ入れて，小数第3位($\frac{1}{1000}$の位)までの数☐☐.☐☐☐を作ります。次の問いに答えなさい。(5点×2＝10点)

① 75にいちばん近い数はいくらですか。

☐

② できた数を大きいじゅんにならべたとき，大きい方から3番目の数はいくつですか。

☐

16 小数のかけ算・わり算

★ 標準レベル

● 時間 15分
● 答え→別冊45ページ

1 筆算で次のような小数のかけ算やわり算をしなさい。わり算はわり切れるまでしなさい。(4点×11＝44点)

> 2.3×3の答えは，23×3の $\frac{1}{10}$ です。5.4÷2の答えも54÷2の答えの $\frac{1}{10}$ です。さて，小数点はどこにつけたらいいのかな？

① 2.3×3＝ ☐

② 6.7×4＝ ☐

```
   2.3
×    3
───────
```
小数点はそのまま下ろす

③ 8.13×9＝ ☐

④ 74×0.5＝ ☐

⑤ 5.23×40＝ ☐

⑥ 70.7×800＝ ☐

⑦ 5.4÷2

```
       ☐
2 ) 5.4
───────
```
小数を整数でわるとき，小数点はわられる数の小数点のいちにそろえます。

⑧ 7.8÷2＝ ☐

⑨ 0.96÷4＝ ☐

⑩ 8.6÷5＝ ☐

⑪ 9÷6＝ ☐

標準レベル☆

2 次の問いに答えなさい。(式4点, 答え4点, 計56点)

① 1mの重さが8.7gのはり金3mの重さは何gですか。

式

答え

② みよ子さんの身長は136.5cmです。地面にできたかげの長さをはかると, みよ子さんの身長の2倍だったそうです。かげの長さは何cmですか。

式

答え

③ ふくろごとの重さが0.85kgのさとうが6ふくろあります。これを1.7kgの入れものにつめて運びます。全体で何kgになりますか。

式

答え

④ ある工場のきかいは, 1時間動かすと2.4Lの石油をつかいます。このきかいを毎日5時間動かすと, 11月中は何Lの石油をつかいますか。

式

答え

⑤ 2.5kgのすなを, 同じ重さになるよう5ふくろに分けます。1ふくろ何kgになりますか。

式

答え

⑥ 0.81mのリボンを9人で同じ長さになるよう分けます。1人何mもらえますか。

式

答え

⑦ 2Lのジュースに水を4L入れてうすめ, 同じりょうになるよう5人で分けました。1人何Lずつもらえますか。

式

答え

おとなの方へ
小数のかけ算・割り算までできれば, この時点でかなり多くの入試問題にあたれます。まずは整数と同様に計算し, 小数点を正しく打ちます。とくにあまりの小数点の位置は間違えやすいところです。

16 小数のかけ算・わり算

☆☆ 発展レベル　●時間20分　●答え→別冊46ページ

1 次の計算をしなさい。(5点×6=30点)

① 2.4×15＝　　　　　② 0.63×88＝

③ 0.037×59＝　　　　④ 57×0.57＝

⑤ 475×0.086＝　　　⑥ 906×3.8＝

2 次のわり算で，商は $\frac{1}{10}$ の位までもとめ，あまりも出しなさい。

(5点×6=30点)

> あまりのある小数のわり算では，あまりの小数点はわられる数の小数点のいちにそろえてうつよ。

① 49.7÷6＝　　　　② 6÷9＝

6) 49.7　　　　　　9) 6

③ 36.2÷3＝

④ 5.2÷6＝

⑤ 17.8÷7＝

⑥ 72.5÷9＝

発展レベル ☆☆

3 次の問いに答えなさい。(式4点, 答え4点, 計40点)

① 3.75kgのおかしの入ったふくろが18ふくろあります。全部で何kgですか。

式

答え ☐

② あるゲームでは, 1回勝つととく点が2倍に, 1回負けると0.85倍になるそうです。はじめの持ち点が14点で, 2回勝負して, 1回勝って, 1回負けたとすると, とく点は何点になりますか。

式

答え ☐

③ いつも, 落とした高さの0.75倍はねあがるボールがあります。このボールを6mの高さから落とすと, 2回目にはね上がった高さは何mですか。

式

答え ☐

④ 25.5mのひもから8mのひもを同じ長さでできるだけたくさん切り取ったとき, のこりのひもの長さは何mですか。

式

答え ☐

⑤ 長さが77cmのテープと, 75.6cmのリボンがあります。テープを5等分した長さと, リボンを8等分した長さでは, どちらが何cm長いですか。

式

答え ☐ が ☐ cm長い

101

16 小数のかけ算・わり算

★★★ トップレベル

●時間20分
●答え→別冊46ページ

1 次の計算をしなさい。（4点×4＝16点）

> 小数×小数の計算は，小数点をとったものどうしのかけ算の答えの何倍かを考えます。
> 2.7×0.6は27×6の何倍かな。

① 2.7×0.6＝□　　② 4.7×0.07＝□

```
    2.7   右に1けた
  ×  0.6   ＋
          右に1けた
    ─────    ↓
     .      左に2けた
          （すなわち100分の1）
```

③ 4.8×270＝□　　④ 6900×3.4＝□

2 次のわり算で，商は $\frac{1}{10}$ の位までもとめ，あまりも出しなさい。
（4点×4＝16点）

① 108.9÷17＝□　　② 74.3÷29＝□

③ 403.5÷53＝□　　④ 90÷83＝□

3 次の□にあてはまる数を書きなさい。（4点×4＝16点）

① □÷15＝4.6あまり1

② 226.2÷□＝12あまり10.2

③ □÷46＝5.5あまり0.3

④ 4046.5÷□＝84あまり14.5

4 次の問いに答えなさい。(8点×2=16点)

① ある数を28でわるのを，まちがって，わる数の十の位の数字と一の位の数字を入れかえた数でわってしまったので，商が12.6，あまりが0.8になりました。正しく計算して商を$\frac{1}{10}$の位までもとめ，あまりももとめなさい。

② ある数を16でわる計算をまちがえてある数に16をかけてしまい，10.88と答えてしまいました。正しい計算の答えをもとめなさい。

5 次の問いに答えなさい。(計36点)

① ある小数に，その小数の小数点を1けた右にうつしてできる小数をたすと，105.16になります。ある数はいくつですか。ある数を□として式を作り，答えをもとめなさい。(式9点，答え9点，計18点)

式

答え

② ある計算の答えが$\frac{1}{100}$の位までの数となりました。ところがあやまって，その答えの小数点をつけるのをわすれてしまいました。(計18点)

（1）あやまった答えは，正しい答えの何倍ですか。(6点)

（2）正しい答えとの差が537.57のとき，正しい答えはいくつになりますか。(12点)

復習テスト3

●時間 20分
●答え→別冊47ページ

1 次の☐の中に，あてはまる数をもとめなさい。(3点×4=12点)

① 0.65は，☐ が65こ集まった数です。

② 0.219は，0.1が2こと，0.001が☐ こ集まった数です。

③ 3.70は，0.1が☐ こ集まった数です。

④ 15は，0.01が☐ こ集まった数です。

2 ( )の中の数を，大きいじゅんに左からならべなさい。(3点×4=12点)

① $\left(\dfrac{4}{2}, \dfrac{2}{2}, \dfrac{3}{2}\right)$

② $\left(1\dfrac{3}{5}, \dfrac{9}{5}, 2\right)$

③ $\left(0.3, \dfrac{8}{10}, 1\right)$

④ $(0, 0.05, 0.101)$

3 次の計算をしなさい。①から④で答えが1より大きくなる場合は仮分数で答えなさい。(4点×6=24点)

① $\dfrac{1}{13} + \dfrac{3}{13} - \dfrac{2}{13} =$

② $\dfrac{5}{3} - \dfrac{2}{3} + \dfrac{4}{3} =$

③ $\dfrac{8}{3} + 1\dfrac{2}{3} - \dfrac{5}{3} =$

④ $1\dfrac{4}{5} - 1 - \dfrac{3}{5} =$

⑤ $24.25 - 11.3 - 5.03 + 1.6 =$

⑥ $7.21 + 12.5 - 1.28 - 4.6 =$

④ 次の計算をしなさい。(6点×2=12点)

① $\{(25.5-6)-(2-1.5)\} \div 5 =$ ☐

② $\{100.5-(12.8+3\times 4)\times 3\} \div 4 =$ ☐

⑤ 次の問題に答えなさい。(式5点, 答え5点, 計40点)

① 2.75mの紙テープからあいりさんが0.5m, みなこさんが何cmか切り取るとのこりは0.85mとなりました。みなこさんは何cm切り取ったでしょう。

式

答え ☐

② 1組のスクール農園では, $4\frac{1}{4}$ kgのジャガイモがとれました。2組のスクール農園では, $5\frac{3}{4}$ kgのジャガイモがとれました。両方の組でとれたジャガイモを合わせて, その中から$2\frac{1}{4}$ kgをバザーに出品しました。のこったジャガイモは何kgですか。

式

答え ☐

③ 12.6cmの紙テープを6まいつなぎ合わせて長い紙テープを作ります。のりしろ部分に0.5cmずつ使うとすると, 紙テープの長さは何cmになりますか。

式

答え ☐

④ 8.24Lの牛にゅうを25dLずつびんにつめていきます。このとき, 何本のびんがいり, あまりは何dLになりますか。

式

答え ☐ 本いり, あまりは ☐ dL

(105)

17 もののけいりょう

★ 標準レベル

k（キロ）は1000倍，d（デシ）は$\frac{1}{10}$，c（センチ）は$\frac{1}{100}$，m（ミリ）は$\frac{1}{1000}$という意味なんだよ。これをおぼえると，楽になるよ。

1 次の □ に正しい数を入れなさい。（2点×23＝46点）

① 長さの単位には，小さいじゅんにmm，cm，m，kmがあります。
　長さが等しくなるようにしなさい。

(1) 1m＝ ア □ cm＝ イ □ mm＝ ウ □ km

(2) 10cm＝ エ □ mm＝ オ □ m

(3) 10mm＝ カ □ cm＝ キ □ m

(4) 1km＝ ク □ m＝ ケ □ cm

② かさの単位には，小さいじゅんにmL，dL，L，kLがあります。
　かさが等しくなるようにしなさい。

(1) 1L＝ ア □ dL＝ イ □ kL＝ ウ □ mL

(2) 1dL＝ エ □ L＝ オ □ kL＝ カ □ mL

(3) 1kL＝ キ □ L＝ ク □ dL

③ 重さの単位は，小さいじゅんにmg，g，kg，tがあります。
　重さが等しくなるようにしなさい。

(1) 1kg＝ ア □ g＝ イ □ t

(2) 1t＝ ウ □ kg＝ エ □ g

(3) 1000mg＝ オ □ g＝ カ □ kg

2 次の ☐ の中に，正しい数を入れなさい。(2点×8=16点)

① 730cm = ☐ m   ② 803mm = ☐ cm

③ 6km 30m = ☐ m   ④ 4cm 5mm = ☐ mm

⑤ 2500m = ☐ km   ⑥ 9m 40cm = ☐ cm

⑦ 0.3m = ☐ cm   ⑧ 5m 20cm = ☐ m

3 次の ☐ の中に，正しい数を入れなさい。(2点×6=12点)

① 1L 3dL = ☐ dL   ② 42dL = ☐ L

③ 5200mL = ☐ dL   ④ 2.07L = ☐ mL

⑤ 2.3kL = ☐ L   ⑥ 450L = ☐ kL

4 次の ☐ の中に，正しい数を入れなさい。(2点×8=16点)

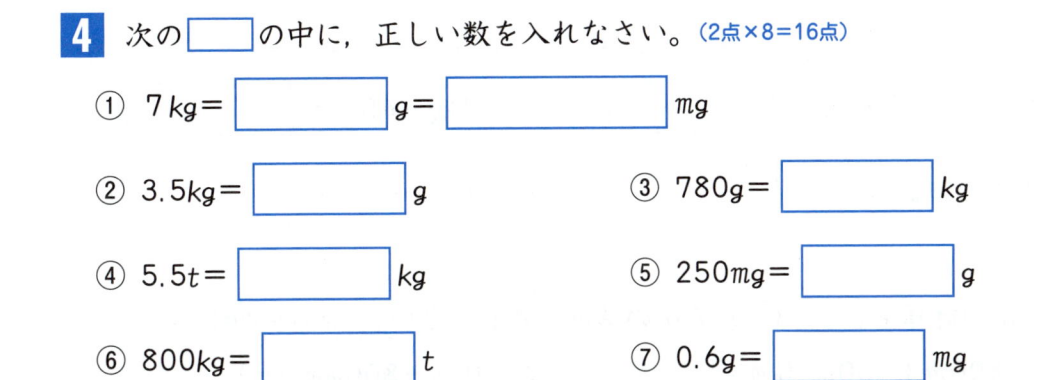

① 7kg = ☐ g = ☐ mg

② 3.5kg = ☐ g   ③ 780g = ☐ kg

④ 5.5t = ☐ kg   ⑤ 250mg = ☐ g

⑥ 800kg = ☐ t   ⑦ 0.6g = ☐ mg

5 ますみさんの家の車の重さは，1.25tだそうです。そこに65kgのお父さんと，27.8kgのますみさんが乗ると，重さは何kgになりますか。(10点)

☐

おとなの方へ
単位の基本形の換算については習熟しておく必要があります。k（キロ），d（デシ），c（センチ），m（ミリ）などの意味をよく理解し，単位をそろえて計算することが必要です。

17 もののけりょう

★★ 発展レベル
●時間20分　●答え→別冊49ページ　得点 /100

1 次の □ の中に，あてはまる数を入れなさい。(2点×4＝8点)

① 12dL＋9dL＝ □ L　　② 300mL＋4700mL＝ □ L

③ 8400mL－7600mL＝ □ dL

④ 108dL－85dL＝ □ mL

2 次の □ の中に，あてはまる数を入れなさい。(2点×6＝12点)

① 1.2m＋85cm＝ □ cm　　② 3.04km－760m＝ □ km

③ 0.048kg＋52g＝ □ g　　④ 1.67kg－970g＝ □ kg

⑤ 0.4L＋27dL＝ □ dL　　⑥ 2.05L－11dL＝ □ L

3 次の □ の中に，あてはまる数を入れなさい。(2点×4＝8点)

① 470g＋0.93kg＝ □ g　　② 2kg－453g＝ □ g

③ 0.03kg＋184g＝ □ g　　④ 1.02kg－150g＝ □ g

4 次の計算をして，( )の中の単位で表しなさい。(2点×6＝12点)

① 800m＋400m（km）　　② 50cm＋800mm（m）
　＝ □ km　　　　　　　　　＝ □ m

③ 5000m＋1km300m（m）　　④ 6.8m＋3500cm（m）
　＝ □ m　　　　　　　　　　＝ □ m

⑤ 1km－560m（km）　　⑥ 1900m－700m（km）
　＝ □ km　　　　　　　　　＝ □ km

(108)

5 次の（ ）の中の長さをくらべて，不等号（＞，＜）を使って表しなさい。
(2点×4＝8点)

① (4m60cm ☐ 480cm)　② (730m ☐ 0.7km)

③ (254mm ☐ 2m)　④ (3km30m ☐ 330m)

6 次の（ ）の中のかさをくらべて，不等号（＞，＜）を使って表しなさい。
(2点×4＝8点)

① (45dL ☐ 4400mL)　② (0.051kL ☐ 490L)

③ (0.18L ☐ 1002mL)　④ (77dL ☐ 0.072kL)

7 次の（ ）の中の重さをくらべて，不等号（＞，＜）を使って表しなさい。
(2点×4＝8点)

① (0.3kg ☐ 315g)　② (4.5t ☐ 9000kg)

③ (4500mg ☐ 45g)　④ (0.06t ☐ 610000g)

8 次の ☐ の中に，あてはまる数を入れなさい。(4点×9＝36点)

① 0.0063km＋180cm＝ ☐ cm

② 3.1m－860mm＝ ☐ mm

③ 104g－86000mg＝ ☐ mg

④ 0.16t＋410kg＝ ☐ kg

⑤ 0.0032kg＋4950mg＝ ☐ mg

⑥ 0.34L＋75mL＝ ☐ mL

⑦ 0.8kL－24L＝ ☐ L

⑧ 49dL＋110mL＝ ☐ mL

⑨ 0.2km－1180mm＝ ☐ cm

17 もののけいりょう

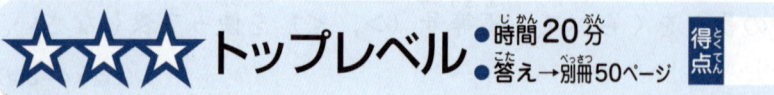

★★★ トップレベル

1 次の □ の中に，あてはまる数を入れなさい。(4点×4=16点)

① 1.6L − 8dL = □ dL　② 0.2L + 11dL = □ dL

③ 57dL − 1.4L = □ L　④ 8dL + 15.2L = □ L

2 次の □ の中に，あてはまる数を入れなさい。(4点×4=16点)

① 12.5km + 8240m = □ km　② 23m − 546cm = □ m

③ 3.9cm + 126mm = □ cm　④ 800mg + 1.68g = □ g

3 次の計算をして，単位はkgで表しなさい。(4点×3=12点)

① 3.7kg + 80g + 0.52t + 4g + 302kg = □ kg

② 320g × 45 = □ kg

③ 0.04t + 28.5kg + 370g + 6910000mg = □ kg

4 次の計算をして，( )の中の単位で表しなさい。(4点×5=20点)

① 55mm × 30 （cm） □ cm

② 82m × 25 （km） □ km

③ 450cm × 70 （m） □ m

④ 9km ÷ 5 （m） □ m

⑤ 3km600m ÷ 9 （m） □ m

トップレベル ☆☆☆

5 次の □ の中に，あてはまる数を入れなさい。(4点×4=16点)

① 5340m＋0.88km－12mm×5000＝ □ m

② 0.0102km＋48cm＋280000mm－276m＝ □ m

③ 3700mg×8＋150g－0.084kg＝ □ g

④ 0.32t－160kg－45200g－10800000mg＝ □ kg

6 お米が4kgあります。このお米を8このふくろに，同じ重さになるように分けようと思います。1このふくろに，何gずつ入れたらよいでしょうか。

(5点)

7 たくろう君の1歩の長さは60cmです。家から校門までの道のりを歩いてはかるとちょうど2650歩ありました。たくろう君の家から校門までは，何km何mありますか。(5点)

8 たくろう君の家のおふろには水が645.7L入ります。500mL入る牛にゅうパックで水を入れたとしたら，牛にゅうパック何ばい分と何dLでおふろはいっぱいになりますか。(5点)

□ はい分と □ dL

9 なおきさんの家のバイクの重さは180kgで，ガソリンはタンクいっぱいに入れると18L入ります。ガソリンの重さは，1Lあたり0.8kgだそうです。このバイクにガソリンをタンクいっぱいに入れると，重さは何kgになりますか。

(5点)

力をつけるコーナー
平面図形の知しき

●すい直と平行
2本の直線が交わってできる角が**直角**（90度）のとき，この2本の直線は**すい直である**といいます。1本の直線にすい直に交わる2本の直線は**平行である**といいます。
平行な2本の直線は，どこまでのばしても交わりません。

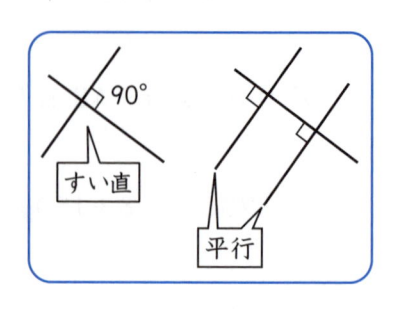

●向かいあう角
2直線が交わったときにできる2つの向かいあう角の大きさは同じです。

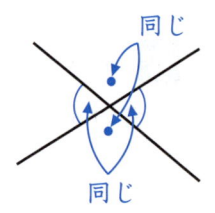

●平行線となす角
2本の直線に1本のほかの直線が交わってできる角には**同位角**，**さっ角**というものがあり，とくに，平行線の同位角，さっ角の大きさは等しくなります。
（れい）右の図で
　　角あの同位角は角い，角うの同位角は角え
　　角㋐のさっ角は角㋑，角㋒のさっ角は角㋓

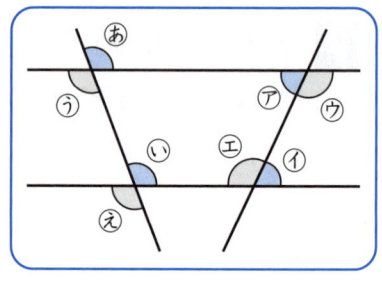

●三角形ができるじょうけん
3本の直線が，ことなる3点で交わるとき，三角形ができます。このとき，どの2辺の長さの和も，のこりの1辺より長くなります。

●三角形の内角の和
三角形の3つの内角の和は180度で，四角形の4つの内角の和は360度です。

●とくべつな三角形
正三角形…3つの辺の長さが等しい三角形。
　　　　　3つの角はどれも60°
二等辺三角形…2つの辺の長さが等しい三角形。底角の大きさは等しい。
直角三角形…1つの角が直角である三角形

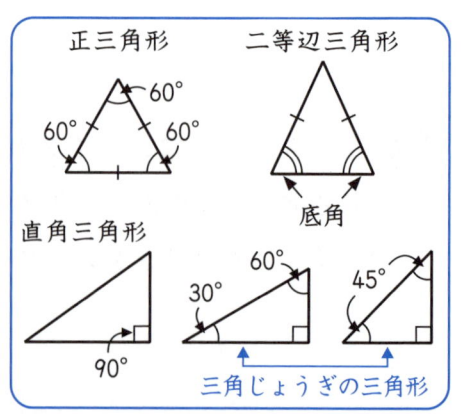

力をつけるコーナー

● **いろいろな四角形**

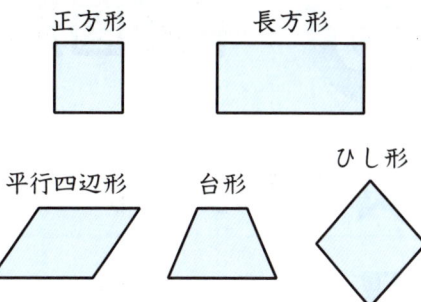

正方形…4つの角がすべて直角で、4つの
　　　　辺の長さがすべて等しい四角形

長方形…4つの角がすべて直角である四角
　　　　形。2組の向かいあう辺の長さがそれ
　　　　ぞれ等しく、平行になります。

平行四辺形…2組の向かいあう辺の長さがそれぞれ平行である四角形
　　　　2組の向かいあう辺の長さがそれぞれ等しい
　　　　2組の向かいあう角の大きさがそれぞれ等しい

台形…1組の向かいあう辺が平行な四角形

ひし形…4つの辺の長さが等しい四角形

● **円**　まるい形のことを、円といいます。

円周(円のまわりの長さ)：直径×3.14

　　※3.14は円周りつといいます。

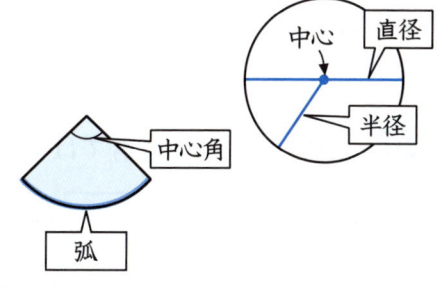

● **おうぎ形**　円を2つの半径で切り取った形

おうぎ形の曲線部分(弧)の長さ：

　　直径×3.14×中心角の大きさ÷360
　　　　　　　　└円の何分のいくつかをしめします。

● **面積**

広さのことを面積といいます。

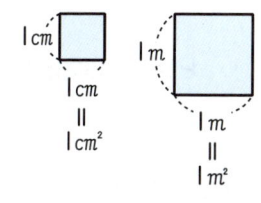

1cm²(平方センチメートル)…1辺が1cmの正方形の広さ

1m²(平方メートル)…1辺が1mの正方形の広さ

　　1m²=100(cm)×100(cm)=10000(cm²)

1a(アール)…1辺が10mの正方形の広さ　　1a=100m²

1ha(ヘクタール)…1辺が100mの正方形の広さ

　　1ha=10000m²=100a

● **いろいろな面積**

長方形の面積　たて×横

正方形の面積　1辺×1辺

三角形の面積　底辺×高さ÷2

円の面積：半径×半径×3.14

おうぎ形の面積：

　　半径×半径×3.14×中心角の大きさ÷360

113

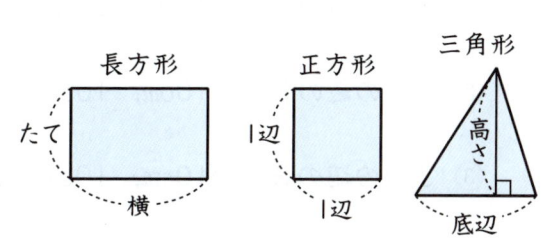

18 平面図形(1)

★ 標準レベル

● 時間 15分
● 答え→別冊51ページ

1 次の図は，それぞれ2つの三角じょうぎを組みあわせたものです。あ，い，う，えの角の大きさはそれぞれ何度ですか。(3点×4＝12点)

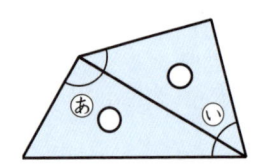

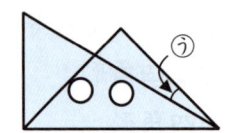

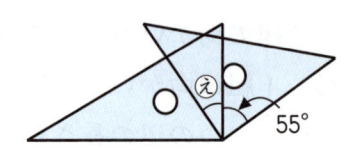

あ ☐　　い ☐　　う ☐　　え ☐

2 次の ☐ の中にあてはまる数を入れなさい。(4点×4＝16点)

① 3直角＝ ☐ 度

② $\frac{1}{3}$直角＝ ☐ 度

③ 45度＝ ☐ 直角

④ 180度＝ ☐ 直角

ヒント：45度は直角（90度）の何分のいくつかな？分数で考えよう。

3 次の中で，三角形がかけるものには○，かけないものには×をつけなさい。

(4点×4＝16点)

三角形ができるじょうけんは，112ページで学んでいるよ。
コンパスとじょうぎをつかって，かいてみてもいいよ。

① 3つの辺の長さが5cm，5cm，5cm　　☐

② 3つの辺の長さが10cm，10cm，5cm　　☐

③ 3つの辺の長さが10cm，10cm，20cm　　☐

④ 3つの辺の長さが10cm，6cm，3cm　　☐

標準レベル☆

4 次の図で，あといの角度はそれぞれ何度ですか。(4点×2＝8点)

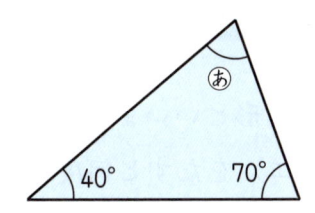

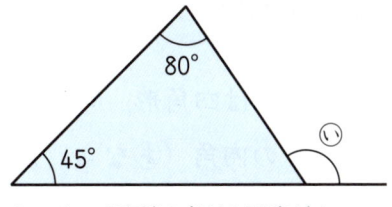

ヒント：1直線の角は180度だよ。

あ [　　　]　　い [　　　]

5 下の図の直線㋐と㋑は平行です。あ〜おの角の大きさはそれぞれ何度ですか。(6点×5＝30点)

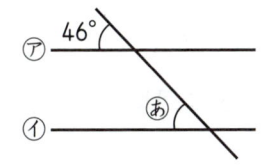

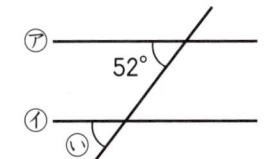

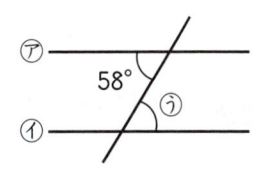

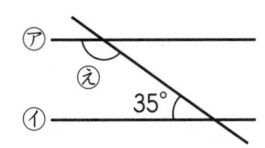

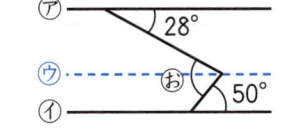

※㋒は㋐と㋑に平行な直線とします。

ヒント：同位角，さっ角をさがそう！おは，㋒で2つの角にわけられることに目をつけるよ。

あ [　　　]　　い [　　　]　　う [　　　]

え [　　　]　　お [　　　]

6 次の図の，青色の部分のまわりの長さは何cmですか。円周りつは3.14として計算しなさい。(6点×3＝18点)

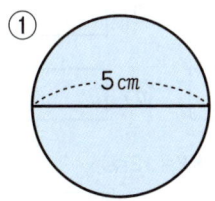

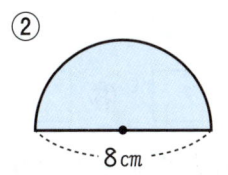

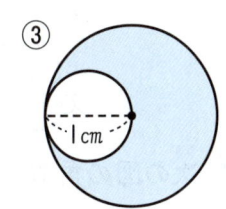

ヒント：円周（円のまわりの長さ）＝直径×3.14です。

① [　　　]　　② [　　　]　　③ [　　　]

おとなの方へ
入試の花形・図形分野の初歩です。平行線の定理（同位角・錯角），多角形の内角の和，三角定規の使い方・周囲の長さの求め方など基礎事項の習熟につとめましょう。

115

18 平面図形(1)

★★ 発展レベル
- 時間20分
- 答え→別冊52ページ

1 下の図のⓐは四角形，ⓘは五角形，ⓤは六角形といいます。それぞれの図形のすべての内角（ⓐなら，角ア，イ，ウ，エ）をたすと何度になるでしょうか。(4点×3＝12点)

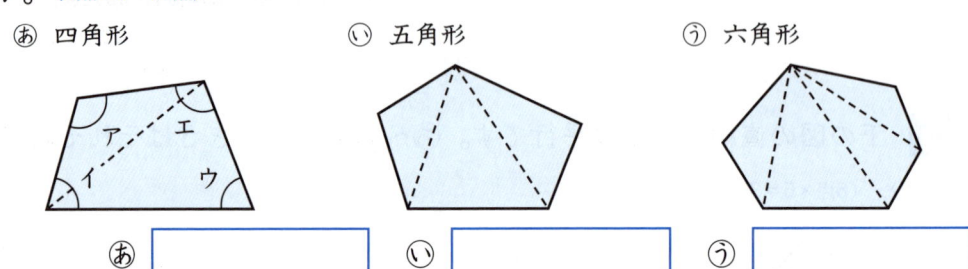

ⓐ 四角形　　　ⓘ 五角形　　　ⓤ 六角形

ⓐ [ ]　　ⓘ [ ]　　ⓤ [ ]

2 下の図の直線㋐と㋑は平行です。ⓐ～ⓕの角の大きさは何度ですか。

（6点×6＝36点）

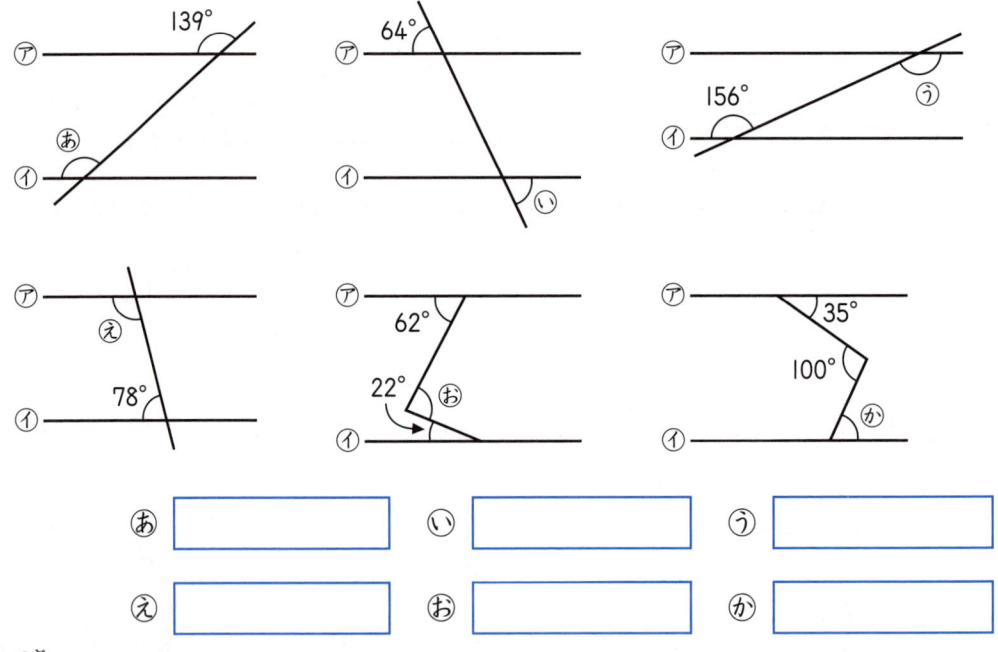

㋐ 139°　　㋐ 64°　　㋐ 156° ⓤ
ⓐ　　　　　　　　　　ⓘ
㋑　　　　㋑ ⓘ　　　㋑

㋐ ⓔ　　㋐ 62°　　㋐ 35°
　　　　　22° ⓞ　　　100° ⓕ
㋑ 78°　　㋑　　　㋑

ⓐ [ ]　　ⓘ [ ]　　ⓤ [ ]
ⓔ [ ]　　ⓞ [ ]　　ⓕ [ ]

3 次の図の角ⓐと角ⓘの大きさをもとめなさい。(6点×2＝12点)

① 116° 83°
   124°　　ⓐ

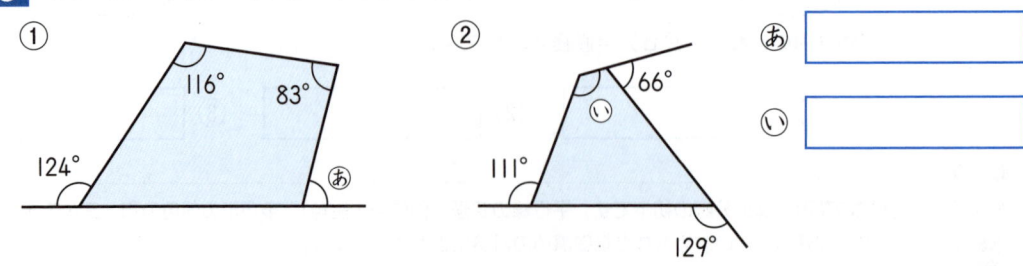

② 66° ⓘ
   111°
   129°

ⓐ [ ]
ⓘ [ ]

4 次の㋐，㋑の角の大きさを，それぞれもとめなさい。(5点×2＝10点)

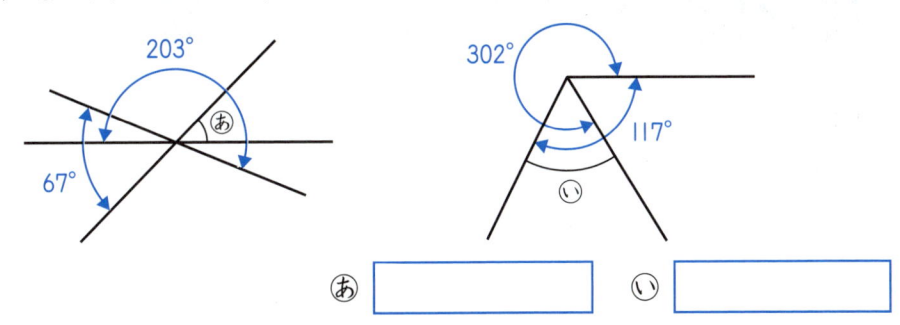

㋐ [ ]   ㋑ [ ]

5 二等辺三角形は，2辺の長さが等しい三角形で，2つの底角の大きさは等しくなります。
右の図のようなとき，1つの底角の大きさは何度になりますか。(10点)

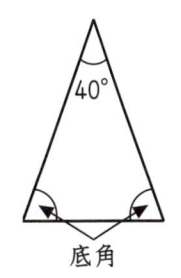

[ ]

6 右のような丸いつつに，紙をまきつけることにしました。2まわりまきつけようと思います。
このつつの底面（上と下の平らな部分）の形は円で，その半径は10cmです。紙の長さは，何cmあればよいでしょうか。(10点)

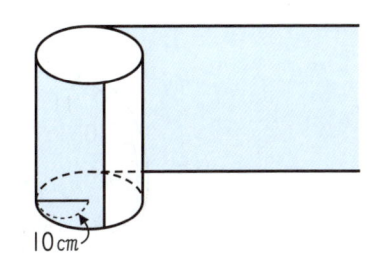

[ ]

7 直径12cmの円を右のように2つならべて糸でしばりました。むすび目につかった糸の長さが8cmのとき，つかった糸の長さは全部で何cmですか。(10点)

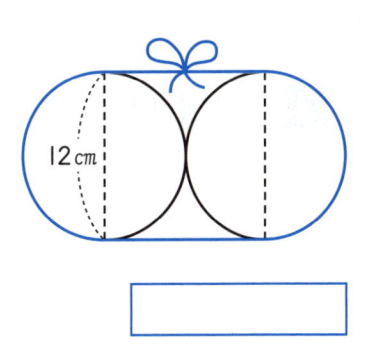

[ ]

18 平面図形（1）

★★★ トップレベル
- 時間20分
- 答え→別冊53ページ
- 得点 /100

1 下の（図1），（図2）において，直線⑦と④は平行です。㋐と㋑の角の大きさは何度ですか。（7点×2＝14点）

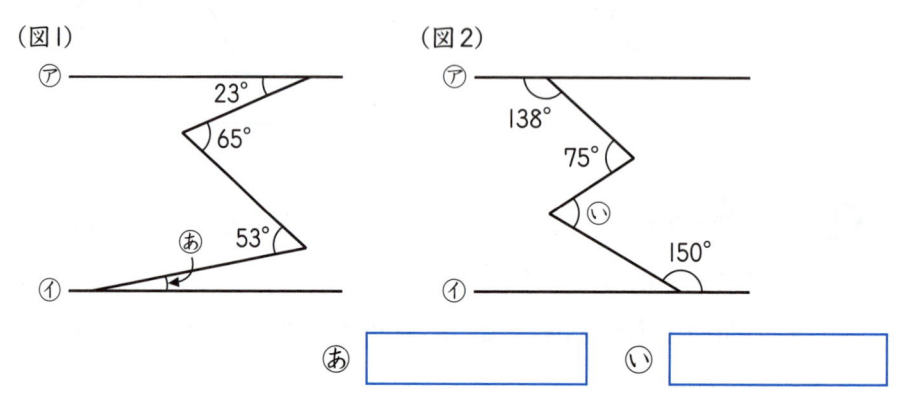

（図1）

（図2）

㋐ ☐　　㋑ ☐

2 次のそれぞれの時こくに，時計の長いはりと短いはりがつくる小さい方の角（㋐，㋑）の角度を答えなさい。（7点×2＝14点）

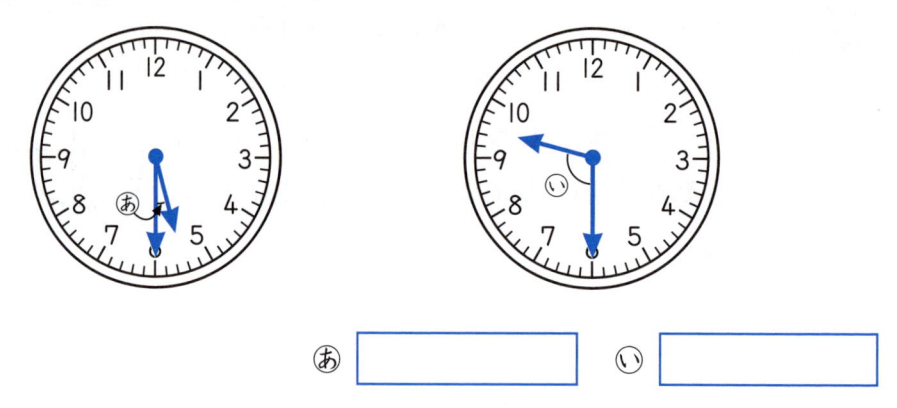

㋐ ☐　　㋑ ☐

3 右の図の中で，㋐の角の大きさは何度ですか。（8点）

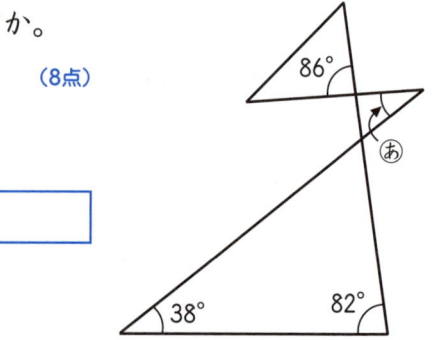

☐

4 右の図は，同じ大きさの小さい正三角形16こでつくられた正三角形です。この図の中には，大小あわせて全部で何この正三角形がありますか。(8点)

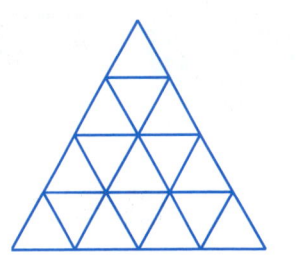

5 右の図は，同じ大きさの小さい正三角形9こでつくられた正三角形です。この図の中にいろいろな四角形は全部で何こありますか。(8点)

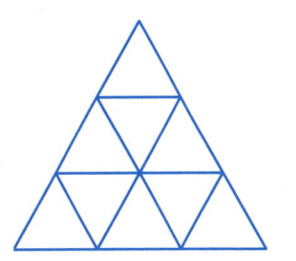

6 次のおうぎ形のまわりの長さは何cmですか。(8点×3＝24点)

① 270°　8cm

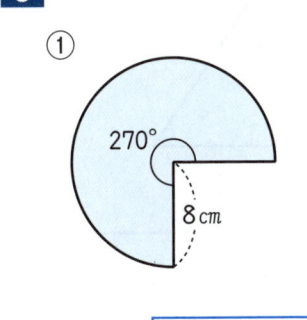

② 240°　6cm

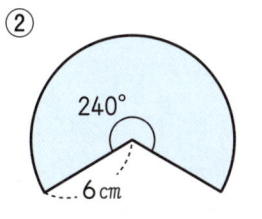

③ 300°　12cm

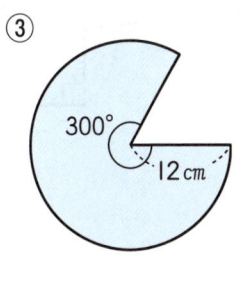

7 次の図の色の部分の，まわりの長さをもとめなさい。(8点×3＝24点)

① 8cm

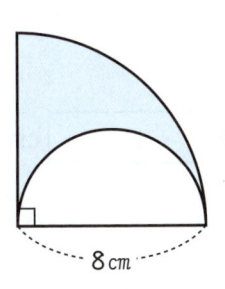

② 6cm　6cm

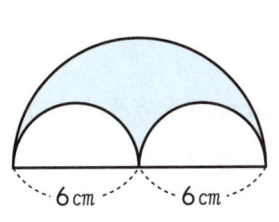

③ 2cm　4cm

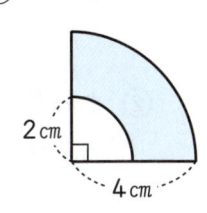

19 平面図形(2)

★ 標準レベル

1 次の図形の面積は何cm²ですか。（5点×4＝20点）

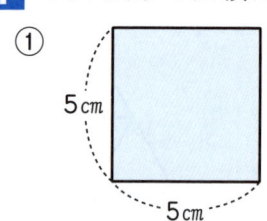

① 5cm × 5cm の正方形

② 9cm × 20cm の長方形

③ 直角三角形（15cm, 24cm）

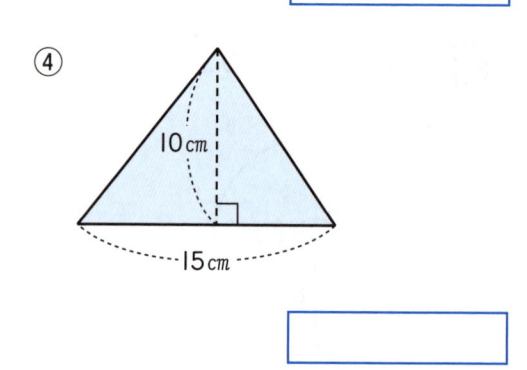

④ 三角形（高さ10cm, 底辺15cm）

2 次の □ にあてはまる数をもとめなさい。（6点×3＝18点）

① たて4cm, 横 □ cmの長方形の面積と, 1辺が8cmの正方形の面積は等しくなります。

② まわりの長さが40cmの正方形と, たて5cm, 横 □ cmの長方形の面積は等しくなります。

③ 面積が100cm²の正方形の1辺の長さは □ cmです。

3 次の□にあてはまる数をもとめなさい。(5点×4=20点)

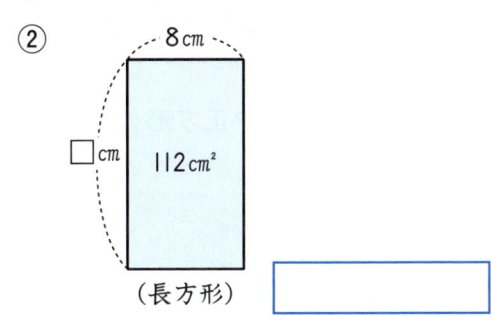

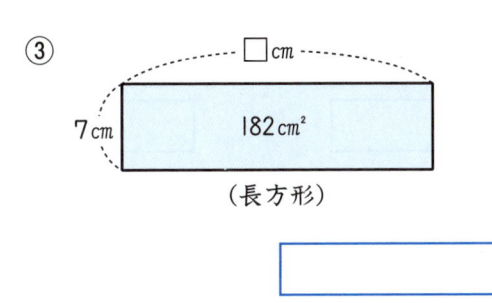

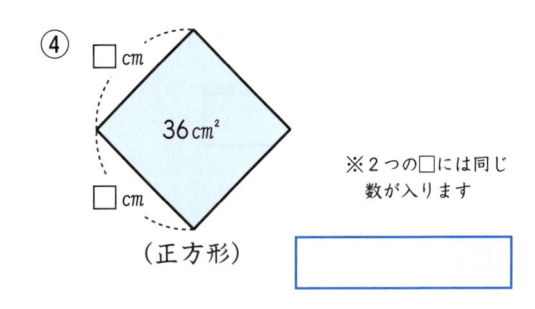

① □cm × □cm 正方形 81cm²　※2つの□には同じ数が入ります

② 8cm × □cm 長方形 112cm²

③ 7cm × □cm 長方形 182cm²

④ □cm × □cm 正方形 36cm²　※2つの□には同じ数が入ります

4 1m²は1辺の長さが100cmの正方形の面積のことです。次の□にあてはまる数をもとめなさい。(5点×6=30点)

① 5m² = □ cm²

② 30000cm² = □ m²

③ 460m² = □ cm²

④ 95000000cm² = □ m²

⑤ 1.3ha = □ m²

⑥ 2400m² = □ a

5 右の図のように、4つの円A、B、C、Dがあります。Aの直径は4cm、Bの直径は6cm、Cの直径は8cmで、4つの円の中心は同じ直線の上にあります。このとき、次の問いに答えなさい。(6点×2=12点)

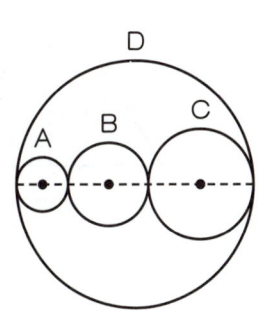

① Aの中心からCの中心までは何cmありますか。

② Bの中心からDの中心までは何cmありますか。

おとなの方へ：どんな難関校でも必ず図形の面積については出題されます。本章では、正方形・長方形・三角形の面積の求め方を学びます。小数のかけ算も何度も使います。本章でマスターしましょう。

121

19 平面図形(2)

★★ 発展レベル

●時間 20分
●答え→別冊55ページ
得点 /100

1 次の長方形や正方形の面積を（　）の中の単位でもとめなさい。
(5点×3＝15点)

① 41cm × 28cm （cm²）

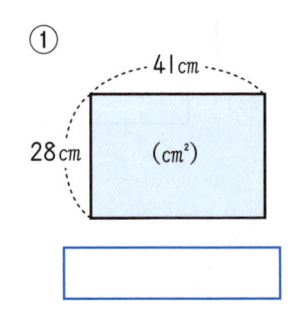

② 53m × 16m （m²）

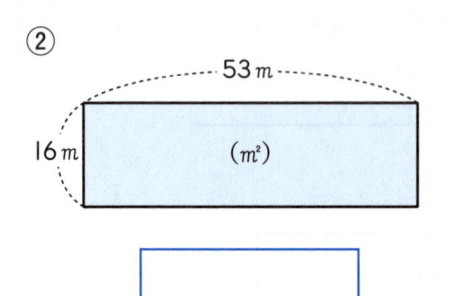

③ 15m × 15m （a）

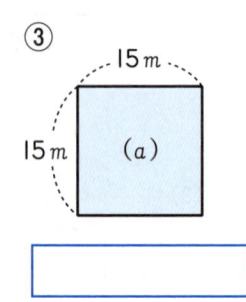

2 次の□にあてはまる数をもとめなさい。(4点×4＝16点)

① 50cm × □m ＝ 13000cm²（長方形）

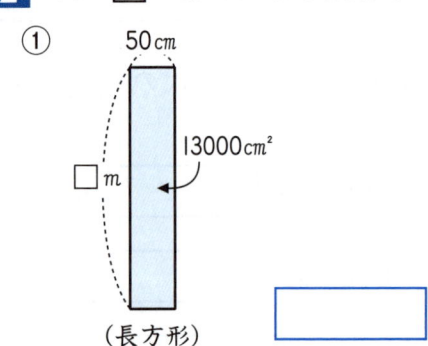

② □m × □m ＝ 144m²（正方形）

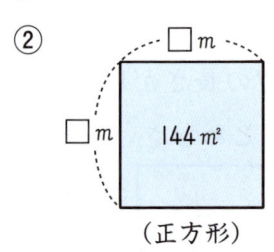

③ 底辺12cm、高さ□cm、面積60cm²

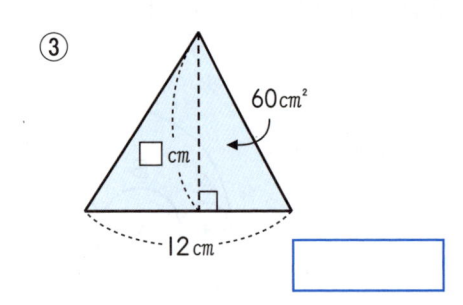

④ 10cm、□cm、面積60cm²

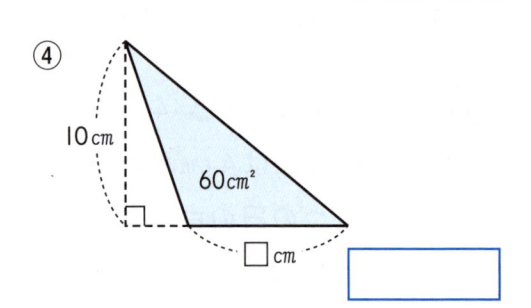

3 次の□にあてはまる数をもとめなさい。(5点×3＝15点)

① たて1.2m, 横55cmの長方形の面積は □ cm²です。

② たて240cm, 横750cmの長方形の面積は □ m²です。

③ 1辺が620cmの正方形の面積は □ m²です。

発展レベル ☆☆

4 次の □ にあてはまる数をもとめなさい。□に入る数は整数とします。
(6点×5＝30点)

① まわりの長さが100mの正方形の面積よりも50m²大きい長方形をつくります。たてはかえないとすると、横は ［ 27 ］ mになります。

② たてが6cmで横が1.5mの長方形の面積と同じ正方形の1辺は ［ 30 ］ cmです。

③ たてが18cmで、たてが横より ［ 10 ］ cm長い長方形の面積は、1辺が12cmの正方形の面積と等しいです。

④ たてが70cmでまわりの長さが4mの長方形の面積は1辺が ［ 1 ］ mの正方形の面積より900cm²小さいです。

⑤ まわりの長さが40cmの正方形の全部の辺の長さをどれも2cm長くすると、面積は ［ 44 ］ cm²大きくなります。

---

5 次の □ にあてはまる数をもとめなさい。(6点×4＝24点)

① 正方形 361cm²、1辺 □cm （2つの□には同じ数が入ります）
② 長方形 1.8m²、たて □cm、横 2.5m
③ 長方形 5.1m²、たて 150cm、横 □m
④ 正方形 16ha、1辺 □m

① ［ 19 ］　　② ［ 72 ］
③ ［ 3.4 ］　　④ ［ 400 ］

19 平面図形（2）

★★★ トップレベル
時間 20分　答え→別冊56ページ

1 形も大きさも同じ長方形のカードが8まいあります。これらのカードを（図1）のようにならべると，横の長さは1m28cmになりました。また，（図2）のようにならべると，横の長さは1m40cmになりました。（計32点）

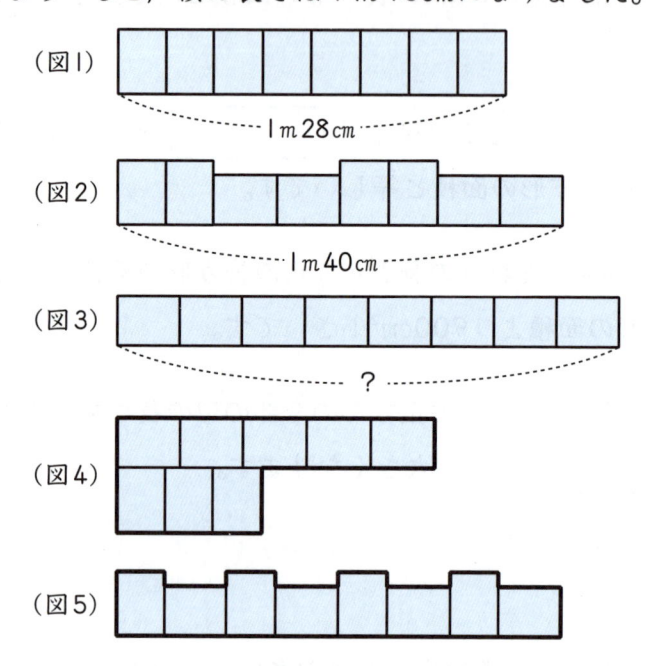

（図1）〔8枚のカードが横一列に並んだ図〕 ······ 1m28cm ······

（図2）〔8枚のカードが凸凹に並んだ図〕 ······ 1m40cm ······

（図3）〔8枚のカードが横一列に並んだ図〕 ······ ? ······

（図4）〔8枚のカードがL字型に並んだ図〕

（図5）〔8枚のカードが凸凹に並んだ図〕

① （図3）のようにならべると，横の長さは何m何cmになりますか。（10点）

　　　　　□ m □ cm

② （図4）のようにならべたとき，まわりの長さ（太い線の長さ）は何m何cmになりますか。（11点）

　　　　　□ m □ cm

③ （図5）のようにならべたとき，まわりの長さ（太い線の長さ）は何m何cmになりますか。（11点）

　　　　　□ m □ cm

2 下の図のように，同じ大きさの正方形を組み合わせて，いろいろな図形をつくりました。（図１）の図形には，大きさのちがう正方形もいれて数えると，正方形は全部で５こあります。また，（図２）の図形についても同じように数えると，正方形は全部で８こあります。(計32点)

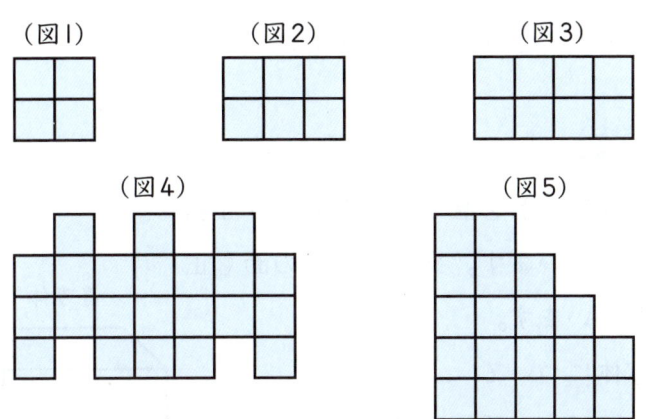

（図１）　（図２）　（図３）

（図４）　（図５）

① （図３）の図形には正方形は全部で何こありますか。(10点)

② （図４）の図形には正方形は全部で何こありますか。(11点)

③ （図５）の図形には正方形は全部で何こありますか。(11点)

3 下の図のような図形があります。数字はそれぞれの部分の面積とするとき青色部分の面積はいくらでしょう。ただし，①は同じ大きさ，形の三角形をずらしたものです。(12点×3＝36点)

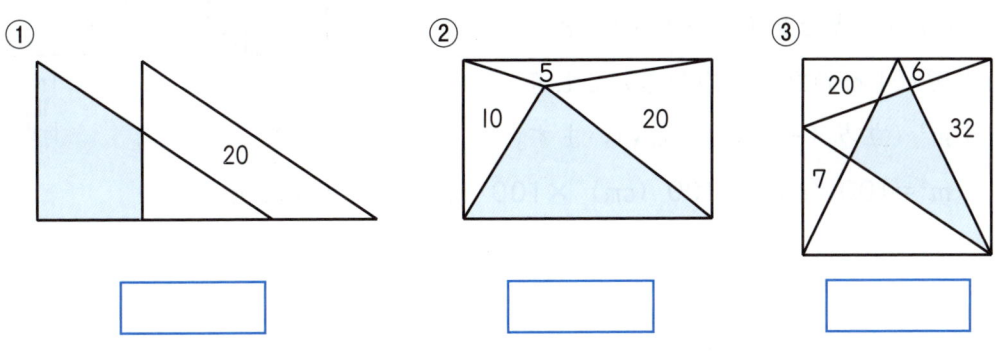

① ② ③

力をつけるコーナー
立体図形の知しき

● 辺・面・ちょう点

箱の形で，平らなところを面，へりを辺，角のとがったところをちょう点といいます。

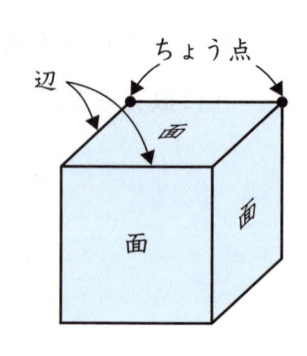

● 直方体と立方体

図の左のような箱の形を直方体，右のような箱の形を立方体といいます。立方体はどの面も正方形の形をしています。
直方体や立方体について

辺の数は，12本，面の数は6つ，
ちょう点の数は8つ　　です。

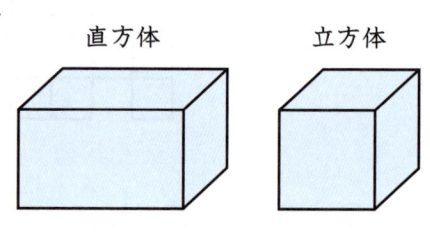

● 面や辺の平行とすい直

直方体や立方体のある1辺に平行な辺は3本，すい直に交わる辺は4本あります。
直方体や立方体の向かいあった面は平行，となりあった面はすい直です。
直方体や立方体の1つの面に平行な辺は4本，すい直な辺も4本あります。

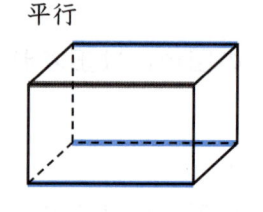

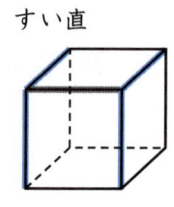

● 体積

1辺が1cmの立方体のかさのことを
$1cm^3$（立方センチメートル）といいます。
1辺が1mの立方体のかさのことを
$1m^3$（立方メートル）といいます。
$1m^3$ ＝100（cm）×100（cm）×100（cm）＝$1000000cm^3$

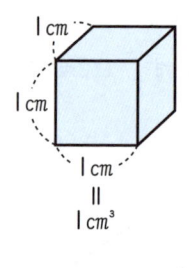

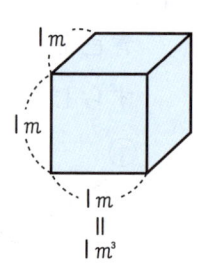

●体積の単位のかん算

k（キロ）は1000倍，d（デシ）は$\frac{1}{10}$，c（センチ）は$\frac{1}{100}$，m（ミリ）は$\frac{1}{1000}$とい

う意味があるので，1kL＝1000L，1dL＝$\frac{1}{10}$L，1cm＝$\frac{1}{100}$m，1mL＝$\frac{1}{1000}$L

となります。これより1L＝1000mL，1m＝100cm，1m³＝1000000cm³，

さらに，1kL＝1m³，1mL＝1cm³となるので下のようになります。

×(100×100×100)

m³						cm³
kL			L	dL		mL

×1000   ×1000

したがって　① 400mL＝ □ cm³

② 20L＝ □ cm³　　③ 5dL＝ □ m³

という問題では，上の表にあてはめて

	m³						cm³
	kL			L	dL		mL
①					4	0	0
②			2	0	0	0	0
③	0.	0	0	0	5		

①　400cm³　　②　20000cm³　　③　0.0005m³

となります。さらに，水の場合（食塩水や油ではダメ），重さともかん算でき，
1m³＝1kL＝1t，1L＝1kg，1cm³＝1mL＝1gとなります。

m³					cm³
kL			L	dL	mL
t			kg		g

20 立体図形(1)

☆ **標準レベル**
● 時間15分
● 答え→別冊57ページ
得点 /100

1 右の㋐, ㋑, ㋒の立体について, 次の問いにそれぞれ答えなさい。(2点×15＝30点)

① 何という立体ですか。

㋐ [　　　]
㋑ [　　　] ㋒ [　　　]

② 面は何面ありますか。また, 面の形を答えなさい。

㋐ [　　] 面, 形は [　　　　　　　　　]
㋑ [　　] 面, 形は [　　　　　　　　　]
㋒ [　　] 面, 形は [　　　　　　　　　]

③ ちょう点は何こありますか。

㋐ [　　　] ㋑ [　　　] ㋒ [　　　]

④ 辺は何本ありますか。

㋐ [　　　] ㋑ [　　　] ㋒ [　　　]

2 次の[　]にあてはまる言葉を下からえらび, (　)にはあてはまる数字を書きなさい。(3点×6＝18点)

立方体
直方体

① 立方体の面は, (　　　)つあって, どの面もみな [　　　　] という形です。

② 直方体も立方体も, 辺の数は(　　　)本で, ちょう点の数は(　　　)こです。

③ 直方体も立方体も向かいあう面は [　　　　] で, となりあう面は [　　　　] です。

　　三角形　長方形　平行　すい直　ねじれ　正方形　円　台形

(128)

3 右の図のように，ねん土玉と竹ひごで直方体をつくります。(6点×2=12点)

① 竹ひごは全部で何cmいりますか。

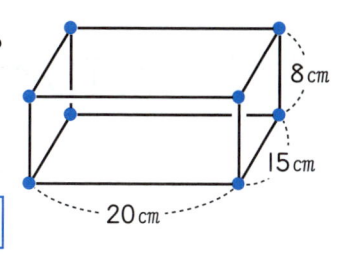

② ねん土玉1この重さは15gです。全部で何gのねん土がいりますか。

4 次の図のように箱をひもでむすぶと，ひもは何cmいりますか。ただし，むすび目には全部で15cmつかいます。(6点×2=12点)

① 1辺10cmの立方体の箱　② たて10cm，横20cm，高さ5cmの直方体の箱

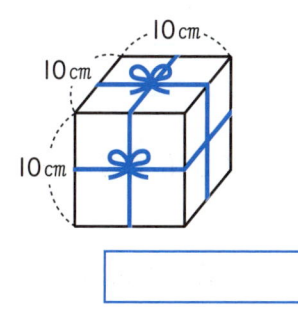

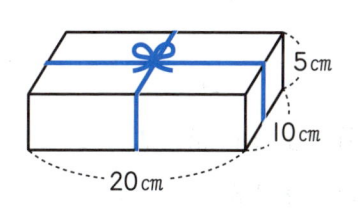

5 下の図は，さいころのてん開図です。さいころは向かいあった面の数の和が7になるようにできています。空いているところにあてはまる数を数字で書きなさい。(7点×4=28点)

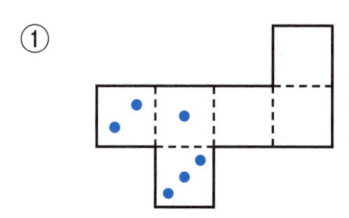

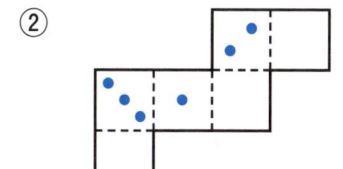

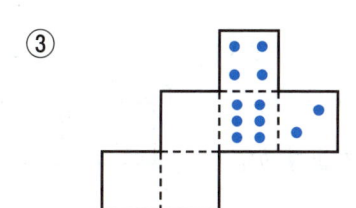

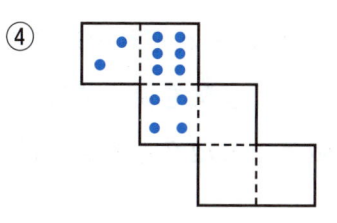

① ② ③ ④

おとなの方へ　立方体や直方体についてしっかり整理しましょう。展開図の組み立て・さいころの面の数の性質，立方体の切り口の問題など，重要な項目がたくさん入っています。

20 立体図形(1)

★★ 発展レベル

●時間20分
●答え→別冊58ページ

1 右の直方体について、次の問いに答えなさい。(6点×4＝24点)

① 面○と平行な面を答えなさい。

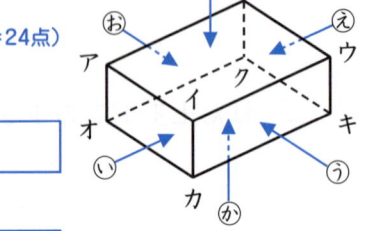

② 面○とすい直な面を答えなさい。

③ 辺イカと平行な辺を答えなさい。

④ 辺イカとすい直に交わる辺を答えなさい。

2 次の図のように箱にむすび目を全部で25cmとってひもでむすぶと、ひもは何cmいりますか。(5点×2＝10点)

① 1辺20cmの立方体の箱　② たて20cm、横30cm、高さ10cmの直方体の箱

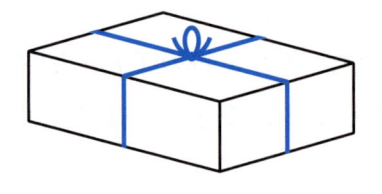

3 右の図のそれぞれの辺のかん係を、「平行」・「すい直」という言葉を使って答えなさい。(3点×2＝6点)

① 辺アイと辺クキのかん係は、何といえますか。

② 辺イウと辺ウエのかん係は、何といえますか。

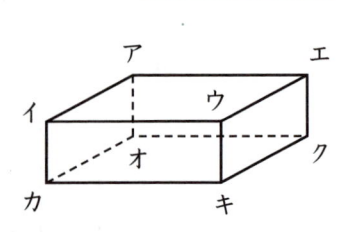

発展レベル ☆☆

4 下の①～⑥までの図形について、立方体のてん開図となるものには○、そうでないものには×で答えなさい。(6点×6＝36点)

① ② ③
④ ⑤ ⑥

① ☐ ② ☐ ③ ☐ ④ ☐ ⑤ ☐ ⑥ ☐

5 立方体のある面に右のような太いやじるしがあって、その反対がわの面にも、細いやじるしが同じ向きにかいてあります。この立方体のてん開図を、下の①～④の4通りかきましたが、細いやじるしがかきこまれていません。場所と方向をよく考えて、細いやじるしをかき入れなさい。(6点×4＝24点)

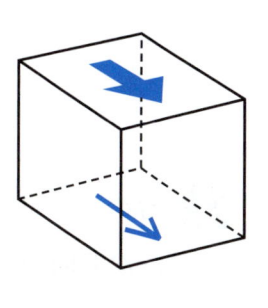

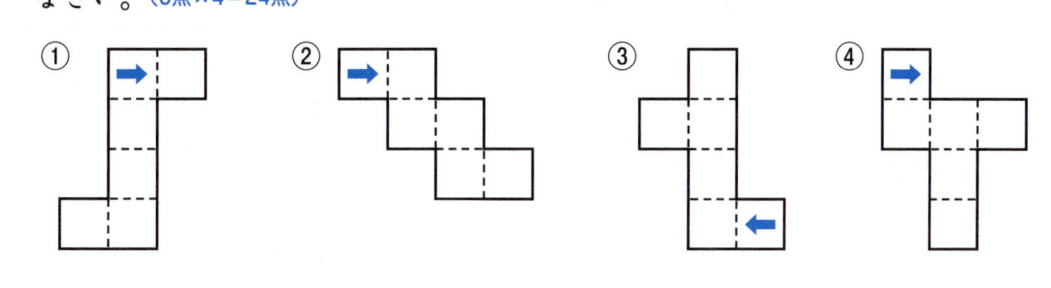

① ② ③ ④

20 立体図形(1)

★★★ トップレベル

1 右のような直方体があります。次の問いに答えなさい。(8点×2=16点)

① 辺アイと平行な辺はどれですか。

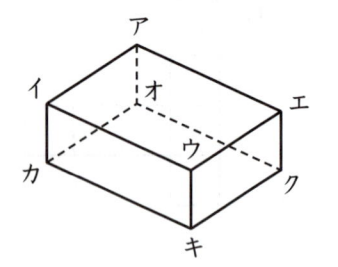

② 辺アイとすい直に交わる辺はどれですか。

2 たて25cm，横20cm，高さ10cmの直方体の箱を，右の図のように，ひもで2回まわしてむすびます。むすび目に20cmつかうとき，ひもは何m何cmいりますか。(7点)

3 右のてん開図を組み立てた直方体について，次の問いに答えなさい。(7点×3=21点)

① 面⊛にすい直な面はどの面ですか。

② 点イはどのちょう点に重なりますか。

③ 辺クキの長さは何cmですか。

4 さいころを使って、下のようにいろいろな形をつくり、表に出ている面の目の数を考えます。次の問いに答えなさい。ただし、地面についている面も、表に出ている面にふくみます。(8点×4＝32点)

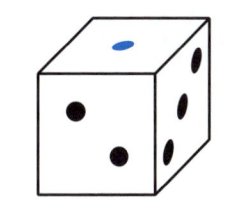

① (図1)のように2つくっつけました。このとき、表に出ている目の数の合計が、もっとも大きい場合は、いくつですか。

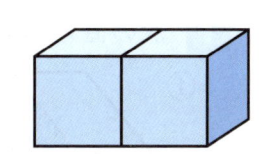

② (図1)のようにくっつけた場合、表に出ている目の数の合計がもっとも小さくなる場合は、いくつですか。

③ (図2)のように、3つくっつけました。このとき、表に出ている目の数の合計がもっとも大きくなる場合は、いくつですか。

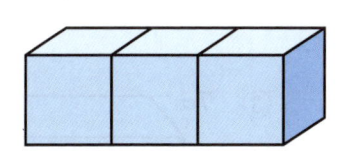

④ (図3)のように、8つくっつけました。このとき、表に出ている目の数の合計がもっとも大きくなる場合は、いくつですか。

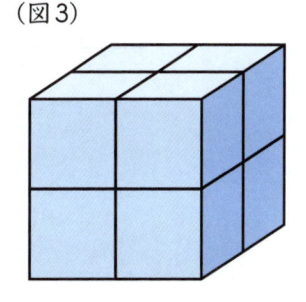

5 次の立方体を●じるしの点を通るように切ったときにできる切り口を、図にかきこみ、その切り口の形を答えなさい。切り口はすべて、点線ではなく実線（ふつうの線）でかきこみなさい。(8点×3＝24点)

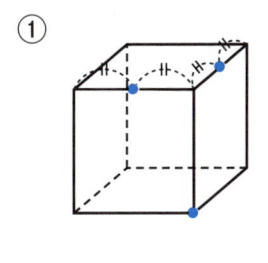

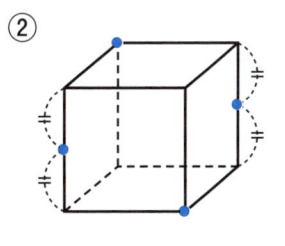

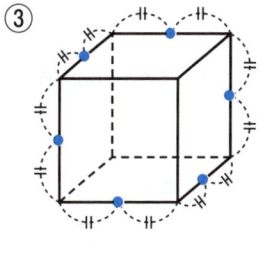

① ② ③

21 立体図形(2)

☆ 標準レベル

● 時間 15分
● 答え→別冊60ページ

1 次の直方体や立方体の体積を（ ）内の単位でもとめなさい。(6点×4＝24点)

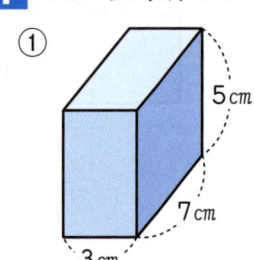

① 3cm × 7cm × 5cm （cm³）

② 9cm × 9cm × 9cm （cm³）

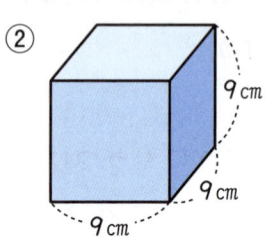

③ 15cm × 8cm × 7cm （cm³）

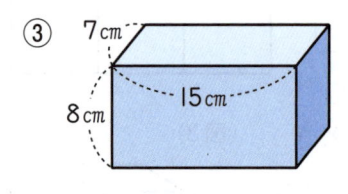

④ 12m × 12m × 12m （m³）

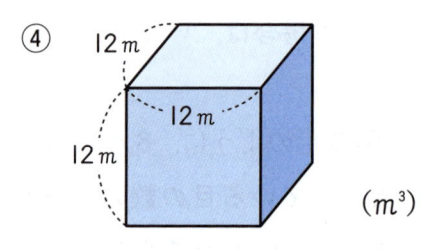

2 次の □ にあてはまる数をもとめなさい。(6点×4＝24点)

① 120000cm³ = □ m³

② 7200cm³ = □ L

③ 560cm³ = □ dL

④ 3kL = □ cm³

3 次のてん開図を組み立ててできる形の，体積は何cm³ですか。

(6点×2＝12点)

① 3cm, 6cm, 10cm

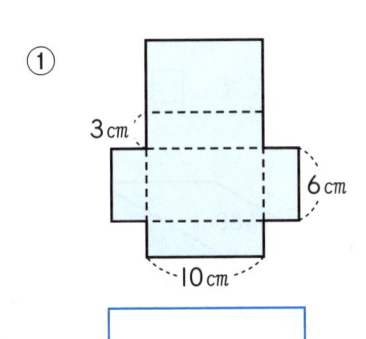

② 4cm, 3cm, 7cm

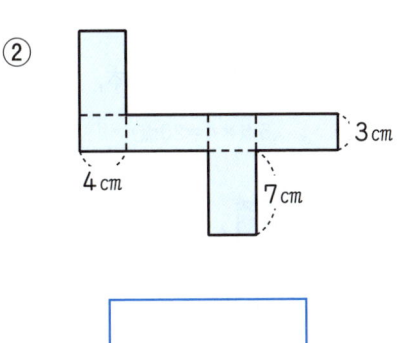

4 次の図は，1辺が1cmの立方体をつみ重ねたものです。それぞれ何cm³ですか。(8点×3＝24点)

① ②  ③

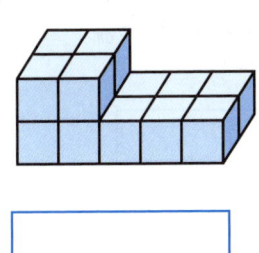

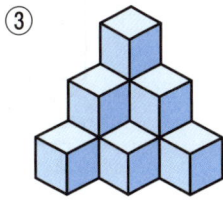

5 1辺が2cmの立方体を右の図のようにつみました。このとき，次の問いに答えなさい。

(8点×2＝16点)

① 立方体は何こありますか。

② 全体の体積は何cm³ですか。

おとなの方へ 本章では体積を中心に学びます。直方体やその複合した立体の体積を求める場合，もとになっているものを見つけるトレーニングをしておきましょう。単位の換算についても習熟させておきましょう。

21 立体図形(2)

★★ 発展レベル

1 次の図について、③は立方体、そのほかは直方体です。□にあてはまる数をもとめなさい。(5点×4＝20点)

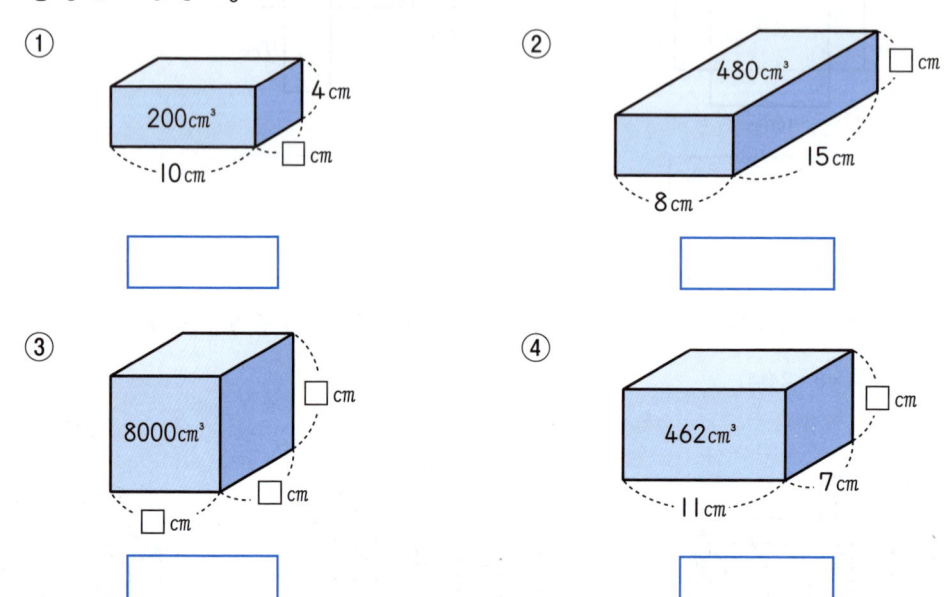

① 200cm³, 10cm, 4cm, □cm

② 480cm³, 8cm, 15cm, □cm

③ 8000cm³ (立方体) □cm

④ 462cm³, 11cm, 7cm, □cm

2 次の問いに答えなさい。(6点×2＝12点)

① たて12m、高さ15mで、体積が900m³の直方体の横の長さは何mですか。

② 1辺が6cmの立方体の形をしたねん土を全部つかって、たて9cm、横8cmの直方体をつくると、高さは何cmになりますか。

3 次のてん開図を組み立ててできる形の、体積は何cm³ですか。(7点×2＝14点)

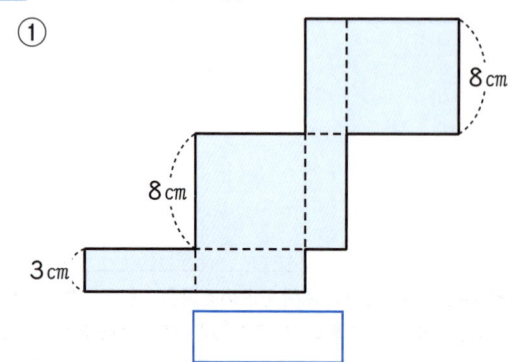

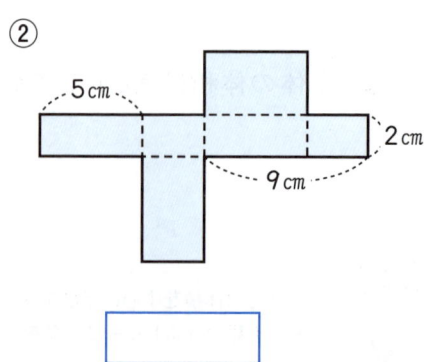

① 8cm, 8cm, 3cm

② 5cm, 9cm, 2cm

発展レベル ☆☆

4 次のような，直方体を組み合わせた形の体積を（　）内の単位で答えなさい。

(7点×2＝14点)

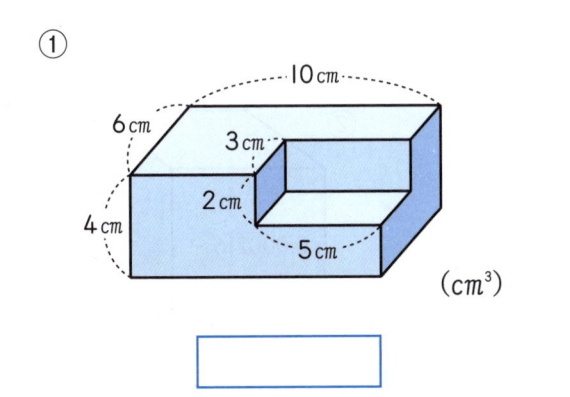

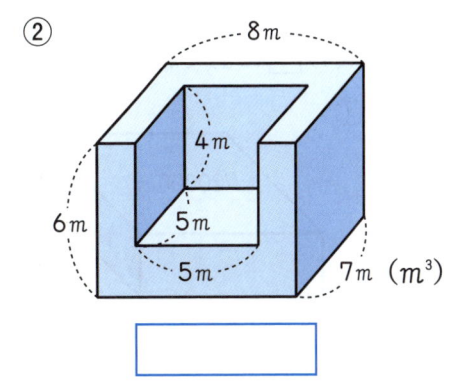

① (cm³)

② (m³)

5 1辺が2cmの立方体を，下の図のようにつみました。体積はそれぞれ何cm³ですか。(8点×3＝24点)

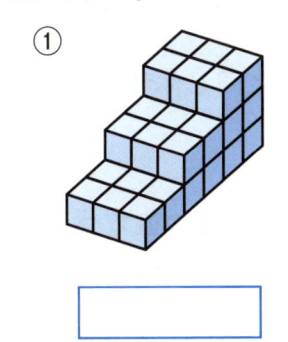

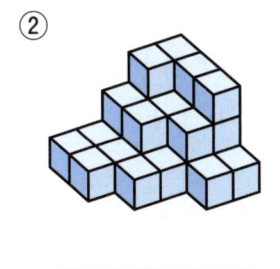

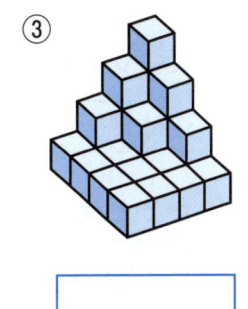

① ② ③

6 次のような，直方体を組み合わせた形の体積を（　）内の単位で答えなさい。

(8点×2＝16点)

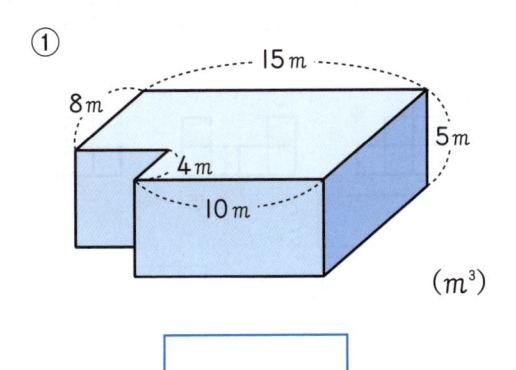

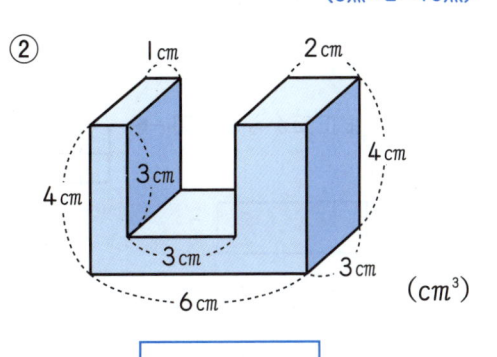

① (m³)

② (cm³)

21 立体図形(2)

★★★ トップレベル

1 次の □ にあてはまる数をもとめなさい。(4点×2=8点)

① 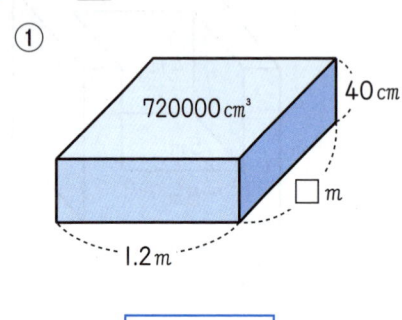 720000cm³、40cm、1.2m、□m

② 0.000216m³（立方体）、□cm

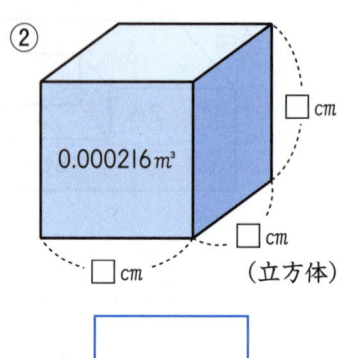

2 次の □ にあてはまる整数を入れなさい。(4点×3=12点)

① 辺が長いものからたて，横，高さのじゅんで，体積が144cm³の直方体があります。たてが9cmとすると横は □ cmになります。

② たてと横がどちらも6cmで高さが48cmの直方体と同じ体積の立方体の1辺は □ cmになります。

③ たてと横の合計が20cm，高さが7cmで体積が252cm³の直方体のたては □ cmになります。ただし，たては横より長いです。

3 立方体のつみ木を何こかつみ重ね，ま上とま正面（前）から見ると次の図のようになりました。つみ木は何こつんでありますか。③と④については，いちばん多いときといちばん少ないときのこ数を答えなさい。(7点×6=42点)

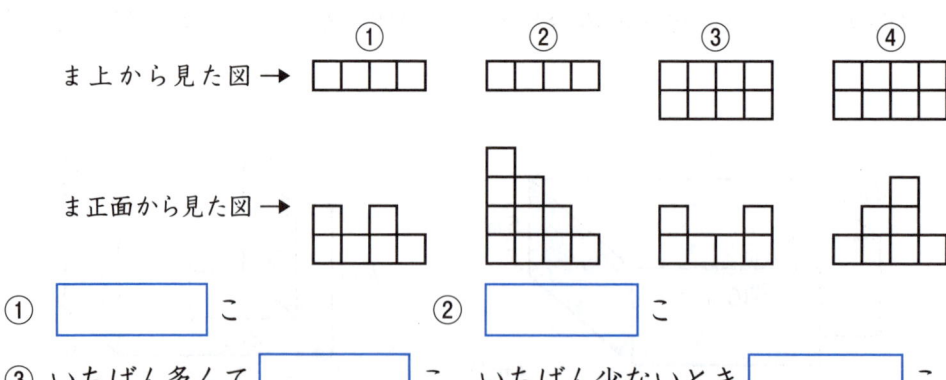

ま上から見た図 → ① ② ③ ④

ま正面から見た図 →

① □ こ   ② □ こ

③ いちばん多くて □ こ，いちばん少ないとき □ こ

④ いちばん多くて □ こ，いちばん少ないとき □ こ

トップレベル ☆☆☆

4 下の（図1），（図2），（図3）のように，同じ大きさのつみ木を，へやのすみにつみ重ねました。いちばん下にあるつみ木の数は，（図1）では25こ，（図2）では16こ，（図3）では26こです。(6点×3＝18点)

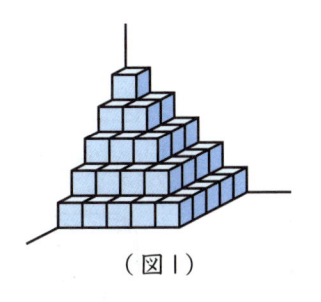

（図1） 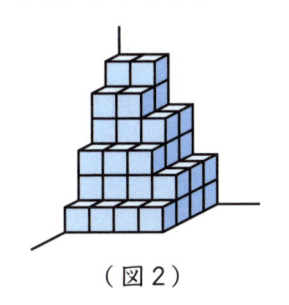　　　（図2） 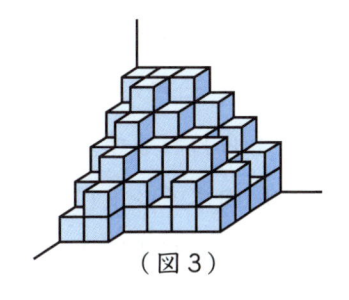　　　（図3）

① （図1）のつみ木は，全部で何こありますか。

② （図2）のつみ木は，全部で何こありますか。

③ （図3）のつみ木は，全部で何こありますか。

5 下の図のように立方体をつみ重ねます。このとき，何こあるでしょうか。いちばん多いときといちばん少ないときをそれぞれ答えなさい。ただし，いちばん下のだんは25こにならない場合も考えます。(10点×2＝20点)

ま上から見た図 →

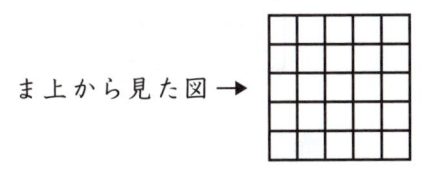

いちばん多いとき

ま正面から見た図 →

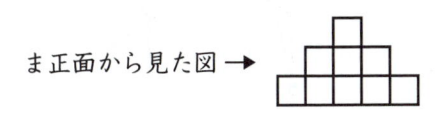

いちばん少ないとき

力をつけるコーナー

立方体の切り口とてん開図

●立方体の切り口

立方体の辺上に3点をとると，切り口の形として三角形・四角形・五角形・六角形があらわれます。

作図のポイントは
① 同じ平面上の2点をむすぶ
② 平行な面では，切り口の辺は平行になることに気をつける
③ 切り口の辺をのばして考える
です。

①同一平面上の2点をむすぶ。
②平行な面での切り口の辺は平行。 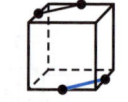
③延長線で考える。 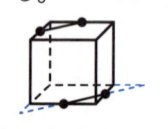
④同一平面上の2点をむすぶ。 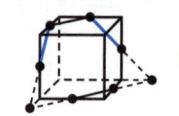
⑤同一平面上の2点をむすぶ。

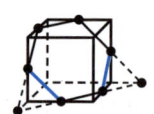

テストによく出る切り口の形にはつぎのようなものがあります。

●正三角形　　●二等辺三角形 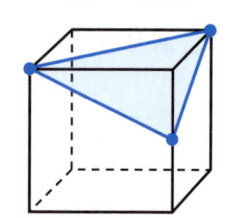　　●長方形

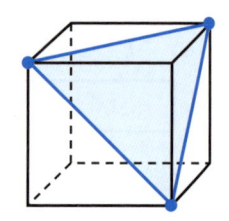

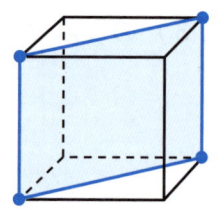

●正方形 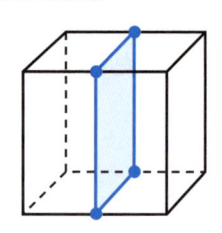　　●台形 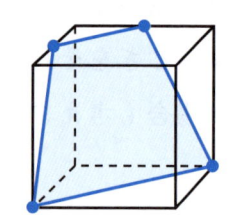　　●ひし形

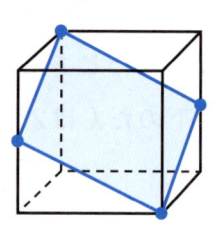

●平行四辺形 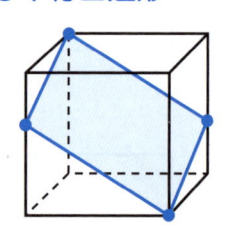　　●五角形 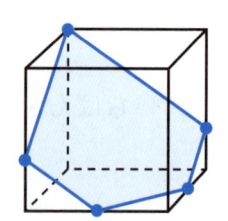　　●正六角形

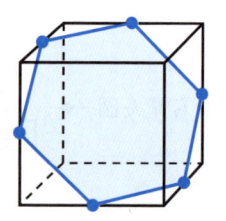

●立方体のてん開図

立方体のてん開図について,「下の図の中で,組み立てたら立方体になるものをえらびましょう」と問われることがしばしばあります。そのとき,頭の中で組み立てて考えることが大事ですが,本当はうら返しや回転して同じになるものをはぶけば,次の11パターンだけです。おぼえ方と,てん開図すべてをのせておきましょう。

おぼえ方
いしいと　ミミは　ひみつで　富士に

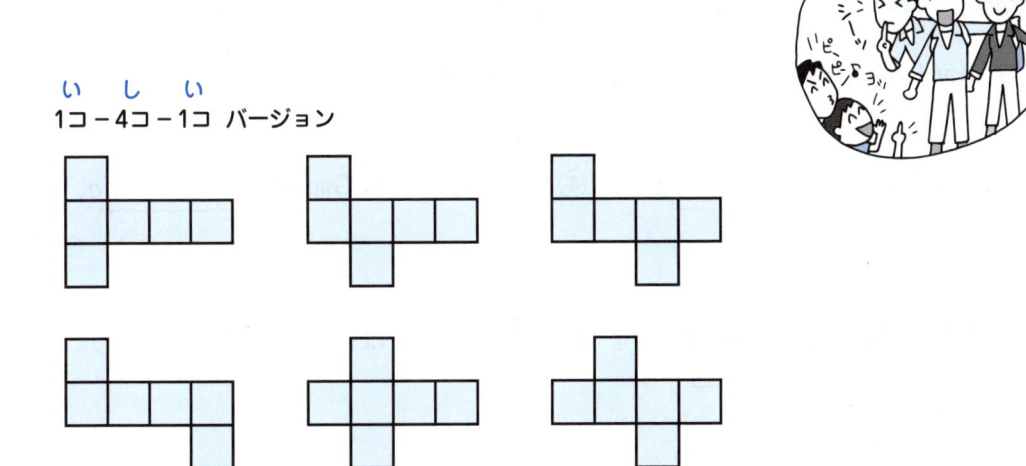

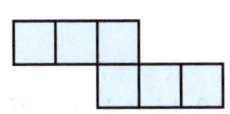

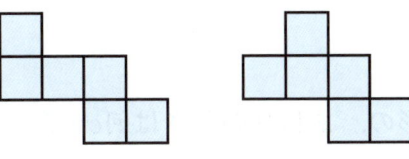

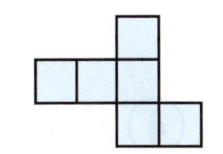

いしい
1コ－4コ－1コ　バージョン

ミ　ミ
3コ－3コ　バージョン

ひみつ
1コ－3コ－2コ　バージョン

ふじに
2コ－2コ－2コ　バージョン

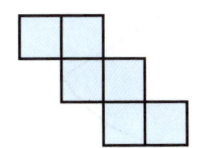

復習テスト 4

●時間 20分
●答え→別冊63ページ

1 次の ☐ の中に，あてはまる数を入れなさい。(4点×4＝16点)

① 0.3m ＝ ☐ cm   ② 3.08kg ＝ ☐ kg ☐ g

③ 605dL ＝ ☐ L   ④ 524mg ＝ ☐ g

2 次の ☐ の中に，あてはまる数を入れなさい。(5点×4＝20点)

① 5.7km＋3.4km ＝ ☐ m   ② 2.5kg－590g ＝ ☐ g

③ 16dL＋24dL ＝ ☐ L   ④ 5200mL－1900mL ＝ ☐ dL

3 下の図の直線アとイは平行です。あの角の大きさは何度ですか。(4点)

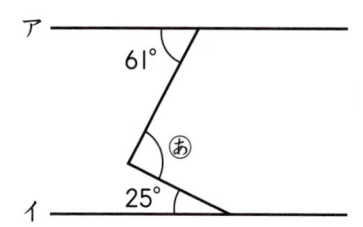

ア ——— 61°
　　　あ
イ ——— 25°

4 次のおうぎ形の，まわりの長さは何cmですか。円周りつは3.14として計算しなさい。(5点×3＝15点)

① 11cm（半円）

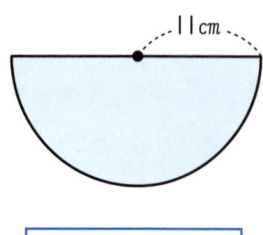

② 8cm（四分円）

③ 6cm, 120°

142

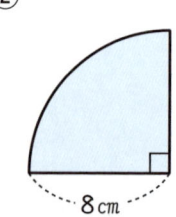

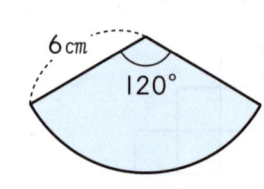

5 次の図形の面積は何cm²ですか。(5点×2=10点)

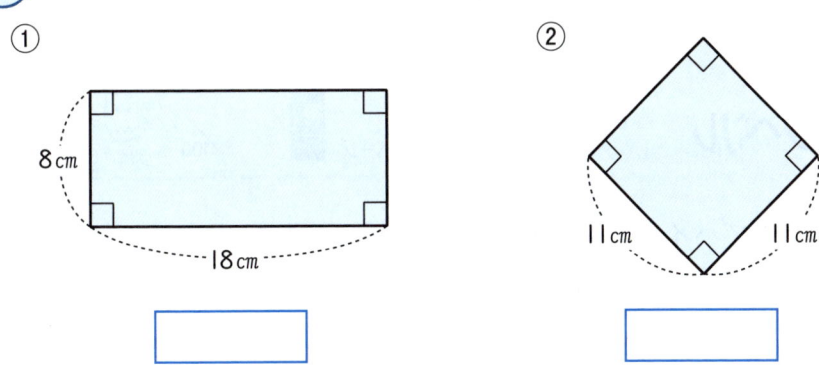

① 8cm、18cm の長方形

② 対角線 11cm + 11cm のひし形（正方形）

6 次の図のような色の部分の面積は何cm²ですか。①，②は長方形を組み合わせた形です。(5点×3=15点)

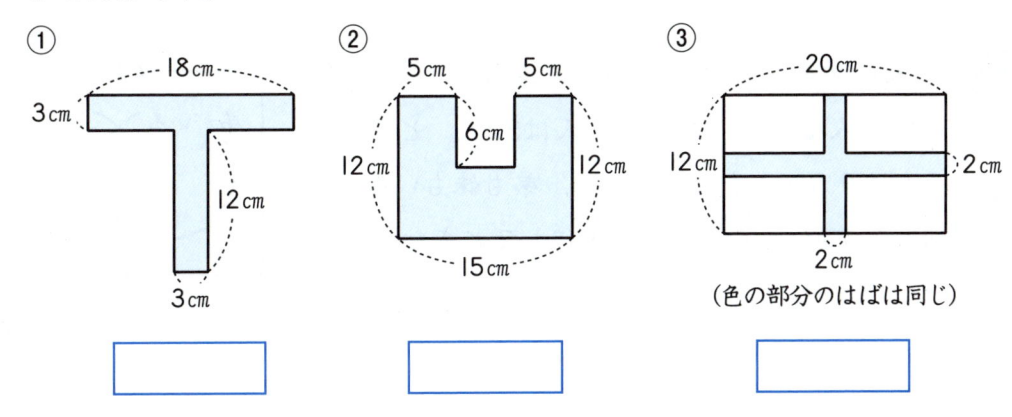

① 18cm、3cm、12cm、3cm のT字形

② 5cm、5cm、6cm、12cm、12cm、15cm の凹形

③ 20cm、12cm、2cm、2cm の十字（色の部分のはばは同じ）

7 次の □ にあてはまる数をもとめなさい。(5点×4=20点)

① 0.405L ＝ □ cm³

② 734000cm³ ＝ □ m³ ＝ □ kL

③ たて25m，横16m，高さ □ m の直方体の体積は2800m³です。

(143)

22 いろいろな文章題

☆ 標準レベル ●時間20分 ●答え→別冊64ページ

1 子ども会40人でハイキングに出かけました。ハイキングに行った人は，男23人，女17人，大人10人，子ども30人で，そのうち，男の子どもは16人でした。次の問いに答えなさい。ただし，表をつかってときなさい。

(5点×2＝10点)

① 大人の男の人は何人ですか。

② 女の子どもは何人ですか。

2 40人の学級で弟と妹のいる人を調べたところ，弟がいる人は17人，妹がいる人は22人，どちらもいる人は9人でした。このとき，弟も妹もいない人は何人ですか。右の図をさん考にしてときなさい。

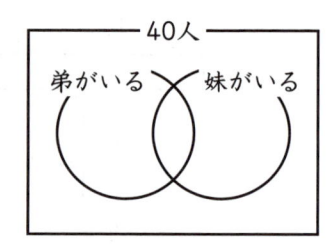

(10点)

3 下の式のように，8+7+…+2+1の計算をしようと思ったのですが，ア〜キの＋の記号のうち1か所だけをまちがえて－にしてしまったので，答えが30になってしまいました。(10点×2＝20点)

$$8+7+6+5+4+3+2+1$$
$$\uparrow \ \uparrow \ \uparrow \ \uparrow \ \uparrow \ \uparrow \ \uparrow$$
$$ア \ イ \ ウ \ エ \ オ \ カ \ キ$$

① 正しい計算の答えをもとめなさい。

② ア〜キのうち，どの記号をまちがえましたか。

4 A，B，Cの3人が，○と×で答える4問のクイズに答えました。1問正かいすると1点もらえますが，まちがえるとその問題の点数はありません。下の表は，3人の答え方と点数を表したものです。(10点×2＝20点)

問題番号	1番	2番	3番	4番	点数
A	×	×	○	×	1
B	○	×	○	○	3
C	×	×	×	×	2

① 3番の問題の正しい答えを，○か×で答えなさい。

② 1番，2番，4番の正しい答えをそれぞれもとめなさい。

1番　　　　2番　　　　4番

5 下の①〜④の式の中のア，イ，ウにはそれぞれ同じ数字が入ります。式が正しくなるようにア〜ウをもとめなさい。(10点×4＝40点)

① 　アア
　＋アア
　―――
　ウウイ

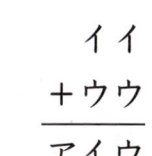

② 　アイ
　＋アイ
　―――
　イウウ

③ 　アア
　　イイ
　＋ウウ
　―――
　アイウ

④ 　アア
　＋アアイ
　―――
　イウアウ

① ア　　イ　　ウ　　　② ア　　イ　　ウ

③ ア　　イ　　ウ　　　④ ア　　イ　　ウ

> まずは，文章の意味をしっかり把握し，自分のもっている知識を組み合わせて解いていきます。文意がつかめない場合は図をかいて内容を整理します。

22 いろいろな文章題

★★ 発展レベル
- 時間 20分
- 答え→別冊65ページ
- 得点 /100

1 3問で10点まん点のテストを50人が受けました。右の表はとく点と人数の表です。

とく点（点）	10	8	6	4	2	0
人数（人）	8	12	16	10	4	0

第1問は2点，第2問は2点，第3問は6点で，第1問のできた人は，第2問のできた人より10人多くいました。第1問のできた人の人数をもとめなさい。(10点)

2 次のように，数式があるきまりにしたがってならんでいます。このとき，次の問いに答えなさい。(12点)

2+1, 5+4, 8+7, 2+11, 5+11, 8+7, 2+4, 5+1, 8+1, 2+4, 5+7, 8+11, 2+11, 5+7, ……

この62番目の式を計算すると，いくつになりますか。

3 右の図のように，たて・横5列ずつの表があります。この表に1から25までの整数を1つずつあてはめて，たて・横・ななめのどの5つの整数を合計しても和が等しくなるようにします。次の問いに答えなさい。(8点×3＝24点)（同志社女子中・改）

	18		2	㋐
10		19		3
4		13	20	
23	5	7		
17	㋑	1		15

① 横の5列の数をすべてたすといくらになりますか。

② 1列の5つの整数の合計はいくらになりますか。

③ ㋐，㋑にあてはまる整数をもとめなさい。

㋐　　　㋑

146

発展レベル ☆☆

4 3しゅるいのおもり □, ○, △ がたくさんあります。これらのおもりを下の図のようにのせたとき、てんびんがつり合いました。○1この重さは8gです。(9点×3＝27点)

○○□□　△△△△　　　　△△○　　□□

① △1この重さは何gですか。

② □1この重さは何gですか。

③ てんびんの左がわに△6こと○4こをのせ、右がわに□10こをのせました。てんびんがつり合うようにするには、てんびんの左がわに○をあと何こせればよいですか。

5 次の問いに答えなさい。(9点×3＝27点)

① 図1のように数をならべるとき、1だん目の8列目にくる数をもとめなさい。

② 図1のように数をならべるとき、123は、何だん目の何列目にありますか。　　　だん目　　　列目

③ 図2のように奇数をならべるとき、243は何だん目の何列目にありますか。
　　　だん目　　　列目

図1

	1列目	2列目			
1だん目→	1	2	4	7	11
2だん目→	3	5	8		
	6	9			
	10				

図2

	1列目	2列目			
1だん目→	1	3	7	13	21
2だん目→	5	9	15		
	11	17			
	19				

22 いろいろな文章題

★★★ トップレベル
●時間20分
●答え→別冊66ページ

1 右の図のように，ご石などを中身をつめてならべたものを中実方陣といいます。次の問いに答えなさい。

(10点×4＝40点)

① 外がわの1辺が6この正方形になるようにおはじきをならべます。このとき，おはじきは全部で何こ使いますか。また，いちばん外がわのまわりには何このおはじきがならんでいますか。

全部：　　　　　，外がわのまわり：

② 同じようにおはじきを正方形になるようにならべたところ，いちばん外がわのまわりに32このおはじきがならんでいました。このとき，1辺には何このおはじきがならんでいますか。

③ ご石を中実方陣にならべたところ，全部でご石を144こつかいました。このとき，1辺のこ数は何こですか。

2 右の図のように，ご石などを中身をあけてならべたものを中空方陣といいます。次の問いに答えなさい。

(10点×2＝20点)

① 右の図のように，おはじきをならべて，外がわの1辺が8こで2列の中空方陣をつくりました。このとき，全部で何このおはじきをつかいましたか。

② 同じように，144このおはじきをつかって，3列の中空方陣をつくりました。このとき，外がわの1辺には何このおはじきがならんでいますか。

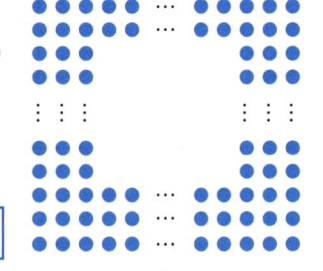

3 下の図1のように,「3ます×3ます」の正方形の方がん紙があります。下の図2は,この方がん紙を使い,あるきまりにしたがって,1から9までの整数を方がん紙のますをぬりつぶして表したものです。また,下の図3の3つのれいのようにこの方がん紙のますをぬりつぶしたとき,このきまりにしたがうと,それぞれ,方がん紙の下に書かれた数を表すことになります。

このとき,あとの問いに答えなさい。(計40点)(京都教育大附京都中)

図1

図2
1　2　3　4　5　6　7　8　9

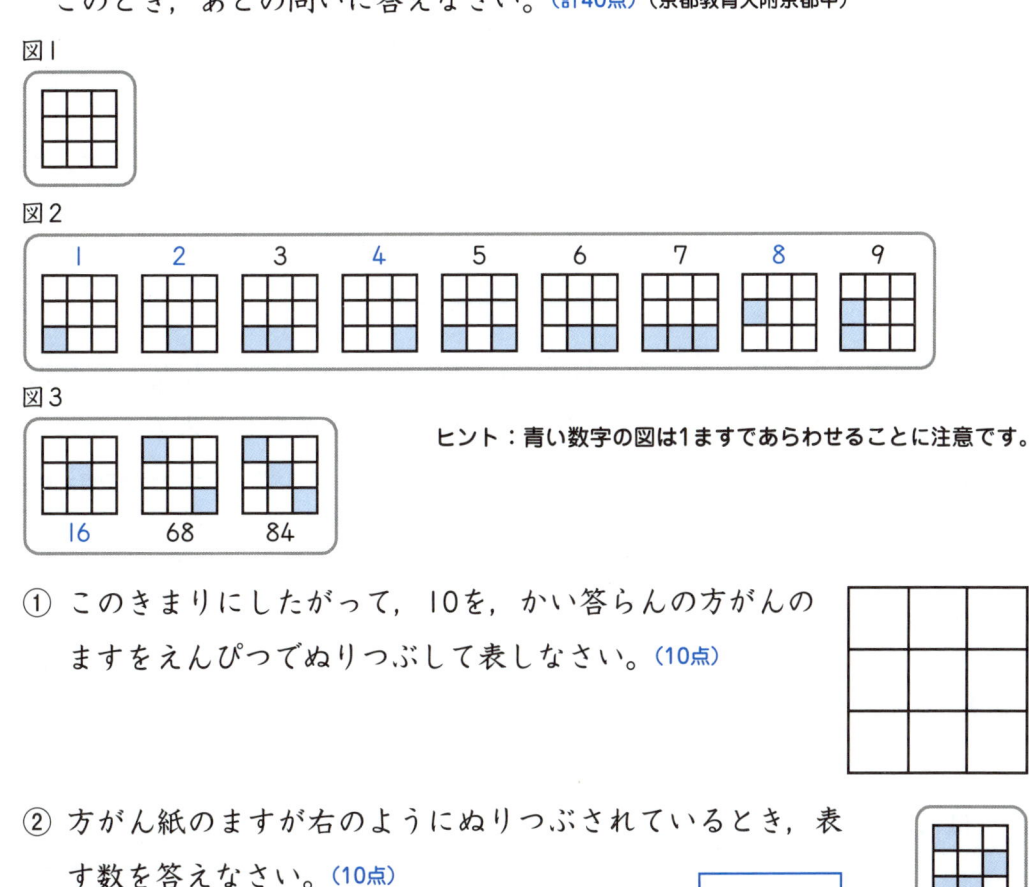

図3
16　68　84

ヒント:青い数字の図は1ますであらわせることに注意です。

① このきまりにしたがって,10を,かい答らんの方がんのますをえんぴつでぬりつぶして表しなさい。(10点)

② 方がん紙のますが右のようにぬりつぶされているとき,表す数を答えなさい。(10点)

③ 方がん紙のますが次の(ア)～(オ)のようにぬりつぶされているとき,表す数が小さいものからじゅんにならべかえて,そのじゅんじょを記号で答えなさい。(20点)

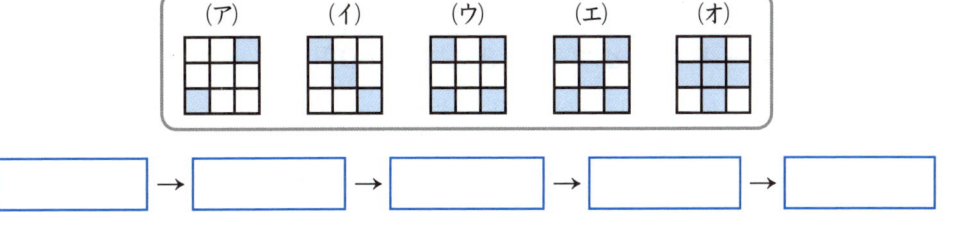

(ア)　(イ)　(ウ)　(エ)　(オ)

□ → □ → □ → □ → □

23 難問研究

★ 標準レベル
●時間20分
●答え→別冊67ページ
得点 /100

1 (植木算) 図1のような, 長さが4cm, 太さが4mmのわがあります。このわを図2のように1列につなげて, くさりをつくります。10このわをつなげたとき, くさりの全長は何cm何mmになりますか。
(8点)(学習院女子中等科)

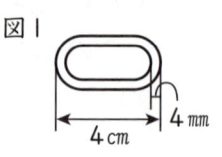

2 (集合算) 40人のクラスで, お正月にカルタとトランプをした人数を調べました。両方ともした人は12人で, この人数はカルタをした人の3分の2にあたり, トランプをした人の7分の3にあたります。(8点×2=16点)(大阪教育大附池田中)
① トランプをした人は何人ですか。

② 両方ともしなかった人は何人ですか。

3 (倍数算) 姉は1600円持っていましたが, 妹に300円あげたので姉の金がくが妹の金がくの2倍になってしまいました。はじめに妹がもっていた金がくは何円でしたか。(8点)(共立女子第二中)

4 (分数問題) $\frac{29}{47}$ の分母と分子のそれぞれに同じ整数□をくわえると, $\frac{7}{9}$ になります。□にあてはまる数をもとめなさい。(8点)(東邦大附東邦中)

5 (消去算) ケーキ4こプリン3こで1660円, ケーキ5こプリン6こで2480円です。ケーキ1こは何円ですか。(8点)(上宮中)

6 （円周の長さ）円の形をした池があります。4mおきに木を植えたら，ちょうど21本植えて池を1周しました。この池の半径は何mになりますか。ただし，円周りつは3とします。(8点)（愛知教育大附名古屋中）

7 （立体図形）図1のような直方体について，次の問題に答えなさい。(計44点)

問題1　体積は何cm³ですか。(4点)

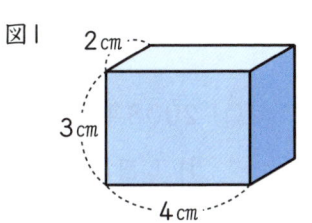

問題2　図2のようにつみ重ねていき，体積がもっとも小さい立方体をつくるには，直方体は何こひつようですか。(10点)

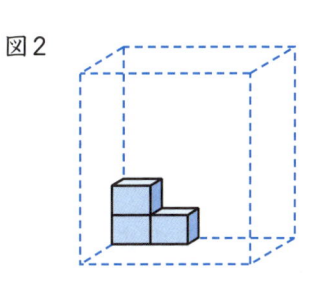

問題3　図3のようにつみ重ね，外がわすべての面に色をつけた後，ばらばらにして，1つ1つの直方体を調べました。

① 色がついている面は全部で何こありますか。(10点)

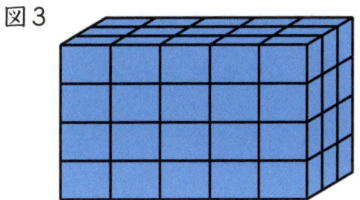

② 1つの面だけ色がついている直方体は，何こありますか。(10点)

③ 図4は3つの面に色がついている直方体です。右のらんに，のこりの部分をかき入れて，この直方体のてん開図をかんせいさせなさい。ただし，外がわを表にし，色がついている面をぬりつぶしなさい。方がんの1目もりは1cmとします。(10点)（長崎大附中）

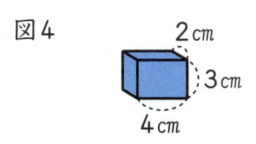

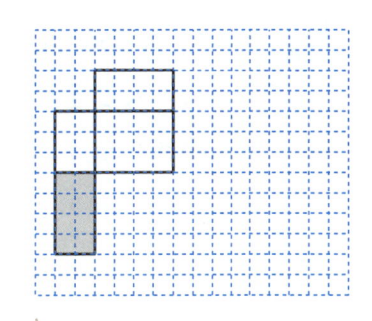

23 難問研究

★★ 発展レベル
- 時間 20分
- 答え→別冊68ページ

1 （こよみの問題）右のカレンダーは，2008年1月のものです。これについて，次の問いに答えなさい。

(8点×3＝24点)（和歌山信愛女子短大附中）

① 2008年はうるう年です。2009年1月1日は何曜日ですか。

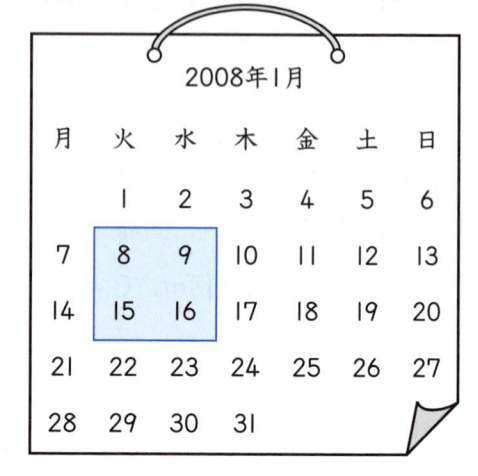

月	火	水	木	金	土	日
		1	2	3	4	5	6
7	8	9	10	11	12	13
14	15	16	17	18	19	20
21	22	23	24	25	26	27
28	29	30	31			

2008年1月

この1月のカレンダーの1部分を図のようにたて2こ，横2こあわせて4この数が入るように □ でかこみます。

② このようなかこみ方は全部で何通りありますか。

③ かこまれた4この数の和が80になるとき，4このうちのもっとも小さい数を答えなさい。

2 （つるかめ算）ボールを投げて，まとに当たると8点もらい，まとをはずれると3点引かれるゲームがあります。さいしょに20点をもってゲームをはじめます。15回投げたけっか，74点になりました。まとにあたったのは □ 回です。□ にあてはまる数をもとめなさい。(10点)（早稲田摂陵中）

3 （消去算）ある動物園の入場りょうは，大人3人と子ども5人で合計4900円で，大人1人と子ども3人では2300円です。ある日の入場者の合計は800人で入場料のそう計は475000円でした。この日の子どもの入場者の数をもとめなさい。(10点)（関西学院中学部）

4 (図形のまわりの長さ) 半径2cmの円を6こつかって、右の図のような形を作りました。太線の部分の長さは何cmですか。(円周りつは3.14とします。)（8点）（共立女子中）

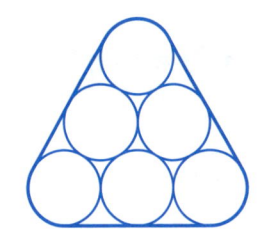

5 (三角形の角) 右の図は、正三角形の紙をおったものです。角あの大きさは何度ですか。（8点）（愛知教育大附名古屋中）

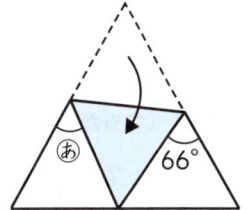

6 (きそくせい) 下の図のように、円を直線で区切っていくことを考えます。どの直線も円と交わるようにして、直線の本数をふやしていくとき、次の問いに答えなさい。（10点×4＝40点）（開明中）

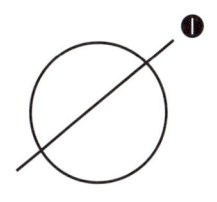

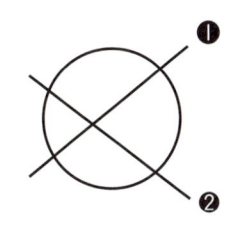

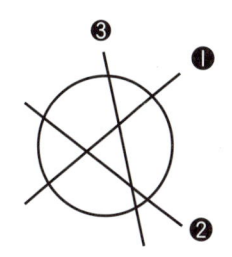

① 4本の直線で区切ると、円はさい大でいくつの部分に分けられますか。

② 次の表のA、Bの空らんに入る数をそれぞれ答えなさい。

直線の本数	0	1	2	3	4	5	6	7	…
円が分けられた最大の個数	1	2	4	7			A		
増加した部分の個数		1	2	3				B	

A ____ B ____

③ 50本の直線で区切ると、円はさい大でいくつの部分に分けられますか。

23 難問研究

★★★ トップレベル　●時間20分　●答え→別冊69ページ

1 （正方形とおうぎ形の角）次の角㋐，㋑の大きさをもとめなさい。(6点×2=12点)（女子学院中）

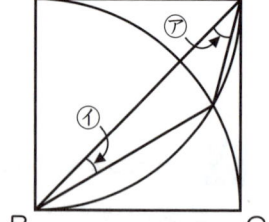

㋐ [　　　]　，　㋑ [　　　]

2 （つるかめ算）ある自動車ショーで，二りん車，三りん車，四りん車がてんじされています。その台数の合計は10台で，そのタイヤの合計は31こです。このとき，次の問いに答えなさい。ただし，どのしゅるいの車も1台以上てんじされています。(計24点)（大谷中）

① 三りん車の台数が1台だけであるとき，二りん車，四りん車の台数はそれぞれ何台ですか。(6点)

二りん車：[　　　]　　四りん車：[　　　]

② 二りん車，三りん車，四りん車の台数について，①の場合のほかに3つのかのうせいがあります。その3つの場合の台数をもとめなさい。

(6点×3=18点)

	二りん車	三りん車	四りん車
1つ目	台	台	台
2つ目	台	台	台
3つ目	台	台	台

3 （数のきまり）次のれいのように，ある整数のすべての位の数をかけ合わせて，その答えが1けたの数になるまでこれをくり返します。次の[　]にてき当な数を入れなさい。(計12点)（慶應中等部）

（れい）327 → 3×2×7=42 → 4×2=8
　　　　73 → 7×3=21 → 2×1=2

① 279のさい後の答えは [　　　] です。(4点)

② さい後の答えが6になる2けたの整数は [　　　] こあります。(8点)

4 (きそくせい) 図1で，Aは⓪を出発して，右回り（時計回り）に1つずつい動します。また，Bは⓪を出発して左まわり（反時計回り）に2つおきにい動します。そのときのい動回数とAのいちとBのいちを表したのが図2です。このとき，次の問いに答えなさい。(計24点)（金蘭千里中）

(図1)

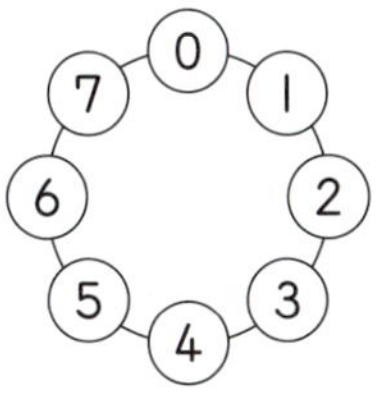

(図2)

い動回数	1	2	3	…	7	8	9	…
Aのいち	①	②	③	…	⑦	⓪	①	…
Bのいち	⑤	②	⑦	…	③	⓪	⑤	…

① い動回数が21のとき，AとBのいちは⓪～⑦のどれですか。(4点×2＝8点)

A ☐　　B ☐

② い動回数が2009のとき，AとBのいちは⓪～⑦のどれですか。(4点×2＝8点)

A ☐　　B ☐

③ い動回数が2のとき，AとBは②で重なるが，い動回数が167回までにAとBが②で重なるのは何回ありますか。(8点)　☐

5 (きそくせい) 右の図のように四角形あ～おのちょう点に整数をならべます。点は合計16こありますが，1から16までの数が1つずつ入っています。また，四角形で4つのちょう点にある数の合計は，あ～おの5つとも等しくなっています。(計28点)（高槻中）

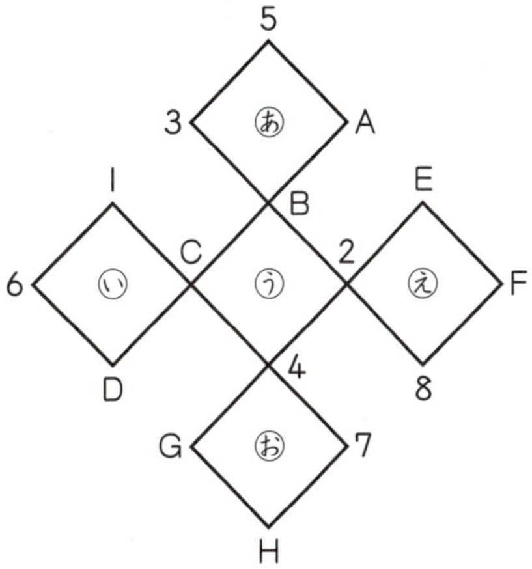

① 1つの四角形のちょう点にある数の合計を答えなさい。(4点) ☐

② AとDにある数の合計を答えなさい。(4点) ☐

③ A，B，C，Dにあてはまる数は2組あります。2組とも答えなさい。

1組目 A ☐　B ☐　C ☐　D ☐ (10点)

2組目 A ☐　B ☐　C ☐　D ☐ (10点)

実力テスト

●時間 40分
●答え→別冊71ページ

① 次の数を，数字で書きなさい。(2点×3＝6点)

① 千を21こと，一万を350こと，1億を30こあわせた数。

② 百万を120こと，千を30000こと，1億を27000こあわせた数。

③ 28億＋450億－9000万－12億4000万

② 次の計算をしなさい。あまりのあるものは答えを一の位までもとめてあまりも出しなさい。
(3点×8＝24点)

① 1789－997＋4897－3998＝

② 80076－77896＋4895＝

③ 　314
　×　25

④ 　802
　×　79

⑤ 　　37
　×856

⑥ 9)267

⑦ 12)367

⑧ 65)749

③ 次のような数の列の和の列を作ります。

1+2+3, 2+3+4, 3+4+5, 4+5+6, ……, 20+21+22, ……

このとき，1+2+3を第1項，2+3+4を第2項，などとよびます。
次の問いに答えなさい。（3点×3＝9点）（麗澤中）

① 7は3つの項に入っています。その3つの項の和をもとめなさい。

② 第1項から第20項までの和をもとめなさい。

③ 333であるのは，第何項ですか。

第 [ ] 項

④ 次の表はたかしさんのクラスで学校への通学方ほうを調べたものです。通学する方ほうには電車かバスしかありません。バスを使う人と使わない人では，バスを使わない人の方が2人多いそうです。このとき，次の表の中の空らんをうめなさい。（3点）

		電　車		
		使う	使わない	合　計
バス	使う	12人		
	使わない			
	合　計	19人		38人

⑤ 2，4，6，8の4まいのカードをならべて4けたの整数をつくります。□にあてはまる数を入れなさい。（3点×2＝6点）　（昭和学院秀英中）

① 全部で整数は [ ] こつくれます。

② 4でわり切れる数は [ ] こつくれます。

実力テスト

6 次の5つの数を大きいじゅんにならべなさい。(2点)

$\dfrac{1}{2}, \dfrac{3}{4}, \dfrac{5}{6}, \dfrac{7}{8}, \dfrac{9}{10}$

[　　　　, 　　　, 　　　, 　　　, 　　　]

7 次の計算をしなさい。1より大きい分数になる場合は帯分数で答えなさい。⑦はわり切れるまで、⑧は商を $\dfrac{1}{10}$ の位までもとめて、あまりももとめなさい。(2点×8＝16点)

① $\dfrac{3}{11} + \dfrac{4}{11} - \dfrac{2}{11} =$ 　　　

② $2\dfrac{1}{5} + 3\dfrac{2}{5} - 1\dfrac{3}{5} =$ 　　　

③ $3.56 + 2.96 - 5.29 =$ 　　　　（帝京大中）

④ $2.59 + 5.78 - (10 - 4.51) =$ 　　　

⑤ $0.24 \times 3 =$ 　　　　　⑥ $1.5 \times 2.5 =$ 　　　

⑦ $1.8 \div 5 =$ 　　　　　⑧ $36.5 \div 15 =$ 　　　

8 次の　　　にあてはまる数を入れなさい。(2点×3＝6点)

① $0.25t + 12kg + 1200g =$ 　　　 kg （帝京八王子中）

② (　　　 $- 3 \times 4) \div 4 + 8 = 10$ （多摩大目黒中）

③ $(21 + 16 \times$ 　　　 $) \div 17 = 5$ （自修館中等教育学校）

⑨ 右の図の五角形で，角アと角ウの大きさは等しく，角イの大きさは角アの大きさの半分です。さらに，角エの大きさは角イより50°大きいです。

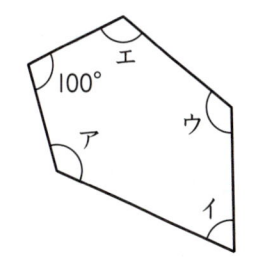

このとき，角イの大きさは何度ですか。(4点)（大谷中）

⑩ 右の図形のまわりの長さをもとめなさい。(6点)

（奈良学園中）

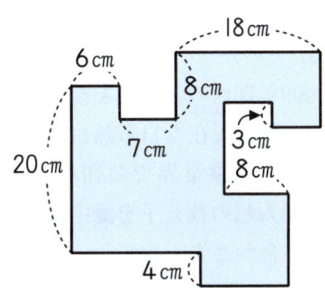

⑪ 右の図のように大きさのちがう3この直方体をならべて作ったかいだんの形の立体において，全表面積が5000m²であるとき，次の問いに答えなさい。(6点×2＝12点)（啓明学院中）

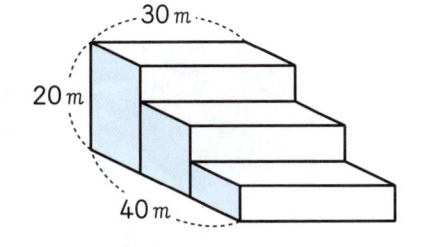

① 青色の部分の面積をもとめなさい。

② この立体の体積をもとめなさい。

⑫ 右の図のような正方形ＡＢＣＤについて，角あの大きさは ☐ 度です。空らんにあてはまる数をもとめなさい。(6点)（甲陽学院中）

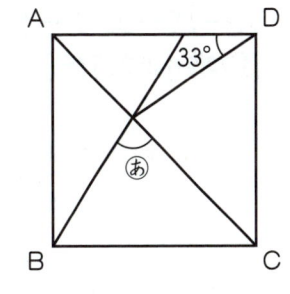

● 著者 紹介 ●

<本冊執筆>
前田 卓郎 （まえだ たくろう）

1947年兵庫県尼崎市生まれ。歯学博士。
大阪大学大学院修了後，大阪歯科大学に奉職。41年間一貫して講師として受験指導に携わり，1992年「希学園」を設立，学園長に就任する。2004年首都圏に進出。その入試における驚異的合格力が首都圏の受験界に新風を吹き込んでいる。
2009年関西の学園長を後任に譲り理事長に就任したが，現在も自ら熱血講師として算数を担当する。受験業界での知名度は高い。これまで1500人超の教え子を灘中に送り込んできた。
問い合わせ先：
メール info-d@nozomigakuen.co.jp

<スペシャルふろく執筆>
糸山 泰造 （いとやま たいぞう）

1959年佐賀県生まれ。明治大学商学部卒。関東屈指の大手進学塾にて教鞭を執った後，無理なく無駄なく効果的な学習法を提唱し，現在の教育サポート機関「どんぐり倶楽部」を設立。誰もが持っている視考力を活用した思考力養成を提案している。著書に「絶対学力」「新・絶対学力」「子育てと教育の大原則」「12歳までに「絶対学力」を育てる学習法」「絵で解く算数」「思考の臨界期(e-BOOK)」などがある。「どんぐり方式」は，これまでにない新しい学習方法として，NHK・クローズアップ現代や朝日新聞・花まる先生公開授業などでも取り上げられ脚光を浴びている。

問い合わせ先：メール donguriclub@mac.com
　　　　　　　　FAX 020-4623-6654

◆ 図版　伊豆嶋 恵理　ふるはし ひろみ

◆ デザイン　福永 重孝

中学受験をめざす
スーパーエリート問題集
[算数小学3年]

本書の内容を無断で複写(コピー)・複製・転載することは，著作者および出版社の権利の侵害となり，著作権法違反となりますので，転載等を希望される場合は前もって小社あて許諾を求めてください。

Ⓒ 前田卓郎，糸山泰造　2010　　Printed in Japan

編著者　前田卓郎・糸山泰造
発行者　益井英郎
印刷所　NISSHA株式会社
発行所　株式会社　文英堂

〒601-8121　京都市南区上鳥羽大物町28
〒162-0832　東京都新宿区岩戸町17
（代表）03-3269-4231

●落丁・乱丁はおとりかえします。

スーパーエリート問題集
算数 小学3年

正解答集
（せいかいとうしゅう）

文英堂

スーパーエリート問題集
算数 小学3年

正解答集

- 本冊 の解答 ────── 2～72
- おもしろ文章題 の解答例 ── 73～80

文英堂

本冊の解答

● 式は解説の中にあるものもあります。いろいろな解き方があるので，ひとつの解答例にこだわらず，別の解き方でも考えてください。

1 大きい数・数の大小

☆ 標準レベル ●本冊→4ページ

1 ① 427　② 8100　③ 3016
　④ 6805　⑤ 9867

2 ① 36821　② 78590000
　③ 93032000　④ 61050500
　⑤ 600000000
　⑥ 8000000000000

3 ① 2　② 7　③ 十万　④ 千万

4 ① ＞　② ＜　③ ＞　④ ＜

5 ① あ，う，い　② い，あ，う
　③ い，う，あ

6 ① 85670000　② 500250
　③ 3001800　④ 92560000

---

2 4桁ずつ区切っていきます。
① 3|6821
　　万
② 7859|0000
　　　　万
③ 9303|2000　④ 6105|0500
　　　万　　　　　　万
⑤ 6|0000|0000
　　億　　万
⑥ 8|0000|0000|0000
　　兆　　億　　万

3 各位の数は，次のようになっています。

千	百	十	一	千	百	十	一
			万				
9	7	6	2	5	1	8	4

5 ③ あ 9900　い 2万　う 12000となります。

6 ② 十万が5個で50万，十が25個で250，あわせて500250です。
③ 百万が3個で300万，百が18個で1800，あわせて3001800です。
④ 千万が9個で9000万，一万が256個で256万，あわせて9256万です。

☆☆ 発展レベル ●本冊→6ページ

1 ① 60014000　② 51000020
　③ 1010100　④ 8090070
　⑤ 640000070920
　⑥ 50000000060080

2 ① 2134500　② 48030500
　③ 10914230

3 ① 19874320　② 20134789

4 ① ＜　② ＜　③ ＜
　④ ＜　⑤ ＞　⑥ ＜

5 ① あ 550　い 640　う 760
　② あ 11400　い 12200
　　う 12900

6 ① 7, 8, 9
　② 1, 2, 3, 4, 5, 6, 7, 8, 9

---

1 ① 6001|4000　② 5100|0020
　　　　万　　　　　　万
③ 101|0100　④ 809|0070
　　　万　　　　　　万
⑤ 6400|0007|0920
　　億　　万
⑥ 50|0000|0006|0080
　　兆　　億　　万

2 ① 十万が21個で210万，百が345個で3万4500，あわせて213万4500です。

　　　210万
　＋　　3万4500
　　　213万4500

（単位をあわせて計算すること）
② 百万が48個で4800万，一万が3個で3万，百が5個で500です。あわせて4803万500です。
③ 十万が109個で1090万，十が1423個で1万4230です。あわせて1091万4230です。

3 2000万前後の数を作ってみましょう。
2000万＝20000000ですから，8個の数字全部を使います。

① 19874320　② 20134789
上の位から大きい順に　上の位から小さい順に

4 ② 60|0100 < 60|1000
　　　　万　　　　　万
③ 123|4567 < 1234|5607
　　　万　　　　　　万
④ 23|4567 < 123|4567
　　万　　　　　万
⑤ 23|4567 > 12|3456
　　万　　　　　万
⑥ 9|8754 < 113|4500
　万　　　　　万

5 ① 1目盛り10です。　② 1目盛り100です。

6 ②るりさんが3桁，はるきさんが4桁なので，はるきさんの□には，0以外どんな数を入れても，るりさんより大きくなります。

☆☆☆ トップレベル　●本冊→8ページ

1 ① 二億九千二百五万六千五百
② 七百八億五千六百八十一万二百五十七
③ 四兆九百二十一億千十万五千百九十三
④ 八十七兆千五百億五百万

2 ① 1836450300
② 50007100030
③ 25840065007059
④ 5020000103004829

3 ① 8億2125万　　② 6兆
③ 3億8300万

4 ア 1094万, イ 1108万,
ウ 1113万

5 ① ア 4　　イ 14　　ウ 22
② ア 4万　イ 14万　ウ 22万
③ ア 100億　イ 150億　ウ 190億

6 ① 10円玉 3まい, 50円玉 1まい,
　 100円玉 0まい
② 16日目　③ 29日目　④ 12日目

1 ③ 4|0921|1010|5193
　　兆　　億　　万
④ 87|1500|0500|0000
　　兆　　億　　万

2 ③ 25|8400|6500|7059
　　兆　　億　　万
④ 5020|0001|0300|4829
　　兆　　億　　万

---

3 位をそろえて計算します。繰り上がり，繰り下がりにも注意します。

① 億　　万　　② 兆　　億
　　1 1　　　　　　1 1
　　3 1 2 7 5　　　　3 2 7 0 0
　+ 5 0 8 5 0　　　+ 2 7 3 0 0
　　8 2 1 2 5　　　　6 0 0 0 0

③ 億　　万
　　4 9 1
　　5 0 1 0 0
　- 1 1 8 0 0
　　3 8 3 0 0

4 1100万－1090万＝10万
これが10目盛りなので，1目盛りは
10万÷10＝1万より，1万です。

5 ⓐとⓑの間は，5目盛りです。
① ⓑ－ⓐ＝10
10で5目盛りなので，1目盛りは 2
② ⓑ－ⓐ＝10万
10万で5目盛りなので，1目盛りは 2万
③ ⓑ－ⓐ＝50億
50億で5目盛りなので，1目盛りは 10億

6 問題文は複雑ですが，基本的には，硬貨の枚数が一番少なくなるよう，両替しているだけです。
① 80円分貯金した状態ですから，10円玉3枚と，50円玉1枚です。
② 10＋50＋100＝160(円)
160円になるのは，16日目です。
③ 10円玉は4枚まで，50円玉は1枚までしか使えません。したがって，
7－4－1＝2より，残りの2枚は100円玉です。
10円玉4枚で 40円
50円玉1枚で 50円
100円玉2枚で200円
あわせて 40＋50＋200＝290(円)だから，29日目です。
④ 1回目に3枚になるのは，10円玉3枚のときです。
　2回目に3枚になるのは，
　10円玉2枚と，50円玉1枚のときです。
3回目に3枚になるのは，
　10円玉2枚と，100円玉1枚のときで，
120円です。
これは，12日目です。

2 大きい数のたし算・ひき算

☆ 標準レベル　●本冊→10ページ

1　① 570　② 497　③ 433
　　④ 921　⑤ 1252　⑥ 1651

2　① 753　② 730　③ 461
　　④ 575　⑤ 63　⑥ 17

3　① 5101　② 5980　③ 5950
　　④ 5521　⑤ 1438　⑥ 5098

4　①
```
  344
+ 341
─────
  685
```
②
```
  5367
+ 4894
──────
 10261
```
③
```
  5423
+ 2492
──────
  7915
```
④
```
  827
- 204
─────
  623
```
⑤
```
  2085
-  582
──────
  1503
```
⑥
```
  9599
- 6863
──────
  2736
```

5　式 2376+3986=6362
　　答え 6362人

6　① 式 1329+865+1012=3206
　　　答え 3206こ
　② 式 1329-865=464
　　　答え イチゴ味が464こたくさん売れた

1 2 3 繰り上がり，繰り下がりに気をつけましょう。

2 ⑥
```
  ⁹10̸3
-   86
──────
   17
```
3 ⑥
```
  ⁷⁹⁹10̸7
-  2909
───────
   5098
```

4 ①
```
  34ア
+ イウ1
─────
  685
```
とします。
一の位：ア+1=5より　ア=5-1　ア=4
十の位：4+ウ=8より　ウ=8-4　ウ=4
百の位：3+イ=6より　イ=6-3　イ=3
より
```
  344
+ 341
─────
  685
```

②
```
  5ア17
+ ウ89エ
──────
 10261
```
とすると
一の位：7+エ=1　これはできないから
　7+エ=11　ゆえに　エ=11-7　エ=4
十の位：繰り上がりがあるから
　1+イ+9=6
　これはできないから　1+イ+9=16
　10+イ=16　イ=16-10　イ=6
百の位：繰り上がりがあるから
　1+ア+8=2　これはできないから
　1+ア+8=12　9+ア=12
　ア=12-9　ア=3
千の位：繰り上がりがあるから
　1+5+ウ=10　6+ウ=10
　ウ=10-6　ウ=4
したがって
```
  5367
+ 4894
──────
 10261
```

③
```
  5ア23
+ イ49ウ
──────
  7915
```
とすると
一の位：3+ウ=5　ウ=5-3　ウ=2
十の位：2+9=11より，百の位に繰り上がるので
百の位：1+ア+4=9　5+ア=9
　ア=9-5　ア=4
千の位：5+イ=7　イ=7-5　イ=2
```
  5423
+ 2492
──────
  7915
```

④
```
  8アイ
- ウ04
─────
  623
```
とすると
一の位：イ-4=3　イ=3+4　イ=7
十の位：ア-0=2　ア=2
百の位：8-ウ=6　ウ=8-6　ウ=2
```
  827
- 204
─────
  623
```

⑤ 　　２０８５
　－　　５ア２
　　　イウ０３

一の位：５－２＝３
　　十の位からの繰り下がりはないので
十の位：８－ア＝０　　ア＝８
百の位：０－５＝ウはできないので，繰り下げて
　　１０－５＝ウ　　ウ＝５
千の位：百の位に繰り下げたので，
　　２－１－０＝イ　　イ＝１
したがって
　　　２０８５
　－　　５８２
　　　１５０３

⑥ 　　９ア９９
　－　イ８６３
　　　２７ウ６　とすると

一の位：９－３＝６
　　十の位からの繰り下がりはないので
十の位：９－６＝３　…ウ
百の位：ア－８＝７はできないので，繰り下げて
　　１０＋ア－８＝７　　２＋ア＝７
　　ア＝７－２　　ア＝５
千の位：繰り下げたから　９－１－イ＝２
　　８－イ＝２　　イ＝６
したがって
　　　９５９９
　－　６８６３
　　　２７３６

☆☆ 発展レベル　●本冊→１２ページ

1 ① ８０３５　　② １４４６５
　　③ １３００３　　④ １９４４８
　　⑤ １６８６３　　⑥ １７６５３

2 ① １７６１　　② ３３６３
　　③ ２７７　　　④ ３５２８
　　⑤ ４９９５　　⑥ ３４１５

3 ① ８６４４　② ６４８４　③ ９３７０

4 ① ７０１３　　② ９４
　　③ ５４３９　　④ ６７３６

---

2 大きい数のたし算・ひき算 5

5 ア ７７８２　　イ １０５６９
　　ウ ２８７７　　エ ７６９２
　　オ ２３０８

6 ① 　　３８５４　　② 　　４７６３
　　　　＋２１９３　　　　＋４９６７
　　　　　６０４７　　　　　９７３０

　　③ 　１００２３　　④ 　１３１１４
　　　－　　１４４６　　　－　　７８９５
　　　　　　８５７７　　　　　　５２１９

7 式　２０９３＋□＝６０１２
　　答え　３９１９

2 ⑥ 　　　⁵⁹⁹
　　　　　６⁰⁰⁰¹
　　　－　２５８６
　　　　　３４１５

3 繰り上がりが２以上になっても同様に計算していきます。
　　　　　１＋９＋７＋９＝２６より，
　　　　　　繰り上がりは２

① 　²１１
　　４９３４　　③ 　１１２
　　　７４５　　　　　８６９
　＋２９６５　　　　５２１６
　　８６４４　　＋３２８５
　　　　　　　　　９３７０

4 ① □＝１００００－２９８７＝７０１３
　　② □＝９０７０－８９７６＝９４
　　③ □＝８００６－２５６７＝５４３９
　　④ □＝１１０５＋５６３１＝６７３６

6 ① 　　ア８５イ
　　　＋　２ウ９３
　　　　　６０エ７　とすると

一の位：イ＋３＝７　　イ＝４
十の位：５＋９＝１４より　エ＝４
百の位：繰り上がるから
　　１＋８＋ウ＝０　これはできないから
　　１＋８＋ウ＝１０　　９＋ウ＝１０　　ウ＝１
千の位：繰り上がるから
　　１＋ア＋２＝６　　３＋ア＝６　　ア＝３
　　　　３８５４
　　＋　２１９３
　　　　６０４７

6 ② 大きい数のたし算・ひき算

③　　１００２３
　－　［ア］４［イ］６
　　　　８［ウ］７［エ］

一の位：３－６＝エ　これはできないから，十の位から繰り下げて　１０＋３－６＝エ　エ＝７

十の位：一の位に繰り下げたから
　２－１－イ＝７　１－イ＝７
　これはできないから，百の位から繰り下げて
　１０＋１－イ＝７　１１－イ＝７　イ＝４

百の位：十の位に繰り下げたから，百の位の数字は９　したがって　９－４＝ウ　ウ＝５

千の位：百の位に繰り下げたから，千の位の数字は９　したがって　９－ア＝８　ア＝１

　　　　１００２３
　－　　　１４４６
　　　　　８５７７

④　　　ア３イ１４
　－　　　ウ８９エ
　　　　　５２オ９

一の位：４－エ＝９　これはできないから，十の位から繰り下げて
　１０＋４－エ＝９　１４－エ＝９　エ＝５

十の位：一の位に繰り下げたから
　十の位の数字は０
　０－９＝オ　これはできないから，百の位から繰り下げて　１０－９＝オ　オ＝１

百の位：十の位に繰り下げたから，
　イ－１－８＝２　これはできないから，
　千の位から繰り下げて
　１０＋イ－１－８＝２　１＋イ＝２
　イ＝１

千の位：百の位に繰り下げたから，
　３－１－ウ＝５　これはできないから
　一万の位から繰り下げて
　１０＋３－１－ウ＝５
　１２－ウ＝５　ウ＝７

一万の位：千の位に繰り下げたから
　ア－１－０＝０　ア＝１

　　　　１３１１４
　－　　　７８９５
　　　　　５２１９

⑦　□＝６０１２－２０９３＝３９１９

☆☆☆ トップレベル　●本冊→14ページ

1 ① １６２４１４　② １７７２４０
　③ １５１９６７　④ １５９８３
　⑤ １１９１０　⑥ ９０４８

2（上，下のじゅんに）
　① ８７９０　　　１２６６６
　② １３２５１　　　４５０８
　③ ２６４２８　　８２８７１
　④ ３１３４４　　２１３５７
　⑤ ７０１８９　　２０２０３

3 ①　　　５７［５］６２
　　　＋［５］９３６［９］
　　　　１１６９３１

②　　　　３５３８４
　　　＋　４２１９［７］
　　　　　７７５８１

③　　　　４７５４２
　　　－　３７５４９
　　　　　　９９９３

④　　　　３４６７２
　　　－　１７５９８
　　　　　１７０７４

4 式　１２８６２５＋１２７９２７
　　－４８９６５－４７５９２
　　＝１５９９９５
　答え　１５９９９５人

5 式　３７５６７３＋６９２９４４
　　＋２００００＝１０８８６１７
　答え　１０８８６１７さつ

6 式　２８９８７＋３８９９８
　　－４８９８７＝１８９９８
　答え　１８９９８点

1 ①〜③　繰り上がりが２以上のときも同様にします。⑥のように繰り下がりが続くときも気をつけましょう。検算もしましょう。

2 大きい数のたし算・ひき算 7

① 　　1 1 1 1
　　　6 4 3 2 4
　　　7 5 4 1 5
　　＋2 2 6 7 5
　　―――――――
　　1 6 2 4 1 4

② 　　1 2 2 2
　　　2 5 7 8 7
　　　8 4 6 8 5
　　＋6 6 7 6 8
　　―――――――
　　1 7 7 2 4 0

③ 　　1 　2 2
　　　9 4 0 8 9
　　　5 5 2 3 7
　　　　2 2 7 9
　　＋　　3 6 2
　　―――――――
　　1 5 1 9 6 7

⑥ 　　5 10 9 9
　　　6̸ 1̸ 0̸ 0̸ 2
　　－5 1 9 5 4
　　―――――――
　　　　9 0 4 8

3 ① 　　5 7 ア イ 2
　　　＋ウ 9 3 6 エ
　　　―――――――
　　　1 1 オ 9 3 1

一の位：2＋エ＝1
　これはできないから　2＋エ＝11　エ＝9
十の位：繰り上がるから　1＋イ＋6＝3
　7＋イ＝3　これはできないから
　7＋イ＝13　イ＝6
百の位：繰り上がるから　1＋ア＋3＝9
　4＋ア＝9　ア＝5
千の位：7＋9＝16　すなわち　オ＝6
一万の位：繰り上がるから　1＋5＋ウ＝11
　6＋ウ＝11　ウ＝11－6＝5

　　　5 7 5 6 2
　＋5 9 3 6 9
　―――――――
　1 1 6 9 3 1

③ 　　ア 7 イ 4 ウ
　　－3 エ 5 オ 9
　　―――――――
　　　　9 9 9 3

一の位：ウ－9＝3　これはできないから，十の位から繰り下げて
　10＋ウ－9＝3　1＋ウ＝3　ウ＝3－1＝2
十の位：一の位に繰り下げたから
　4－1－オ＝9　3－オ＝9
　これはできないから百の位から繰り下げて
　10＋3－オ＝9
　13－オ＝9　オ＝13－9＝4
百の位：十の位に繰り下げたから
　イ－1－5＝9　イ－6＝9
　これはできないから千の位から繰り下げて
　10＋イ－6＝9
　4＋イ＝9　イ＝9－4＝5

千の位：百の位に繰り下げたから
　7－1－エ＝9　6－エ＝9
　これはできないから一万の位から繰り下げて
　10＋6－エ＝9
　16－エ＝9　エ＝16－9＝7
一万の位：千の位に繰り下げたから
　ア－1－3＝0　ア－4＝0　ア＝4
したがって
　　　4 7 5 4 2
　－3 7 5 4 9
　―――――――
　　　9 9 9 3

④ 　　ア 4 イ 7 ウ
　　－1 7 5 エ 8
　　―――――――
　　　1 オ 0 7 4

一の位：ウ－8＝4
　これはできないから，十の位から繰り下げて
　10＋ウ－8＝4　2＋ウ＝4
　ウ＝4－2＝2
十の位：一の位に繰り下げたから
　7－1－エ＝7　6－エ＝7
　これはできないから，百の位から繰り下げて
　10＋6－エ＝7　すなわち　16－エ＝7
　エ＝16－7＝9
百の位：十の位に繰り下げたから
　イ－1－5＝0　イ－6＝0
　イ＝6
千の位：4－7＝オ　これはできないから
　一万の位から繰り下げて
　10＋4－7＝オ　オ＝7
一万の位：千の位に繰り下げたから
　ア－1－1＝1　ア－2＝1　ア＝1＋2＝3
したがって
　　　3 4 6 7 2
　－1 7 5 9 8
　―――――――
　　　1 7 0 7 4

4 128625＋127927＝256552
48965＋47592＝96557
256552－96557＝159995（人）

3 大きい数のこん合算

☆ 標準レベル　●本冊→16ページ

1 (たし算部分, ひき算部分, 答えのじゅんに)
① 572, 426, 146
② 504, 326, 178
③ 1389, 1088, 301
④ 4600, 4320, 280
⑤ 4417, 3735, 682
⑥ 12813, 5333, 7480
⑦ 12936, 5456, 7480

2 ① 1802　② 1535
③ 337　④ 804
⑤ 9143

3 ア 8　イ 436　ウ 1337
エ 1773　オ 1744
カ 36047　キ 12808

2 ① 2558−□=756
　　□=2558−756=1802
② 228+□=1763
　　□=1763−228=1535
③ 1175−□=838　□=1175−838=337
④ 3573+□=4377
　　□=4377−3573=804
⑤ 9326−□=183
　　□=9326−183=9143

3 ③はキ→オ→カの順に求めます。
キ 50599−37791=12808
オ キ−11064=12808−11064=1744
カ 37791−オ=37791−1744=36047

☆☆ 発展レベル　●本冊→18ページ

1 ① 6107　② 1703　③ 999
④ 935　⑤ 19668

2 ① 9億2千万　② 2兆4千万
③ 2兆4000億

3 ① 2346　② 12804
③ 1761　④ 14605

4 ① 2046　② 25266
③ 0

5 <横のかぎ> イ 6882
ウ 23670　カ 134394
<たてのかぎ> ア 1456
ウ 21274　エ 8537
オ 1688390
<青色の部分の数の和> 40

1 ① たし算部分：15082なので
15082−8975=6107
② たし算部分：12945
ひき算部分：11242より
12945−11242=1703

2 ① 12億9千万−3億7千万
　=9億2千万
② 12兆9千万−10兆5千万
　=2兆4千万
③ 3兆5000億+1兆8000億
　=5兆3000億
```
　　5兆3000億
　−2兆9000億
　─────────
　　2兆4000億
```

3 ① □+7654=10000
② 21874−□=9070
③ 8006−□=6245
④ □−13500=1105

4 大きい順に
6420, 6402, 6240, 6204, …, 小さい順に,
2046, 2064, 2406, …となります。
② 6420+6402+6240+6204=25266
③ 6420+2046=8466
6402+2064=8466
8466−8466=0

5 和は　2+7+4+3+9+4+8+3+0=40

☆☆☆ トップレベル ●本冊→20ページ

1 ① 36366 ② 20776
  ③ 66986 ④ 224826

2 ① 4457 ② 3405 ③ 9982

3 ① 17億8千万 ② 10兆6644億
  ③ 7兆9967億

4 15000円

5 ア 29387 イ 28187
  ウ 18312 エ 15000 オ 1045

6 千円さつ1まい，百円玉8まい

7 92万円

---

1 ① ひき算部分：13634
  ② たし算部分：48272，ひき算部分：27496
  ③ たし算部分：125550，ひき算部分：58564
  ④ たし算部分：727346，ひき算部分：502520

2 ① 3420＋□＝7877
    □＝7877－3420＝4457
  ② □＋6682＝10087
    □＝10087－6682＝3405
  ③ 12871－□＝2889
    □＝12871－2889＝9982

3 単位をそろえて計算します。
  ① たし算部分：22億1000万
    ひき算部分：4億3000万

```
      億      万
    2 2 1 0 0 0
  −   4 3 0 0 0
    1 7 8 0 0 0
```

  ② ひき算部分：8兆9356億

```
    兆      億      万
  1 9 6 0 0 0 0 0 0 0
  −   8 9 3 5 6 0 0 0 0
    1 0 6 6 4 4 0 0 0 0
```

  ③ ひき算部分：111億

```
    兆      億      万
    8 0 0 7 8 0 0 0 0
  −       1 1 1 0 0 0 0
    7 9 9 6 7 0 0 0 0
```

4 ゆずね：12000－3789＝8211（円）
  あやか：8211＋6789＝15000（円）

5 ア 30867－1480＝29387
  イ 29387－1200＝28187
  ウ 28187－9875＝18312
  エ 18312＋□＝33312
    □＝33312－18312＝15000
  オ 33312－32267＝1045

6 お年玉：20000＋6000＋1600
    ＝27600（円）
  これまでの貯金
    20000＋□円とすると
  27600＋20000＋□－39800
  ＝9600
  7800＋□＝9600
  □＝9600－7800
    ＝1800
  できるだけ少ない枚数で考えるので，
    千円札1枚，百円玉8枚

7 線分図で表すと次のようになります。

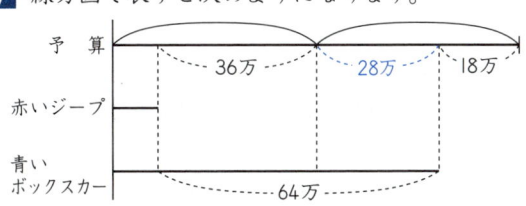

  青いボックスカーは，
    64万－36万＝28万より
  予算の半分より28万円高いことがわかります。
  予算の半分は 28万＋18万＝46万（円）
  したがって，予算は 46万＋46万＝92万（円）

4 整数のかけ算

★ 標準レベル　●本冊→22ページ

1 ① 216　② 342
　　③ 518　④ 378

2 ① 855　② 3138
　　③ 5000　④ 0

3 ① 2944　② 1846
　　③ 864　④ 850

4 ① 27　② 88　③ 59　④ 194

5 ① 10　② 2　③ 7　④ 7

6 ① 式 12×9＝108　答え 108本
　　② 式 198×7＝1386
　　　答え 1386円

7 ① 式 75×36＝2700　答え 2700円
　　② 式 84×14＝1176　答え 1176点

8 ア 230　　　　イ 23000
　　ウ 480　　　　エ 48000
　　オ 1450　　　カ 145000
　　キ 2000　　　ク 200000

1 ①　　27　②　　57　③　　74
　　　　×　8　　　×　6　　　×　7
　　　　―――　　　―――　　　―――
　　　　　216　　　　342　　　　518

4 たし算・ひき算と，かけ算・わり算の混じった式では，かけ算・わり算から計算します。
　① 11×2＋5＝22＋5＝27
　② 7＋27×3＝7＋81＝88
　③ 24×3－13＝72－13＝59
　④ 214－4×5＝214－20＝194

5 ①　3×4＋3×6＝3×□
　　3×4は，3を4こ合わせた数
　　3×6は，3を6こ合わせた数
　　たすと，3が4＋6＝10(個)になるから，
　　□にあてはまる数は10

　③　7×10－7×3＝7×□
　　7×10は，7を10個合わせた数
　　7×3は，7を3個合わせた数

ひくと，7が10－3＝7(個)になるから，
□にあてはまる数は7

受験指導の立場から
　A×a＋A×b＝A×(a＋b)
　A×a－A×b＝A×(a－b)
を分配法則といいます。

8 整数を10倍すると，その整数の右に0が1つ，100倍すると，0が2つつきます。
　ア　23×10＝230　イ　230×100＝23000

★★ 発展レベル　●本冊→24ページ

1 ① 8344　② 25000
　　③ 7588　④ 28650
　　⑤ 21304　⑥ 10280

2 ① 6873　② 7968
　　③ 8245　④ 9212
　　⑤ 576　⑥ 7742

3 ① 90459　② 90459
　　③ 17760　④ 432400
　　⑤ 120400　⑥ 234900

4 ① 10620　② 20163
　　③ 15022　④ 122181
　　⑤ 70752　⑥ 267161

5 ① 121　② 144　③ 169
　　④ 196　⑤ 225　⑥ 256
　　⑦ 289　⑧ 324　⑨ 361
　　⑩ 400　⑪ 625

（じゅんに）へいほうすうおぼえるぞ

1 桁数がふえても，考え方は同じです。下の位から一桁ずつ順に計算していきます。
　①　　1192　②　　3125
　　×　　　7　　×　　　8
　　――――　　　――――
　　　8344　　　25000

3 ①　　　437
　　×　　207
　　――――――
　　　3059　　←かける数の十の位の数が0なので
　　874　　　　437×0＝0
　――――――　これは書かずに省略します。
　90459

4 整数のかけ算 (11)

②
```
      207
×     437
     1449
     621
     828
    90459
```
←①と同じ結果になります。筆算の途中経過が問われてなければ $\begin{array}{c}A0B\\×CDE\end{array}$ 型か $\begin{array}{c}ABC\\×D0E\end{array}$ 型か計算しやすい方で計算すると，よいでしょう。

③
```
       24
×     740
       96
      168
    17760
```
←うしろの0を除いておいて，まず，24×74を計算し，最後に0を1つつけたします。

④
```
      470
×     920
       94
      423
   432400
```

2 まずは，0を除いて計算します。

①
```
      436
×     240
     1744
      872
   104640
```

②
```
     5900
×      30
   177000
```

5 750×136＝102000

6 まずは，万を除いて計算します。
```
      243
×      25
     1215
      486
     6075
```
243→243万は1万倍なので求める答えも，6075の1万倍です。すなわち
6075万＝60750000(人)

7 りんご1個の代金がいくらになったのか，何個かったのかに気をつけます。
安くなったときの1個の値段は
　100－5＝95(円)
全部で買った個数は　35＋7＝42(個)
　95×42＝3990(円)
5000円を出したので
　5000－3990＝1010(円)

8 ①　6×5＋2＝32
　　32×5＋4＝160＋4＝164
②　1234×5＋□＝6602
　　1234×5＝6170より
　　6170＋□＝6602
　　□＝6602－6170＝432

☆☆☆ トップレベル　●本冊→26ページ

1 ① 4557　② 3728
　③ 2226　④ 807
　⑤ 924　⑥ 2163

2 ① 104640　② 177000
　③ 227500　④ 1710000
　⑤ 1512000　⑥ 10530000

3 ① 1562946　② 2876868
　③ 2294768　④ 2573367

4 ① 408000000　② 69008000
　③ 2064480000　④ 2880040000

5 102000円

6 60750000人

7 1010円

8 ① 164　② 432

1
③
```
        3
×     742
        6
       12
       21
     2226
```
④
```
        3
×     269
       27
       18
        6
      807
```
⑥
```
        7
×     309
       63
       21
     2163
```

5 1けたの数でわるわり算

☆ 標準レベル　●本冊→28ページ

1 (じゅんに) ① 9　9　② 6　6
2 ① 4　② 8　③ 9　④ 9
　⑤ 7　⑥ 6　⑦ 9　⑧ 3
3 ① キ　② ウ
4 ① 式 72÷8=9　答え 9こ
　② 式 30÷5=6　答え 6ふくろ
　③ 式 40÷5=8　答え 8まい
　④ 式 56÷7=8　答え 8人
　⑤ 式 4×6=24　24÷8=3
　　　答え 3まい
　⑥ 式 12×3=36　36÷9=4
　　　答え 4本

3 答えは次のようになります。

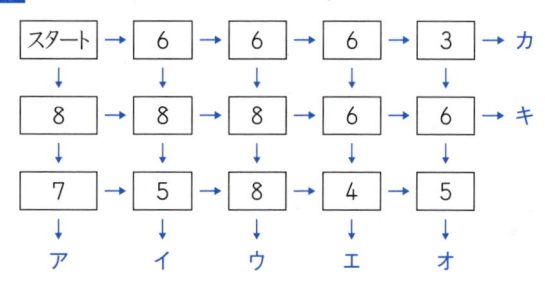

スタート → 6 → 6 → 6 → 3 → カ
↓
8 → 8 → 8 → 6 → 6 → キ
↓
7 → 5 → 8 → 4 → 5
↓　↓　↓　↓　↓
ア　イ　ウ　エ　オ

4 ⑤ 4×6÷8=3　⑥ 12×3÷9=4
としても構いません。

☆☆ 発展レベル　●本冊→30ページ

1 (じゅんに) ① 6　なし　② 7　なし
　③ 6　2　④ 6　3　⑤ 5　3
　⑥ 5　5　⑦ 7　6　⑧ 0　なし
2 (じゅんに) ① 7　7　② 4　③ 7
　④ 4　⑤ 6
3 ① ア 2　イ 4　ウ 1　エ 6
　　オ 12　カ 0
　② 14あまり1　③ 134
4 ① 式 30÷8=3あまり6
　　答え 3こもらえ，あまりは6こ
　② 式 65÷7=9あまり2
　　答え 9ふくろできて，あまりは2まい
　③ 式 8×9=72　72÷6=12
　　答え 12人
　④ 式 365÷7=52あまり1
　　答え 52週間と1日
　⑤ 式 456÷7=65あまり1
　　答え 65人に配れて，あまりは1こ
　⑥ 式 65×8=520
　　　1000-520=480
　　　480÷6=80
　　答え 80わずつ

1 ① 3×⑥=18　② 4×⑦=28
　③ 5×6=30　32-30=2より
　　32÷5=⑥あまり②
　④ 4×6=24　27-24=3より
　　27÷4=⑥あまり③
　⑧ 0÷2=⓪　あまりはなし

2 ① 15=2×⑦+1より　15÷2=⑦あまり1
　② 23=5×4+3より　23÷5=④あまり3
　③ 43=6×7+1より　43÷6=⑦あまり1
　④ 38=4×9+2より　38÷4=9あまり2
　⑤ 48=6×7+6より　48÷6=7あまり6

3 4÷3の商　13÷3の商　6÷5の商　17÷5の商
　　　↓　　　↓　　　↓　　　↓
② 　1 4　　　③　　1 3 4 ←20÷5の商
3)4 3　　　　　5)6 7 0
　 3　　　　　　　5
　 1 3　　　　　　1 7
　 1 2　　　　　　1 5
　　 1　　　　　　　2 0
　　　　　　　　　　2 0
　　　　　　　　　　　0

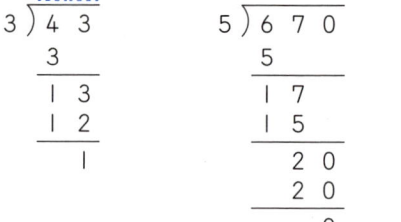

4 ③ 8×9÷6=12としても構いません。
　⑥ 1つの式で書くと
　　(1000-65×8)÷6=80となります。

☆☆☆ トップレベル ●本冊→32ページ

1 ① 213 ② 130 ③ 108あまり1
④ 130あまり2 ⑤ 1301 ⑥ 670
⑦ 1002あまり1 ⑧ 630あまり8
⑨ 1001あまり5

2 ① 7 ② 8 ③ 80 ④ 32
⑤ 8あまり1000 ⑥ 6あまり6000

3 2でわり切れる数…144, 430, 128, 1224, 5052
3でわり切れる数…21, 144, 315, 1224, 339, 5052
4でわり切れる数…144, 128, 1224, 5052
5でわり切れる数…430, 315
9でわり切れる数…144, 315, 1224

4 式 25×8=200 200−132=68
68÷7=9あまり5
答 小さい箱は9箱, 入らなかった消しゴムは5こ

5 式 680÷8=85 答 85cm

6 式 240÷30=8 330÷30=11
8×11=88 答 88まい

7 式 128×9+36=1188
1188÷7=169あまり5
答 169まい

8 ①
```
    2 4
3 ) 7 3
    6
    1 3
    1 2
        1
```
②
```
      9 5
6 ) 5 7 4
    5 4
      3 4
      3 0
          4
```

---

1 5÷7の商が立たないときも0を忘れないよう気をつけます。

③
```
      1 0 8
7 ) 7 5 7
    7
      5 7
      5 6
          1
```

⑥ ←忘れないこと！
```
      6 7 0
8 ) 5 3 6 0
    4 8
      5 6
      5 6
          0
```

⑦ 0÷3の商を忘れない
```
      1 0 0 2
3 ) 3 0 0 7
    3
          7
          6
          1
```

2 割る数と割られる数から同じ数ずつ0を消します。

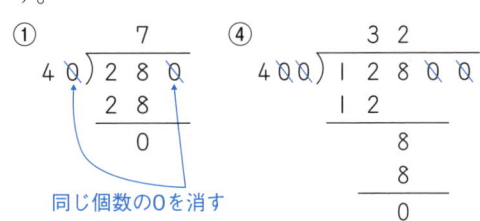

①
```
        7
40 ) 280
     28
      0
```
同じ個数の0を消す

④
```
         3 2
400 ) 12800
       12
        8
        8
        0
```

⑤
```
           8
2000 ) 17000   ←同じ個数の0を消す
       16
       1000   ←余りには消した0を復活
```

3 各数計算していきます。この問いは次の大事な内容を含んでいます。入試では必須の内容なのでここで体験・確認させておきましょう。

受験指導の立場から

整数には, 次のような性質があります。
・2で割り切れる数…一の位の数が偶数
・3で割り切れる数…各位の数を全部たすと, 3で割り切れる
例 27の場合 27は3で割り切れる。2+7=9で, 9も3で割り切れる
・4で割り切れる数…下2桁の数が4で割り切れる
例 124の場合 124は4で割り切れる。下2桁の24も4で割り切れる。
・5で割り切れる数…一の位の数が0か5
・9で割り切れる数…各位の数を全部たすと, 9で割り切れる
例 324の場合 324は9で割り切れる。3+2+4=9で, 9も9で割り切れる。

14

6 たてに8枚，横に11枚はれます。

7 128×9＋36＝1188　　1188－5＝1183
1183÷7＝169（枚）としても構いません。

8 ①

```
      2 ア
   イ) 7 3
      ウ
      エオ
      カキ
         1
```

7÷イ＝2あまりエ　となります。
これを満たすイはイ＝3のみです。
したがって，イ＝3，ウ＝3×2＝6，エ＝1
オ＝3より　エオ＝13
13÷3＝4あまり1より　ア＝4
イ×ア＝12より　カ＝1，キ＝2

```
      2 4
   3) 7 3
      6
      1 3
      1 2
         1
```

②

```
        アイ
   ウ) エオカ
       5 キ
         クケ
         3 0
            4
```

クケ＝34より，ク＝3，ケ＝4，カ＝4
ウ×イ＝30なので，ウは5か6のどちらかですが，ウ＝5のとき，ウ×ア＝5キ（50以上の数）とならないので，不適。ゆえに　ウ＝6，イ＝5
6の段の九九で50以上のものは6×9＝54だけだから　ア＝9，キ＝4
エオ－5キ＝3より
　エオ＝5キ＋3＝54＋3＝57　エ＝5，オ＝7

```
       9 5
   6) 5 7 4
      5 4
        3 4
        3 0
           4
```

6 2けたの数でわるわり算

☆ 標準レベル　　●本冊→34ページ

1 ① ア 3　　イ 54　　ウ 7
② ア 7　　イ 161　　ウ 0
③ ア 6　　イ 228　　ウ 4

2 ① 3あまり11　　② 4
③ 3あまり1　　④ 4あまり5
⑤ 8あまり39　　⑥ 8あまり8

3 ① 8あまり67　　② 5あまり66
③ 7あまり36　　④ 8あまり4
⑤ 6あまり1　　⑥ 7あまり28

4 ア 100　イ 1　ウ 400　エ 4
オ 1000　カ 10　キ 3100　ク 31

1 割る数，割られる数ともに四捨五入したものを計算し，仮の商を立てます。
② ア　160÷20＝8より8を仮の商とすると，23×8＝184で，161より大きいので，これでは，仮の商が大きすぎます。8より1小さい7を仮の商とします。
③ ア　230÷40＝5あまり30より5を仮の商とすると，38×5＝190　232－190＝42
あまりが割る数38より大きいのでもう1つ大きい商が立ちます。仮の商を6としてみます。

3 ①〜③は仮の商が大きすぎるパターンです。
① 720÷80＝9

```
       9                    8
  82) 7 2 3           82) 7 2 3
     7 3 8 ← 723より大き      6 5 6
            いのでダメ          6 7
```

④〜⑥は仮の商が小さすぎるパターンです。
④ 390÷50＝7あまり40

```
       7                    8
  48) 3 8 8           48) 3 8 8
     3 3 6   → 割る数48より    3 8 4
       5 2 ← 大きいのでダメ       4
```

4 割られる数の末位の0は，10で割ると1つ消え，100で割ると2つ消えます。

☆☆ 発展レベル　●本冊→36ページ

1 ア 2　　イ 36　　ウ 6
　　エ 108　　オ 15

2 ① 17　② 15　③ 13　④ 15
　　⑤ 48あまり2　⑥ 13あまり1
　　⑦ 22あまり4　⑧ 15あまり9

3 ①
```
      7
18)126
   126
     0
```
②
```
     29
29)853
    58
    273
    261
     12
```

4 ① 式 367÷45＝8あまり7
　　答え 8箱できて7本あまる
　② 式 983÷63＝15あまり38
　　答え 15本買えて38円のこる
　③ 式 876÷32＝27あまり12
　　答え 1人27円ずつ返金し，12円きふする

---

1 ア：50÷20＝2あまり10より2を仮の商とすると，イ＝18×2＝36　その下の段の数が48－36＝12となってうまくいきます。
ウ：120÷20＝6より6を仮の商とすると，エ＝18×6＝108　123－108＝15＜18となってうまくいきます。

2 400÷20＝2より仮の商を2とする。
①
```
     2
24)408
   48
```
←ココが大きすぎるので不可。もう1つ小さい商を立てる。

```
     18
24)408
   24
   168
   192
```
次は168÷24
170÷20＝8あまり10より仮の商を8とすると
←ココが大きすぎるので1つ小さい7を仮の商とするとピッタリ。

```
     17
24)408
   24
   168
   168
     0
```

② 210÷10＝2あまり10　仮の商を2とする。
```
     25
14)210
   28
```
←ココが大きすぎるので不可。もう1つ小さい商を立てる。

```
     17
14)210
   14
   70
   98
```
次は70÷14
これを70÷10＝7より仮の商を7とすると
←ココが大きすぎる。

```
     16
14)210
   14
   70
   84
```
←では仮の商を6とするとそれでも，ココが大きすぎる。

```
     15
14)210
   14
   70
   70
    0
```
←では，仮の商をさらに1小さくして5とすると，ピッタリ。

③
```
     13
18)234
   18
   54
   54
    0
```

④
```
     15
35)525
   35
   175
   175
     0
```

⑤
```
     48
17)818
   68
   138
   136
     2
```

⑥
```
     13
18)235
   18
   55
   54
    1
```

3 ① あまりは割る数より小さくなくてはなりません。あまりが18あるということは，もう1つ大きい商が立ちます。
② 90÷30＝3で求めた仮の商では大きすぎるので，85－87で引けません。
もう1つ小さい商を立てます。

16　⑥　2けたの数でわるわり算

☆☆☆ トップレベル　●本冊→38ページ

1 ① 50　② 30　③ 30
　④ 20あまり9　⑤ 20あまり14
　⑥ 30あまり9　⑦ 37あまり11
　⑧ 37あまり2

2 ① 133　② 151　③ 217
　④ 141あまり4　⑤ 222あまり2
　⑥ 195あまり17
　⑦ 243　⑧ 439

3 ①
```
        9 9
  12)1 1 9 5
      1 0 8
        1 1 5
        1 0 8
            7
```
②
```
        7 9
  1 1)8 7 6
      7 7
        1 0 6
          9 9
            7
```

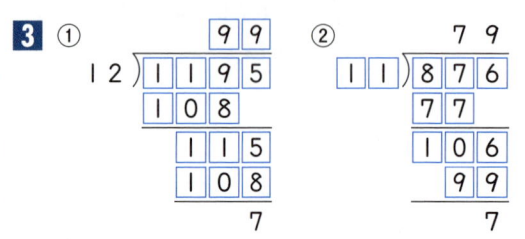

4 ① 4本
　② 6本
　③ 5列目

2

① 23÷18　20÷20と考えて仮の商を立てる。
```
        1 3 3
  18)2 3 9 4
      1 8
        5 9
        5 4
          5 4
          5 4
            0
```
59÷18より60÷20と考えて仮の商を立てる。
54÷18
この計算は、59÷18のときにしているので、利用できる。

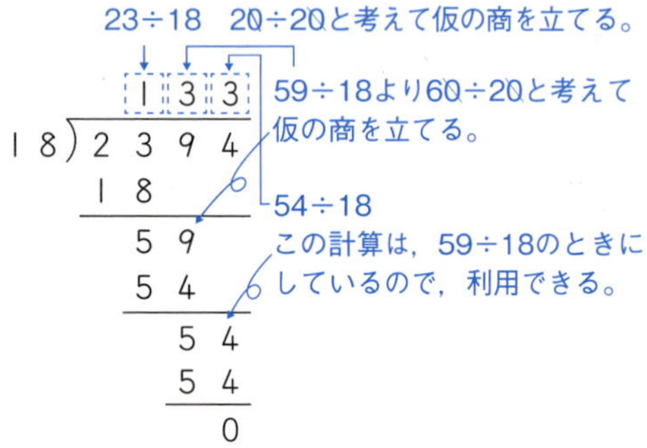

② 37÷25　127÷25
```
        1 5 1
  25)3 7 7 5
      2 5
      1 2 7
      1 2 5
          2 5
          2 5
            0
```
130÷30として仮の商をまず立てるが、慣れてくると25×4＝100なので25×5＝125かな？と見当がつけられる。
25÷25＝1

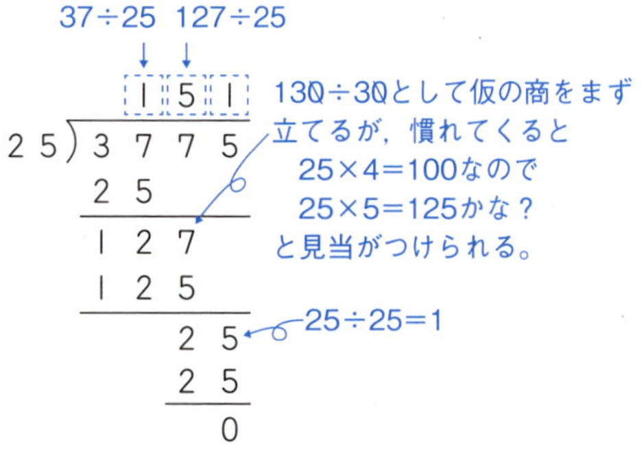

3 ① 下のように記号をつけると、
12×ア＝キクケ, 12×イ＝スセソ
　　　1桁　3桁　　　1桁　3桁
となるのは　12×9＝108のときだけです。
これより　ア＝9, イ＝9

キクケ＝スセソ＝108
コサシ＝108＋7＝115
カ＝5
ウエオ＝108＋11＝119
```
       ア イ
  12)ウエオカ
      キクケ
      コサシ
      スセソ
          7
```
→
```
        9 9
  12)ウエオカ
      1 0 8
      コサシ
      1 0 8
          7
```

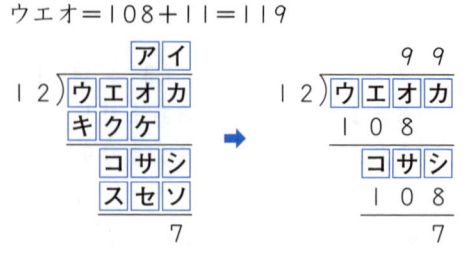

② 下のように記号をつけると、アイ×9＝サシ
　　　　　　　　　　　　　　2桁　　　2桁
と2桁になるのは　10×9＝90, 11×9＝99
のときだけです。クケコ＝サシ＋7と3桁になる
　　　　　　　　3桁
のは、11×9のときだけだから
アイ＝11, カキ＝77, サシ＝99,
クケコ＝99＋7＝106
ウエ＝77＋10＝87　オ＝6
```
        7 9
  アイ)ウエオ
      カキ
      クケコ
        サシ
          7
```
→
```
        7 9
  1 1)ウエオ
      7 7
      1 0 6
        9 9
          7
```

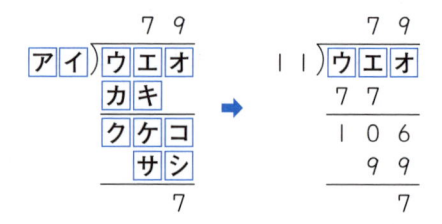

4 ①, ② 棒を立てる問題でも、直線上か、円周上かでは、数え方がかわります。

① 45m　45m　45m
　135m
135÷45＝3　3＋1＝4より　4本

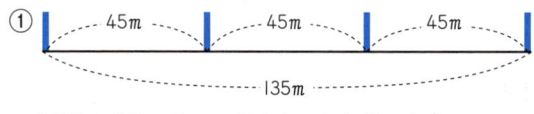

② 48m（円周上に6本）
288÷48＝6より　6本

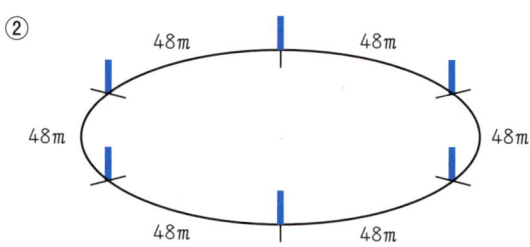

③ 38×3＝114　37×2＝74
114＋74＝188　188÷45＝4あまり8ですが、残りの8人も1列使うので　4＋1＝5(列目)となります。

復習テスト1

●本冊→40ページ

① ① 52060800
　② 5550000

② ① 1647350800
　② 8030000104000000

③ ① 50893　② 70058
　③ 44兆812億
　④ 2兆1999億6000万

④ ① 269　② 216　③ 431
　④ 1121　⑤ 1893　⑥ 219
　⑦ 23214　⑧ 305

⑤ ① 10620　② 67802　③ 104640
　④ 918000

⑥ ① 130あまり2　② 1408あまり3
　③ 3あまり80　④ 8あまり15
　⑤ 5あまり12　⑥ 11あまり31

⑦ ① 式 7×171＝1197
　　1197÷9＝133　答え 133人
　② 式 600÷83＝7あまり19
　　答え 1人あたり7本，あまりは19本

⑧ ① 8577＋1446＝10023
　② 47542－37549＝9993

---

① 4桁ごとに区切り，位をそろえましょう。
① 　　万
　　52000000
　　　　60000
　＋　　　800
　　52060800

② 　　万
　　　2100000
　＋3450000
　　5550000

② 　億　万
① 1647350800
　　兆　億　万
② 8030000104000000

③ ① 37102＋□＝87995
　□＝87995－37102＝50893
② 28057＋□＝98115
　□＝98115－28057＝70058
③ 812億＋44兆
④ 2兆2000億－4000万

```
  兆    億    万
    1999
  22000 0000 0000
－        4000 0000
  21999 6000 0000
```

⑤ ① 　236
　　×　45
　　1180
　　944
　　10620

② 　　167
　　×406
　　1002
　　668
　　67802

0×167の分は書かない。
4×167の分は1つ左にずらすこと。

③ 　　436
　　×240
　　1744
　　872
　104640←

④ 　　340
　　×2700
　　238
　　68
　918000←

⑥ ① 　　130
　6)782
　　6
　　18
　　18
　　　2

② 　　1408
　6)8451
　　6
　　24
　　24
　　　51
　　　48
　　　　3

③ 　　　3
　90)350
　　　270
　　　80

④ 　　　8
　20)175
　　　160
　　　15

あまりの0を忘れない。

⑤ 　　　5
　35)187
　　　175
　　　12

⑥ 　　　11
　36)427
　　　36
　　　67
　　　36
　　　31

18

8 ①
```
    8 [ア] 7 [イ]
  + [ウ] 4 [エ] 6
  ─────────────
    1 0 0 2 3
```
とすると

一の位：イ＋6＝3　これはできないから
　　　イ＋6＝13　イ＝13－6　イ＝7
十の位：繰り上がりがあるから
　　　1＋7＋エ＝2　　8＋エ＝2
　　　これはできないから　8＋エ＝12
　　　エ＝12－8　エ＝4
百の位：繰り上がりがあるから
　　　1＋ア＋4＝0　5＋ア＝0
　　　これはできないから　5＋ア＝10
　　　ア＝10－5　ア＝5
千の位：繰り上がりがあるから
　　　1＋8＋ウ＝10　9＋ウ＝10
　　　ウ＝10－9　ウ＝1

```
    8 5 7 7
  + 1 4 4 6
  ─────────
    1 0 0 2 3
```

②
```
    [ア] 7 [イ] 4 [ウ]
  -  3 [エ] 5 [オ] 9
  ─────────────────
      9 9 9 3
```
とすると

一の位：ウ－9＝3　これはできないから
　　　十の位から繰り下げて　10＋ウ－9＝3
　　　1＋ウ＝3　ウ＝3－1　ウ＝2
十の位：一の位に繰り下げたから
　　　4－1－オ＝9　　3－オ＝9
　　　これはできないから百の位から繰り下げて
　　　10＋3－オ＝9　13－オ＝9　オ＝4
百の位：十の位に繰り下げたから
　　　イ－1－5＝9　イ－6＝9
　　　千の位から繰り下げて　10＋イ－6＝9
　　　4＋イ＝9　イ＝9－4　イ＝5
千の位：百の位に繰り下げたから
　　　7－1－エ＝9　6－エ＝9
　　　一万の位から繰り下げて　10＋6－エ＝9
　　　16－エ＝9　エ＝16－9　エ＝7
一万の位：千の位に繰り下げたから
　　　ア－1－3＝0　ア－4＝0　ア＝4

```
    4 7 5 4 2
  - 3 7 5 4 9
  ─────────
      9 9 9 3
```

7 計算のきまり
（順序・逆算）

☆ 標準レベル　●本冊→42ページ

1 ① 26　② 6　③ 40
　　④ 46　⑤ 27

2 ① 20　② 100　③ 900
　　④ 13

3 ① 258　② 24　③ 23
　　④ 28　⑤ 72

4 ① 式 3600÷(320＋80)＝9
　　答え 9セット
　② 式 (227－17)÷35＝6
　　答え 6こ
　③ 式 (80＋120)×42＝8400
　　または，
　　80×42＋120×42＝8400
　　答え 8400円

5 ① 式 (12＋48)×4÷12＝20
　　答え 20
　② 式 560÷(14×5)×15＝120
　　答え 120
　③ 式 1000－(25×20＋60)＝440
　　答え 440

1 ＋と－だけの式は順番を入れかえて計算して構いません。
×と÷だけの式も順番を入れかえて計算して構いません。＋，－，×，÷の混じった式は，×，÷から計算します。

① 47－35＋14＝12＋14＝26
② 12×4÷8＝48÷8＝6
③ 7×5＋40÷8＝35＋5＝40
　←×，÷から計算します。
　7×45÷8としないように！
④ 12×5－84÷6＝60－14＝46
⑤ 23＋49÷7－3＝23＋7－3
　＝30－3＝27

7　計算のきまり（順序・逆算）

2 例えば，②×3＝6なら，②＝6÷3
2×③＝6なら，③＝6÷2
⑩÷2＝5なら，⑩＝2×5
10÷②＝5なら，②＝10÷5　などとなります。
簡単な式に置き換えて考えます。
① □×12＝240　　□＝240÷12＝20
② 36×□＝3600　□＝3600÷36＝100
③ □÷15＝60　　□＝15×60＝900
④ 52÷□＝4　　□＝52÷4＝13

3 かっこのあるところから計算します。複数のかっこがある場合は，内側からはずしていきます。
① (50－7)×6＝43×6＝258
② 8×9÷(7－4)＝72÷3＝24
③ 2＋3×{8－4÷(12－8)}
　＝2＋3×(8－4÷4)＝2＋3×(8－1)
　＝2＋3×7＝2＋21＝23
④ 70－{(6－2)×3＋6×5}
　＝70－(4×3＋30)＝70－(12＋30)
　＝70－42＝28
⑤ 8×[13－{1＋18÷(9－3)}]
　＝8×{13－(1＋18÷6)}
　＝8×{13－(1＋3)}＝8×(13－4)
　＝8×9＝72

4 ① 3600÷(320＋80)
　＝3600÷400＝9(セット)
② (227－17)÷35＝210÷35＝6(個)
③ (80＋120)×42＝200×42＝8400(円)
（別解）80×42＋120×42＝8400(円)

5 ① (12＋48)×4÷12
　＝60×4÷12＝240÷12＝20
② 560÷(14×5)×15
　＝560÷70×15＝8×15＝120
　　←560÷(14×5)を560÷14×5とすると
　　　40×5＝200となり，誤ります。
③ 1000－(25×20＋60)
　＝1000－(500＋60)
　＝1000－560
　＝440

★★ 発展レベル　●本冊→44ページ

1 ① 19　② 27　③ 6　④ 60
⑤ 6　⑥ 66　⑦ 3　⑧ 53

2 ① 18　② 80　③ 30　④ 7
⑤ 6　⑥ 2　⑦ 2　⑧ 4

3 ① 式 49＋□＝80　答え 31
② 式 152－□＝75　答え 77
③ 式 □×9＝216　答え 24
④ 式 □÷16＝7　答え 112

4 ① 式 □×5－15＝50
　答え 13
② 式 (□－15)÷10＋12＝72
　答え 615
③ 式 {(□＋12)×5－15}÷10＝54
　答え 99

1 ① 16＋(37－10)÷9＝16＋27÷9
　＝16＋3＝19
② 72÷8×(6－3)＝72÷8×3＝9×3＝27
③ 54÷(12－21÷7)
　＝54÷(12－3)＝54÷9＝6
④ (3×3＋6)×(7－3)＝(9＋6)×4
　＝15×4＝60
⑤ 36÷(2×6－36÷6)＝36÷(2×6－6)
　＝36÷(12－6)＝36÷6＝6
⑥ (14÷7＋4)×11＝(2＋4)×11
　＝6×11＝66
⑦ (12＋60÷2)÷(22－8)
　＝(12＋30)÷14＝42÷14＝3
⑧ 8×9－(12＋63÷9)
　＝72－(12＋7)＝72－19＝53

7 計算のきまり（順序・逆算）

2 ＋，－，（ ），×，÷の混じった計算は（ ），×，÷を＋，－より先に計算しましたが，逆算の場合は，その逆で
まず，＋，－から計算し，最後に（ ），×，÷を計算します。かっこも外側からはずします。

① □×(12－5)＝126
　　　　　　7
　□×7＝126　　□＝126÷7＝18

② 117÷(93－□)＝9　　93－□＝117÷9
　93－□＝13　　□＝93－13＝80

③ 7×□＋50＝260　　7×□＝260－50
　7×□＝210　　□＝210÷7＝30

④ {(57－22)÷□＋4}×11＝99
　　　35
　35÷□＋4＝99÷11
　35÷□＋4＝9　　35÷□＝9－4
　35÷□＝5　　□＝35÷5＝7

⑤ 36÷□＋4×2＝14
　　　　　8
　36÷□＋8＝14　　36÷□＝14－8
　36÷□＝6　　□＝36÷6＝6

⑥ 14－6÷□×3＝5
　6÷□×3＝14－5　　6÷□×3＝9
　順番を入れかえて　6×3÷□＝9
　18÷□＝9　　□＝18÷9＝2

⑦ 34－4×□＋15÷3＝31
　　　　　　　　5
　34－4×□＋5＝31
　39－4×□＝31　　4×□＝39－31
　4×□＝8　　□＝8÷4＝2

⑧ 15－10×□÷4＝5
　10×□÷4＝15－5
　10×□÷4＝10　　10×□＝4×10
　10×□＝40　　□＝40÷10＝4

3 ① 49＋□＝80　　□＝80－49＝31
② 152－□＝75　　□＝152－75＝77
③ □×9＝216　　□＝216÷9＝24
④ □÷16＝7　　□＝16×7＝112

4 ① □×5－15＝50　　□×5＝50＋15
　□×5＝65　　□＝65÷5＝13

② □から15を引いたものを10で割るので，
　□－15÷10ではなく，(□－15)÷10とします。
　これに12をたすので　(□－15)÷10＋12＝72

(□－15)÷10＝72－12
(□－15)÷10＝60
□－15＝10×60　　□－15＝600
□＝600＋15＝615

③ ある数に12をたしたものを5倍するので(□＋12)×5とします。
さらに，これから15を引いたものを10で割るので　{(□＋12)×5－15}÷10＝54
(□＋12)×5－15＝10×54
(□＋12)×5－15＝540
(□＋12)×5＝540＋15
(□＋12)×5＝555
□＋12＝555÷5　　□＋12＝111
□＝111－12　　□＝99

★★★ トップレベル　●本冊→46ページ

1 ① 32　② 8　③ 222　④ 40
　⑤ 24　⑥ 88　⑦ 6　⑧ 27

2 ① 20　② 12　③ 30　④ 73

3 ① 式 □×7＋13＝209
　　答え 28こ
② 式 65×□＋350＝1065
　　答え 11本

4 ① □＝18　　② □＝23
③ □＝60　　④ □＝1000
⑤ □＝3，△＝4　⑥ □＝2，△＝5

5 ① まき子　54だん目
　　ちか子　60だん目
② 51だん目　③ 55だん目
④ 51だん目

1 ① 77÷7＋(24－12÷4)
　　　11　　　　　3
　＝11＋(24－3)
　　　　　21
　＝11＋21＝32

② 10－[4－{2－(2－1)＋2}＋1]
　　　　　　　　1
　＝10－{4－(2－1＋2)＋1}
　　　　　　　3
　＝10－(4－3＋1)
　　　　　2
　＝10－2＝8

7 計算のきまり(順序・逆算) 21

③ (□−62)÷8=20
　　□−62=8×20　　□−62=160
　　□=160+62=222
④ 6×(82−□)=252
　　82−□=252÷6　　82−□=42
　　□=82−42=40
⑤ 7×(□÷2)=84　　□÷2=84÷7
　　　　　　　　　　　　　　　12
　　□÷2=12　　□=2×12=24
⑥ □−(46−16)=58　　□−30=58
　　□=58+30=88
⑦ 10+(□×9−16)=48
　　□×9−16=48−10
　　□×9−16=38　　□×9=38+16
　　□×9=54　　□=54÷9=6
⑧ (29+81÷□)÷8=4
　　29+81÷□=8×4
　　29+81÷□=32
　　81÷□=32−29　　81÷□=3
　　□=81÷3=27

2 ① 7▲8=7×4−8=28−8=20
② 18▲□=60　　18×4−□=60
　　72−□=60　　□=72−60=12
③ □▲10=110
　　□×4−10=110
　　□×4=110+10　　□×4=120
　　□=120÷4=30
④ 20▲(150−□)=3
　　20×4−(150−□)=3
　　80−(150−□)=3
　　150−□=80−3　　150−□=77
　　□=150−77=73

3 ① □×7+13=209
　　□×7=209−13　　□×7=196
　　□=196÷7=28(個)
② 65×□+350=1065
　　65×□=1065−350　　65×□=715
　　□=715÷65=11(本)

4 ① 10×10=100, 20×20=400なので，20に近い数です。順に調べていきます。
　　19×19=361　　18×18=324
　　よって　18

② 20×20=400, 30×30=900なので20に近い数です。
529の一の位の数が9であることに着目します。
1桁の数で2回かけて9になるのは，3×3か，7×7だけなので23×23に見当をつけて
23×23=529　よって　23
③ 6×6=36, 10×10=100なので，見当をつけて　60×60=3600　よって　60
④ 10倍，100倍，…するごとに0が1つずつ増えます。1000000と0が6個あるので
1000×1000=1000000　よって　1000
⑤ □×7+△×20=101
△×20=101とすると，
△=101÷20=5あまり1となり，
△は大きくても5です。表にしてみると，適するのは，□=3, △=4

△	5	4	3	2	1	0
□×7	1	21	41	61	81	101
□	×	3	×	×	×	×

(別解)△×20の一の位の数は0なので，
101の一の位の数1を決めるのは□×7
7の段で一の位が1になるのは7×3=21だけなので　□=3　これより△=4
⑥ □×6+△×5=37
□×6=37とすると　□=37÷6=6あまり1
□は大きくても6なので表にすると次のようになります。

□	6	5	4	3	2	1	0
△×5	1	7	13	19	25	31	37
△	×	×	×	×	5	×	×

適するのは，□=2, △=5
(別解)△×5の一の位の数は5か0なので，
□×6の一の位の数は
　△×5の一の位の数が5のとき2
　　　　　　　　　　0のとき7です。
6倍して7になる数はないので，□×6の一の位の数は2です。これを満たす□は
　2, 7, 12, 17, …
この中であてはまるのは，□=2のみ。このとき△=5

5 ① 勝ちを○，負けを×，あいこを△とすると，

	1回目	2回目	3回目	4回目	5回目
まき子	○	×	△	×	×
ちか子	×	○	△	○	○

となるので

	1回目	2回目	3回目	4回目	5回目
まき子	3	0	1	0	0
ちか子	0	3	1	3	3

まき子　50+3+0+1+0+0=54（段目）
ちか子　50+0+3+1+3+3=60（段目）

② 63−50=13 より，13段上がっています。
13=3+3+3+3+1 なので，
まき子さんは4回勝って1回あいこ。
ちか子さんは4回負けて1回あいこ。
50+0+0+0+0+1=51（段目）

③ 58−50=8 より，8段上がっています。
8=3+3+1+1+0 なので，
まき子さんは2回勝って2回あいこで1回負けた。
ちか子さんは2回負けて2回あいこで1回勝った。
50+0+0+1+1+3=55（段目）

④ まき子さんが5回とも勝ったとき
まき子さんとちか子さんの段の差は15段差です。
次に段の差が多いのは
　まき子：4勝1あいこ　3×4+1=13（段）
　ちか子：4敗1あいこ　1（段）より
　　13−1=12（段差）
その次は
　まき子：4勝1敗　3×4=12
　ちか子：1勝4敗　3×1=3
　　12−3=9（段差）
同様に確かめると，段差はだんだん減っていくので，まき子さんが上で，12段差になるのは，
まき子：4勝1あいこ，ちか子：4敗1あいこのときだけです。
したがって，ちか子は
　50+1=51（段目）

8 計算のくふう

☆ 標準レベル　　●本冊→48ページ

1 ① 187　　　② 229
　③ 240　　　④ 220

2 ① 1098　　② 715
　③ 4196　　④ 90

3 ① 920　　　② 6800
　③ 6000　　④ 2190

4 ① 8　　② 12　　③ 4
　④ 4　　⑤ 5，5

5 ① 0　　　　② 100

6 ① 271　　　② 1000000
　③ 1000000000
　④ 983000000

7 ① 333点　　② 777円

1 一の位が0になるよう組み合わせます。+，−だけが混じった式，×，÷だけが混じった式では，順序を入れ替えて計算しても構いません。特に，+，−だけが混じった式では，+どうし，−どうしを先にまとめて計算するとよいでしょう。

① 26+87+74=100+87=187
② 29+97+103=29+200=229
③ 48+75+52+65　←順番を入れ替える
　=48+52+75+65=100+140=240
④ 83+38+62+37
　=83+37+38+62=120+100=220

2 10，100，1000などの数に近い数の計算では，たとえば，999=1000−1などとします。

① 999+99=1000−1+100−1
　　　　　=1100−2=1098
② 814−99=814−100+1
　　100を引いては引きすぎなので，1をたす
　　　　=815−100=715
③ 198+3998=200−2+4000−2
　　　　　　=4200−4=4196
④ 1079−989=1000+79−1000+11
　　　　　　=79+11=90

8 計算のくふう 23

3 かけて10や100, 1000になる組み合わせで考えます。
① 5×92×2
　＝92×5×2＝92×10＝920
② 68×25×4＝68×100＝6800
③ 8×6×125
　＝6×8×125＝6×1000＝6000
④ 2×73×5×3＝73×3×2×5
　＝219×10＝2190

4 ① 2×3+2×5＝2×(3+5)＝2×8より
　□にあてはまる数は8
③ 4×10−4×6＝4×(10−6)＝4×4より
　□にあてはまる数は4
⑤ (10+5)×(10−5)＝15×5＝75
　また 10×10−□×□＝100−□×□
　よって 75＝100−□×□
　□×□＝100−75　　□×□＝25
　5×5＝25より　　□＝5

5 一の位が0になるようにまとめます。
① 33−9+67−91＝100−100＝0
② 153−84+47−16＝200−100＝100

6 ① 83+56+71+17+44
　＝83+17+56+44+71
　＝100+100+71＝271
② 2×4×5×8×25×125
　＝2×5×4×25×8×125
　＝10×100×1000＝1000000
③ 2×20×200×5×50×500
　＝2×5×20×50×200×500
　＝10×1000×100000
　＝1000000000
④ 25×983×125×4×2×8×5
　＝983×25×4×125×8×2×5
　＝983×100×1000×10
　＝983000000

7 ① 83+47+74+76+53
　＝130+150+53＝280+53＝333(点)
② 1977−980−220
　＝1977−980−20−200
　＝1977−1000−200
　＝977−200＝777(円)

☆☆ 発展レベル　●本冊→50ページ

1 ① 81　② 100　③ 18　④ 18
2 ① 1793　② 405
　③ 660　　④ 3
3 ① 600　② 1800
　③ 3000　④ 2700
4 ① 753　② 160　③ 11097
　④ 1080　⑤ 5
5 ① 9200　② 785000
　③ 20　　④ 12
　⑤ 1　　⑥ 18000
6 ① 17700　② 8554　③ 39919
7 ア 11　イ 11　ウ 11　エ 11
　オ 11　カ 11　キ 5　ク 55

1 ① 72−19+28＝100−19＝81
　　　　　　　100
② 171−38+29−62＝200−100＝100
③ ×, ÷だけが混じった式では, 順番を入れ替えて計算していいので
　24×6÷8＝24÷8×6＝3×6＝18
④ 48×6÷8÷2＝48÷8×6÷2＝6×3＝18

2 999, 99などをうまく扱いましょう。
① 794+999＝794+1000−1
　＝1794−1＝1793
② 504−99＝504−100+1＝405
③ 98+364+198
　＝100−2+364+200−2
　＝100+364+200−2−2＝664−4＝660
④ 1456−998+544−999
　＝1456+544−998−999
　＝2000−1000+2−1000+1＝3

3 25×4＝100, 125×8＝1000を使います。
① 24×25＝6×4×25＝6×100＝600
　　　　　　　100
② 25×36×2＝25×4×9×2＝1800
　　　　　　　100
③ 24×125＝3×8×125＝3000
　　　　　　　1000
④ 75×9×4＝3×25×9×4
　＝3×9×25×4＝27×100＝2700
　　　　　100

24 **8** 計算のくふう

4 ①,②は一の位が0になるように組み合わせます。
① 998−174+53−226+55+47
=998−174−226+53+47+55
=1000−2−400+100+55
=1000−400+100+55−2
=700+53=753
② 87+46−27+38
+54−43+62−57
=87−27+46+54+38+62−43−57
=60+100+100−100
=160
③ 99+999+9999
=100−1+1000−1+10000−1
=11100−3=11097
④ 382+384+386−22−24−26
　　360　360　　　　360
=360+360+360
=1080
⑤ 80+78+76+74+72−71
−73−75−77−79
=80−79+78−77+76−75
+74−73+72−71
=1+1+1+1+1=5

5 ① 25×92×4=25×4×92
=100×92=9200
② 125×785×8
=125×8×785=1000×785
=785000
③ 25×140÷7÷5÷5
=25÷5÷5×140÷7
=1×20=20
④ 380÷5×18÷19÷6
=380÷19÷5×18÷6
　　　20
=20÷5×18÷6
=4×3=12
⑤ 4×21×15÷5÷7÷36
=4×21÷7×15÷5÷36
=4×3×3÷36
=36÷36=1

⑥ 27×22÷9×3÷11×1000
=27÷9×22÷11×3×1000
=3×2×3×1000
=18×1000=18000

6 ① 177×39+177×61
=177×(39+61)
=177×100=17700
② 777+7777
=7×111+7×1111
=7×(111+1111)
=7×1222
=7×(1000+222)
=7×1000+7×222
=7000+1554=8554
③ 209×191
=(200+9)×(200−9)
=200×200−9×9
=40000−81=39919

🐻 受験指導の立場から
本問は，分配法則や展開公式
　A×B+A×C=A×(B+C)
　A×B+C×B=(A+C)×B
　A×B−A×C=A×(B−C)
　A×B−C×B=(A−C)×B
　A×A−B×B=(A+B)×(A−B)
を経験させる問題です。
このような公式もあるということを知っておきましょう。

7 本問は等差数列の和の問題です。
等差数列の和は
最も大きいものと最も小さいものの和，
2番目に大きいものと2番目に小さいものの和，
3番目に大きいものと3番目に小さいものの和，
　　　　　　⋮
が等しくなるので，これを利用して求めます。

8 計算のくふう 25

☆☆☆ トップレベル ●本冊→52ページ

1 ① 16319　② 3627
　　③ 2194　　④ 1980

2 ① 900　　② 8200　　③ 300
　　④ 650　　⑤ 62451

3 ① 465　　② 110
　　③ 100　　④ 1539

4 オ

5 ① ㋐ 4　　㋑ 12　　㋒ 8
　　② 2, 8　　③ 2, 5

---

1 ① 1987＋2675＋635＋1023＋9999
　＝1987＋1023＋2675＋635＋9999
　＝3010＋3310＋10000－1
　　　　　　　　　9999
　＝6320＋10000－1
　＝16319

② 4043＋197－1676－1033＋2096
　＝4043－1033＋2096－1676＋197
　＝3010＋420＋200－3＝3627
　　　　　　　197

③ 998＋99＋999＋98
　＝1000－2＋100－1＋1000－1＋100－2
　＝2200－6＝2194

④ 1000＋1005＋1010
　　－350－345－340
　＝1000－340＋1005－345＋1010－350
　＝660＋660＋660＝1980

2 ① 9×76＋9×24
　＝9×(76＋24)＝9×100＝900

② 82×91＋9×82
　＝82×91＋82×9＝82×(91＋9)
　＝82×100＝8200

③ 24×3＋62×3＋14×3
　＝(24＋62＋14)×3＝100×3＝300

④ 39×13－16×13＋27×13
　＝(39－16＋27)×13＝50×13＝650

⑤ 257×243
　＝(250＋7)×(250－7)
　＝250×250－7×7＝62500－49＝62451

3 ① 同じ数ずつ増加(または減少)する数の和は，1＋30＝31，2＋29＝31，3＋28＝31，…のように，両端から1個ずつとった和が等しくなり，その個数は全部の個数の半分の15個になることから　31×15＝465

② 両端から1個ずつ取った和は22で，その個数は，10個
　の半分なので　22×5＝110
（別解）2×(1＋2＋…＋10)
　＝2×{(1＋10)×5}＝2×11×5＝110

③ 1＋19＝20, 3＋17＝20, 5＋15＝20, …
　これが10÷2＝5(個)あるので
　20×5＝100

④ 9×1＋9×2＋9×3＋…＋9×16＋9×17
　＋9×18＝9×(1＋2＋…＋18)
　1＋2＋…＋18＝(1＋18)×9＝19×9より
　9×(1＋2＋…＋18)＝9×19×9＝1539

> 🐻 **受験指導の立場から**
> 　同じ数ずつ増加(または減少)する数の列を等差数列といい，等差数列の和は
> 　　(初めの数＋最後の数)×(数の列の個数)÷2
> となります。数の列が奇数個でもこの式は使えます。
> くわしくは9章で学びます。

4 計算の結果は次のようになります。

スタート	→	218	→	875	→	418	→エ
↓		↓		↓		↓	
59	→	160	→	450	→	320	→オ
↓		↓		↓			
405		801		240		ゆえにオ	
↓		↓		↓			
ア		イ		ウ			

216－97＋99＝216－100＋3＋100－1
　　　　　　＝219－1＝218

35×25＝(30＋5)×(30－5)
　　　＝30×30－5×5＝900－25
　　　＝875

21＋168＋229＝250＋168＝418
　250

などとします。

[5] ① ㋐ 16−4=12
　　　㋑ 16−12=4　㋒ 12−4=8
② 右のようにA, Bをおくと　8　3　A　㋓　B
　　A=8−3=5　または　A=8+3=11
　A=5のとき
　　　B=8+5=13　または　B=8−5=3
　A=11のとき　B=8+11=19
　(A, B)=(5, 13)のとき　㋓=8
　(A, B)=(5, 3)のとき　㋓=2
　(A, B)=(11, 19)のとき　㋓=8
　ゆえに　㋓=2, 8
③ C, Dを右のように　　7　㋔　C　3　D
　おくと
　　D−7=C　または　7−D=C
　D−7=Cのとき, D=C+7となり, Cとの差は7なので右から2つめが3となりません。
　7−D=Cのとき, D=7−C
　このとき, Cが2か5のとき, CとDとの差が3となります。
　(C, D)=(2, 5)のとき　㋔=5
　(C, D)=(5, 2)のとき　㋔=2
　ゆえに　㋔=2, 5

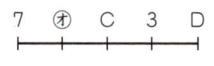

9 きそくせい(1)

☆ 標準レベル　●本冊→54ページ

[1] ① △　② ○　③ 9　④ 5　⑤ 3
[2] ① 3　② 21こ　③ 85
[3] ① 30　② 81　③ 25
[4] ① 6
　② (1) 2回
　　 (2) 5回
　③ 11, 12　④ 20番目

[1] ① ○, ○, ×, △, ×の5個の繰り返しです。
② ○, ●, ○, ○, ●, ●の6個の繰り返しです。
③ 9, 2, 3の3個の繰り返しです。
④ 1, 5, 6, 3の4個の繰り返しです。
⑤ 1個, 2個, …とグループに分けていくと(3), (3, 4), (3, 4, 5), (3, 4, 5, 6), (3, 4, 5, …)となります。

[2] 6, 2, 3の3個の繰り返しです。これを1グループとして考えます。
① 51÷3=17より, ちょうど17グループです。
　グループの3番目の数字3となります。
② 62÷3=20あまり2
　したがって, 20グループと(6, 2)です。
　グループの中に6は1個あり,
　あまり2個の中に6は1個あります。
　したがって　1×20+1=21(個)
③ 23÷3=7あまり2
　より, 7グループと(6, 2)です。
　グループの和は　6+2+3=11より
　　11×7+6+2=77+8=85

[3] ① 隣り合う2数の差を考えてみましょう。
　3, 5, 8, 12, 17, 23, □, 38, 47
　　 2　3　4　5　6　7　8　9
　と, 差が2, 3, 4, 5, …となっています。
　したがって, 求める数は　23+7=30
② 前の数の3倍の数になるものが並んでいます。
　したがって, 27×3=81
③ 平方数が並んでいるので, ○番目の数は○×○となります。
　したがって, 5×5=25より, 25

受験指導の立場から
②のように, 同じ数をかけて得られる数列を等比数列, といいます。
等比数列において, 隣り合う2数について, 右の数を左の数でわったものは一定でこれを公比といいます。

[4] 等差数列では, 隣り合う2項の差が一定です。(この差のことを公差といいます)
はじめから○番目の数は, はじめの数に(○−1)回公差をたす(あるいは引く)数になります。

9 きそくせい(1)

5　11　17　23　29　35　…
　+6　+6　+6　+6　+6

① 11−5＝6, 17−11＝6, 23−17＝6, …
となるので,『差』(公差)は6です。

② (1) 17−5＝12より, 17は5より12大きい数です。12÷6＝2　したがって差6を2回たした数です。
(2) 35−5＝30より, 35は5より30大きい数です。30÷6＝5より差6を5回たした数です。

③ 71−5＝66　66÷6＝11より
差6を $\boxed{11}$ 回たした数で, 前から11+1＝ $\boxed{12}$ 番目の数です。

④ 119−5＝114　114÷6＝19
差6を19回たした数なので(19+1＝)20番目です。

受験指導の立場から
等差数列は植木算と同じ考え方をします。
○番目の数までに, はじめの数に加える(引く)公差の数は(○−1)個であることに注意しましょう。

…n本の木
…間は(n−1)個

☆☆ 発展レベル　●本冊→56ページ

1	① ×	② ●	③ ●
	④ 3	⑤ 4	⑥ 2
2	① 白色	② 黒色	③ 17こ ④ 27こ
3	① 2	② 87	③ 1　④ 74
4	① 3	② 4	③ 29　④ 89

1 ① ○, ×, △の3個の繰り返しです。
② ○, ●, ●, ○の4個の繰り返しです。
③ 1個, 2個, 3個, …とグループ分けします。
(○), (●, ●), (○, ○, ○), (●, ●, ●, ●), (○, ○, ○, ○, ○), …
④ (1, 2, 3, 4)の繰り返しです。
⑤ (1, 2, 3), (2, 3, 4), (3, 4, 5), (4, 5, 6), …とグループ分けします。
⑥ (1), (1, 2), (1, 2, 3), (1, 2, 3, 4), (1, 2, 3, 4, 5), …とグループ分けします。

2 ○○●の3個の繰り返しです。
① 20÷3＝6あまり2
したがって, 20番目までには, 6グループと2個があります。繰り返しの2個目なので, 白色です。
② 39÷3＝13
したがって, 39番目までには
13グループちょうどがあるので
繰り返しの3個目で黒色です。
③ 53÷3＝17あまり2
したがって, 53番目までには, 17グループとあまり2個があります。
1グループには黒色は1個, あまり2個の中には黒色はないので
1×17＝17(個)
④ 40÷3＝13あまり1
したがって, 40番目までには
13グループとあまり1個があります。
1グループに白色は2個,
あまり1個は, 白色なので
2×13+1＝26+1＝27(個)

3 1, 2, 1, 3の4個の繰り返しです。これをグループとします。
① 50÷4＝12あまり2
したがって, 50番目の数は, 繰り返しの2番目なので2です。
② 50番目までには, 12グループと1と2があります。したがって
(1+2+1+3)×12+1+2
＝7×12+3＝87
③ 43÷4＝10あまり3
したがって, グループの3番目の数1です。
④ ③より
(1+2+1+3)×10+1+2+1
＝7×10+4＝74

28　⑨ きそくせい(1)

4 等差数列の前から何番目の数を求めさせる問題です。前から□番目の数は
はじめの数＋(□－1)×差　となります。
① 5－2＝3, 8－5＝3, 11－8＝3, …より 3
② 4番目の数11は,
初めの数2に, 差3を (4－1＝)3回たしたものです。したがって, イは4
③ 10番目の数は,
初めの数2に, 差3を (10－1＝)9回たして,
2＋3×9＝2＋27＝29
④ 30番目の数は,
初めの数2に, 差3を (30－1＝)29回たして,
2＋3×29＝2＋87＝89

☆☆☆ トップレベル　●本冊→58ページ

1 ① 白色　② 黒色　③ 26こ
④ 51こ
2 ① 7番目　② 10番目　③ 77
④ 97　⑤ 21番目
3 ① 34　② 8回目　③ 4
4 ① 2秒　② 午前9時31分15秒
③ 午前9時35分10秒

1 ○○●●の4個の繰り返しです。
これを1グループとします。
① 25÷4＝6あまり1
繰り返しの1個目の白色です。
② 83÷4＝20あまり3
繰り返しの3個目なので, 黒色です。
③ 50÷4＝12あまり2
したがって, 50番目までには
12グループとあまり2個(○○)
1グループには○は2個入っているので
2×12＋2＝24＋2＝26(個)
④ 103÷4＝25あまり3
したがって, 103番目までには, 25グループとあまり3個(○○●)
1グループには黒色は2個なので
2×25＋1＝51(個)
2 はじめの数が2, 差が5の等差数列です。

①, ②のように何番目の数かを求める場合は
その数が, はじめの数に何回公差を加えた数なのかから考えましょう。
公差を○回加えた数は, はじめから○＋1番目の数です。　　　　　　　1つ増える
③, ④のように, ○番目の数を求める場合は
はじめの数＋差×(○－1)で求めましょう。
① (32－2)÷5＝6　　6＋1＝7(番目)
② (47－2)÷5＝9　　9＋1＝10(番目)
③ 2＋5×(16－1)＝77
④ 2＋5×(20－1)＝97
⑤ 一の位は2, 7, 2, 7, …なので
100を初めて超えるのは102
(102－2)÷5＝20　　20＋1＝21(番目)
(別解)④より102は97の次の数なので
20＋1＝21(番目)
3 ① 1回目：7×3＋1＝22
2回目：22÷2＝11
3回目：11×3＋1＝34
② 4になれば, あとは4, 2, 1の繰り返しです。
1回目：6÷2＝3　2回目：3×3＋1＝10
あとは問題文どおりになります。
はじめ, 1回目, 2回目, 3回目, 4回目,
6,　　3,　　10,　　5,　　16,
5回目, 6回目, 7回目, 8回目, …
8,　　4,　　2,　　1,　　…
③
はじめ, 1回目, 2回目, 3回目, 4回目, 5回目
5,　　16,　　8,　　4,　　2,　　1,
6回目, 7回目, 8回目, …
4,　　2,　　1,　　…
より, はじめ2個のあとは, 3個の繰り返しになります。30－2＝28　　28÷3＝9あまり1なので
繰り返しの1回目の数の4になります。
4 15秒周期で考えます。
① 午前9時30分30秒に鳴りはじめ, 40秒にとまるので, 40－38＝2(秒)
② 5回目の15秒周期の終わったあとを考えます。
15×(6－1)＝75(秒後)
午前9時30分の75秒後だから,

午前9時31分15秒
③ 21回目の鳴りはじめは
15×(21-1)=300(秒後)
鳴り終わりは 300+10=310(秒後)
すなわち，午前9時30分の5分10秒後だから
午前9時35分10秒

10 きそくせい(2)

☆ 標準レベル　●本冊→60ページ

1	① ■	② ▲	③ 19番目
2	① 131	② 200	③ 69
3	① 3こ	② 18こ	③ 48こ
4	① 10こ	② 40こ	③ 36番目

1 ① ■▲●▲の4個の繰り返しです。
13÷4=3あまり1より繰り返しの1番目の■
② 50÷4=12あまり2より繰り返しの2番目の記号の▲
③ 4×4+3=19(番目)

2 1，3，6の3個の繰り返しです。
1グループの和は，1+3+6=10です。
① 40÷3=13あまり1より，13グループとあまり1なので 10×13+1=131
② 60÷3=20より，20グループ
したがって 10×20=200
③ (41番目から60番目までの和)
=(1番目から60番目までの和)
－(1番目から40番目までの和)
だから，200-131=69

3 個数を書き出してみると
6, 9, 12, 15, …
　 3 3 3
はじめの数が6，差が3の等差数列です。
① 15-12=3(個)
② 4番目の個数に差の3を加えて
15+3=18(個)
③ 15番目までに差は(15-1)個あるので
6+3×(15-1)=48(個)

4 ① 書き出してみると，はじめの数が2，差が2の等差数列であることがわかります。
2, 4, 6, 8, …
① 4番目は8だから，2個増えて 8+2=10(個)
② 等差数列だから 2+2×(20-1)=40(個)
③ (72-2)÷2=35　35+1=36(番目)

☆☆ 発展レベル　●本冊→62ページ

1	① 53	② 8番目	③ 32番目
2	① 111	② 19番目	
3	① 12	② 150	
4	① 19番目	② 28番目	③ 11番目
5	① 4cm	② 22cm	③ 12番目

1 はじめの数が98，差が3の等差数列です。減っていくことに注意します。
① 16番目の数までには，98から3が(16-1)回減っていくので
98-3×(16-1)=53
② 98, 95, 92, 89, 86, ……
　　-3 -3 -3 -3
98と77の間に何回の3を引いているのかを考えます。　98-77=21　21÷3=7
すなわち，3を7回引いています。
したがって，8番目の数です。
③ 同様に (98-5)÷3=31
より，はじめの数から3を31回引いています。
したがって，はじめから32番目です。

2 はじめの数が1，差が5の等差数列です。
1, 6, 11, 16, 21, ……
　5 5   5   5
① 23番目の数までに，差5は(23-1)個あるので 1+5×(23-1)=111
② 91と1の間に差5は
(91-1)÷5=18より18個あります。
91は1番目の数1に差5を18回たしているので，19番目です。

30 ⑩ きそくせい(2)

3 偶数番目と奇数番目で別の数の列になっています。

① 2個組で考えると

5, 8, | 6, 9, | 7, 10, | 8, 11, | …

となり, 各組の中で

1番目の数は, 5, 6, 7, 8, …　㋐
2番目の数は, 8, 9, 10, 11, …　㋑

15番目の数は8組目の1番目の数なので
㋐の数の列の8番目の数。
㋐の数の列は, はじめの数5で1ずつ増えていくので　$5+1×(8-1)=12$

② 奇数番目の数の列は

1, 1, 1, 2, 2, 2, 3, 3, 3, …㋐
(3個ずつ同じ数が続く)

偶数番目の数の列は

3, 6, 9, 12, 15, 18, 21, 24, 27, 30, …　㋑　(3の倍数)

100番目の数は, ㋑の数の列の50番目の数だから　$3×50=150$

4 ① はじめが6個で3個ずつ増えていきます。

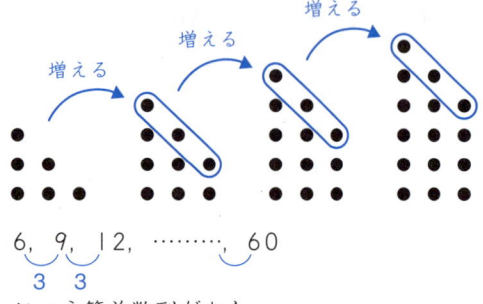

6, 9, 12, ……, 60
  3 3

という等差数列だから
$(60-6)÷3=18$　　$18+1=19$(番目)

② $(87-6)÷3=27$　　$27+1=28$(番目)

③ 3番目は12個だから$12+24=36$(個)となるのは　$(36-6)÷3=10$　　$10+1=11$(番目)
(別解) 1つ後ろになるごとに3個増えるので, $24÷3=8$より, 3番目の8番後。
したがって　$3+8=11$(番目)

5 まわりの長さを書き出してみると,

6, 10, 14, 18, …
  4   4   4

はじめの数が6, 差が4の等差数列です。

① $14-10=4$(cm)
② $6+4×(5-1)=22$(cm)
③ 6から50までの間に差4が何個あるかを考えると　$(50-6)÷4=11$(個)
50は1番目の数6に4を11回たしたものなので, 12番目

☆☆☆ トップレベル　●本冊→64ページ

1	Bが200だけ大きい	
2	① 55番目	② 2
3	① 63	② 64
4	28こ	
5	① 35	② 10だん目
6	① 820円	② 9まい　③ 3まい

1 11, 15, 19, 23, ………, 403, 407
という数の列の和です。

差が4の等差数列なので, 11から407までの間に何個の差4があるか求めると
$(407-11)÷4=99$(個)

したがって, 407は100番目の数です。

奇数番目の数の列は

11, 19, 27, 35, …, 403
  8   8   8   8

偶数番目の数の列は

15, 23, 31, 39, …, 407
  8   8   8   8

　　差4 差4 差4 差4　　　差4
A = 11, 19, 27, 35, …, 403 ⎫
B = 15, 23, 31, 39, …, 407 ⎭ 50個ずつ

A, Bの1番目どうし, 2番目どうしを比べるとそれぞれBの方がすべて4大きいので
$4×50=200$
より, Bが200大きくなります。

2 1 | 1, 2 | 1, 2, 3 | 1, 2, 3, 4 | …
と分けます。

10 きそくせい(2) 31

① 1+2+3+…+10=(1+10)×10÷2=55
② 1+2+3+…+7=(1+7)×7÷2=28
（別冊解答P25 受験指導の立場から 参照）
7番目のしきりまでで28番目なので，30番目は2

3 ① 7回目にできる正三角形の1辺の長さは
3×7=21(cm)
求めるのは，この正三角形のまわりの長さだから　21×3=63(cm)
② 使う正三角形の個数は
1回目…1枚，2回目…1+3=4(枚)
3回目…1+3+5=9(枚)，…となるから
8回目は，奇数を8回たして
1+3+5+7+9+11+13+15
=(1+15)×8÷2=64

🐻 受験指導の立場から
1から2ずつ増える奇数の和は(奇数の個数)×(奇数の個数)となる性質があります。本問では奇数8個の和なので
8×8=64(個)となります。

4 1列ずつ考えてみると
はじめの1セット(正方形2つ)は7本でできていて，そのあと，5本増えるごとに，正方形2個が増えます。

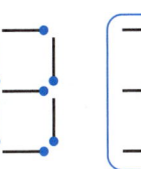

5本で2個

したがって，(72-7)÷5=13(セット)が後でつけたものです。
したがって　2+2×13=2+26=28(個)

5 この図はパスカルの三角形といって，線でつながった2数の和が下の段の数になります。
書きたすと下のようになり，7段目の最大の数は35です。

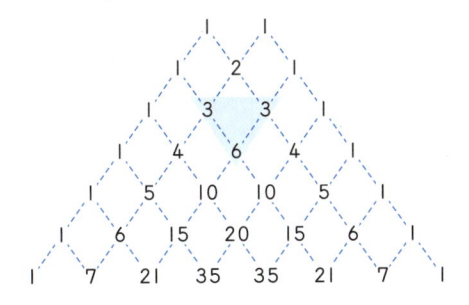

```
            1   1
          1   2   1
        1   3   3   1
      1   4   6   4   1
    1   5  10  10   5   1
  1   6  15  20  15   6   1
1   7  21  35  35  21   7   1
```

1段目 …1+1=2
2段目 …1+2+1=4
3段目 …1+3+3+1=8，…
と，2倍すると次の段の和になるので
2, 4, 8, 16, 32, 64, 128, 256, 512, 1024　より10段目です。

🐻 受験指導の立場から
パスカルの三角形は，高校の順列・組合せのところで学習しますが，ときどき素材として狙われるので知っておきましょう。左右対称になっていて，隣り合う2数の和はその下の行の2数から一番近い数になります。前図の青色にぬられた部分では3+3=6のようになります。

6 ① 50円玉は，できるだけ両替しているので1枚です。(2枚あれば100円玉になっている)
したがって，10円玉と100円玉の枚数は
(15-1)÷2=7(枚)
10×7+50+100×7=820(円)
② もとに戻す両替を考えます。
50円玉を100円玉に両替するごとに，50円玉が2枚増え，100円玉が1枚減るので全体としては　2-1=1(枚)変わります。
19-15=4(枚)変わるので，4回両替しています。1回両替すると，50円玉は2枚増えるので
1+2×4=9(枚)
③ 同様に，1回の両替で100円玉は1枚減るので，7-4=3(枚)

11 表やぼうのグラフ

☆ 標準レベル　●本冊→66ページ

1 ① 上からじゅんに
45人, 39人, 32人, 33人

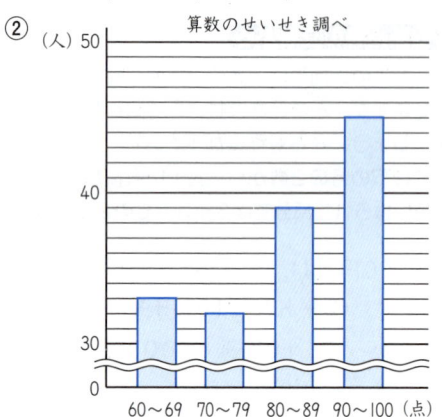

② 算数のせいせき調べ

(グラフ: 60～69が約32人, 70～79が約33人, 80～89が約39人, 90～100が約45人)

2 ①

組＼男女	男(人)	女(人)	合計
1組	1	ア 6	7
2組	イ 5	3	8
3組	3	1	ウ 4
4組	エ 8	4	12
合計	オ 17	カ 14	キ 31

② 4組　③ 2組　④ 8人

3 ①

町＼組	1組	2組	3組	4組	合計
バナナ町	16	10	12	13	51
みかん町	12	14	15	10	51
りんご町	13	16	8	7	44
合計	41	40	35	30	146

② バナナ町, みかん町　③ 146人

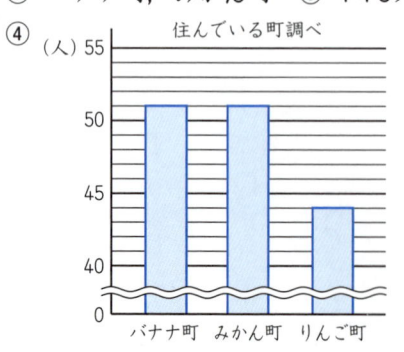

④ 住んでいる町調べ

(ぼうグラフ: バナナ町51, みかん町51, りんご町44)

4 ①

しゅるい＼月	1月～4月	5月～8月	9月～12月	合計
物語	22	23	24	69
でん記	11	9	19	39
図かん	14	12	17	43
その他	8	8	14	30
合計	55	52	74	181

② 9月から12月の間

---

1 数を数えるのに正の字を使っていく方法があります。正正のように2つ並べば10です。

2 ① 解答の表において
ア 7−1=6(人), イ 8−3=5(人)
ウ 3+1=4(人), エ 12−4=8(人)
オ 1+イ+3+エ=1+5+3+8=17(人)
カ ア+3+1+4=6+3+1+4=14(人)
キ オ+カ=17+14=31(人)

③ 2組が8人, 3組が4人なので, 2組です。

④ 12−4=8(人)

3 ③ 1組 41人 2組 40人 3組 35人
4組 30人なので
41+40+35+30=146(人)

☆☆ 発展レベル　●本冊→68ページ

1 ① 400円　② 3600円
③ 3200円　④ 3倍

2 ① 60人　② 130人
③ 85人　④ 95人

3 ① 4　② 47点　③ イ 3　ウ 3

4 ① あすかさん:10点,
いちろう君:8点, うららさん:9点

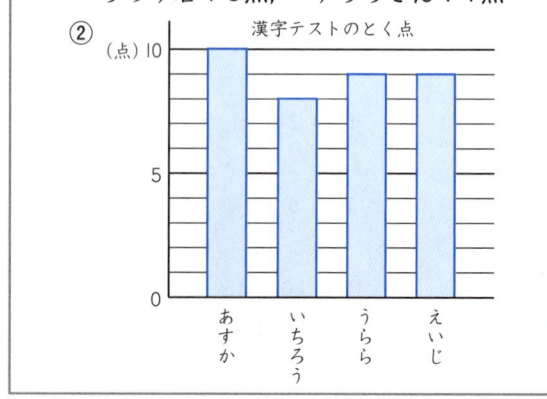

② 漢字テストのとく点

(ぼうグラフ: あすか10, いちろう8, うらら9, えいじ9)

11 表やぼうのグラフ　33

1 ① 2000円と4000円の間には5目盛りあるので (4000−2000)÷5＝400(円)
② よりこさんは 4000−400＝3600(円) 貯金しています。
③ さやかさん：5600円，のぞむ君：2400円 より 5600−2400＝3200(円)
④ ちずこさん：4800円，
　ゆうすけ君：1600円より
　　4800÷1600＝3(倍)　となります。

2 下の表において
　ア：犬もねこもかっている人
　イ：ねこはかっているが，犬はかっていない人
　ウ：犬はかっているが，ねこはかっていない人
　エ：犬もねこもかっていない人　となります。

		犬		合計
		○	×	
ね	○	ア15人	イ35人	50人
こ	×	ウ45人	エ85人	130人
	合計	60人	120人	180人

① 犬をかっている人はア＋ウで60人
② ねこをかっていない人はウ＋エで130人
③ エ＝120−イ＝120−35＝85(人)
④ エ以外の人だから
　180−エ＝180−85＝95(人)

3 ① 20−(2＋4＋5＋3＋2)
　＝20−16＝4(人)
② 1×2＋2×4＋3×5＋4×3＋5×2＝47(点)
③ 47−(2×6＋3×3＋4×2＋5×3)
　＝47−44＝3(点)
　これがウの人の得点の合計だから
　3÷1＝3(人)　…ウ
　白組は20人だから
　　20−(3＋6＋3＋2＋3)
　＝20−17＝3　…イ

4 あすかさん，いちろう君，うららさんの3人の得点を線分図にすると次のようになります。

① うららさんの得点を□点とすると
　あすかさん：□＋1点，いちろう君，□−1点 となるので
　□＋1＋□＋□−1＋9＝36(点)
　　あすか　うらら　いちろう
　□×3＝36−9　□×3＝27
　□＝27÷3＝9　となり
あすかさん：9＋1＝10(点)，
いちろう君：9−1＝8(点)
うららさん：9点　となります。

☆☆☆ トップレベル　●本冊→70ページ

1 ① 21人　② 19人
　③ 11人　④ 13人
2 31点
3 ① 690円　② 120円
　③ ジュース　④ ドーナツ

1 下の表のようになります。

		ピーマン		合計
		すき	きらい	
レ	すき	ア13人	イ5人	ウ18人
タ	きらい	エ8人	オ11人	カ19人
ス	合計	キ21人	ク16人	ケ37人

イ：ウ−ア＝18−13＝5(人)
オ：ク−イ＝16−5＝11(人)
カ：ケ−ウ＝37−18＝19(人)
エ：カ−オ＝19−11＝8(人)
キ：ア＋エ＝13＋8＝21(人)

① キの21人　② カの19人
③ オの11人　④ イ＋エ＝5＋8＝13(人)

2 1回目はよりこさんが勝つので,よりこさんの点数は 7×2－6＝8(点)
2回目もよりこさんが勝ち,その点数は
　　9×2－8＝10(点)
4回目は,たくろう君が勝つので,たくろう君の点数は 4×2－3＝5(点)
合計点から,たくろう君は3回目以外すべて負けていることがわかるので,2人の点数は以下のとおりです。

	1回目	2回目	3回目	4回目	5回目	合計
たくろう君	0	0	0	5	0	5
よりこさん	8	10		0		

0から9のカードを使うので,残ったカードは2と5です。
3回目も5回目もよりこさんが勝つので,この2回で得られるよりこさんの点数は
　　2×2＋5×2－0－1＝13(点)
(3回目が2で,5回目が5でも,3回目が5で,2回目が2でも結果は同じです。)
したがって,5回のゲームでのよりこさんの点数は 8＋10＋13＝31(点) となります。

3 ① みんながちがうものを注文したので,お母さんがはらうお金は全部の合計です。
　　おやつは 100＋110＋150＝360(円)
　　飲み物は 70＋140＋120＝330(円)
だから,360＋330＝690(円)
② 最も多いときは 150＋140＝290(円)
　　最も少ないときは 100＋70＝170(円)
　　だから,290－170＝120(円)
③ メニューの中から,おやつと飲み物の合計のお金が同じになる組み合わせを考えると,
100＋120＝220(円)…ドーナツ＋牛乳
150＋70＝220(円)…クッキー＋お茶
だから,たかゆき君の選んだものは,そのほかのアンパンとジュースとなり,飲み物はジュース。
④ 740－690＝50(円)
たくろう君がまちがえたために,合計のお金が50円増えたことになります。メニューの中から,まちがえたために,50円増えるおやつ

を考えると,
150－100＝50(円)なので,
ドーナツをクッキーにまちがえたことになります。だから,たくろう君がはじめに注文しようとしたおやつは,ドーナツです。

復習テスト2 ●本冊→72ページ

1 ① 66　② 53　③ 32
2 ① 308　② 1862　③ 144
　　④ 12　⑤ 95
3 ① 30　② 310
4 ① 2　② 1　③ 21こ
　　④ 69　⑤ 40番目
5 ① 28cm　② 70cm　③ 21だん
6 ①

		ピアノ		合計
		○	×	
習字	○	14	3	17
	×	5	16	21
	合計	19	19	38

② 6人

1 ① (16÷8＋4)×11＝(2＋4)×11
　　　　　　　2　　　　　　6
　＝6×11＝66
② 12×6－(12＋63÷9)＝12×6－(12＋7)
　　　　　　　　　　7　　　　　72　　　　19
　＝72－19＝53
③ 77÷7＋(24－12÷4)
　　　　　　　　　　　3
　＝77÷7＋(24－3)
　　　11　　　　21
　＝11＋21＝32

2 ① □＝530－222＝308
② □＝1794＋68＝1862
③ □＝9×16＝144
④ □＝288÷24＝12
⑤ □＝7×13＋4＝91＋4＝95
　　　　　91

③ ① $\{(31-3)\div(4+3)+2\}\times 5$
　　　　　　$\underline{28}$　　$\underline{7}$
　$=(28\div 7+2)\times 5=(4+2)\times 5=30$
　　　　　　　$\underline{4}$
② $[72-\{(12+6\times 4)\div 3-2\}]\times 5$
　　　　　　　　　$\underline{24}$
　$=[72-\{(12+24)\div 3-2\}]\times 5$
　　　　　　　$\underline{36}$
　$=\{72-(36\div 3-2)\}\times 5$
　　　　　　$\underline{12}$
　$=\{72-(12-2)\}\times 5=62\times 5=310$
　　　　　　$\underline{10}$

④ 5, 2, 1の3個の繰り返しです。
① $17\div 3=5$あまり2より，グループの2番目の数2です。
② $81\div 3=27$ ちょうど27グループなので，グループの3番目の数1
③ $62\div 3=20$あまり2
　1グループに，5は1個ずつ入っています。あまり2個の中に5は1個入っているから
　　$1\times 20+1=21$(個)
④ $25\div 3=8$あまり1
　1グループの和は，$5+2+1=8$，あまりの1つは5だから $8\times 8+5=69$
⑤ $109\div 8=13$あまり5より
　グループ13回と，グループのはじめの数5の和で109になります。1グループに3個入っているので $3\times 13+1=40$(番目)

⑤ まわりの長さは，はじめの数が4で差が6の等差数列になっています。
　　4, 10, 16…
　　　 +6 +6
① $4+6\times(5-1)=28$(cm)
② $4+6\times(12-1)=70$(cm)
③ 4, 10, 16, ……, 124
　　 6   6   6
124と4の間に差6が何個あるかを考えると
$(124-4)\div 6=20$(個)
4に差6を20回たしたものが124なので，21番目，すなわち21段です。

12 分 数

☆ 標準レベル　●本冊→74ページ

1 ① (じゅんに) 分子, 分母, 3, 2, 2, 真分数, 仮分数
② $\frac{3}{4}$, $\frac{4}{9}$, (じゅん番は問いません。)
$\frac{7}{5}$, $\frac{3}{3}$, $\frac{14}{11}$ (じゅん番は問いません。)

2 ① $\frac{3}{5}$　② $\frac{3}{4}$　③ $\frac{1}{2}$　④ $\frac{1}{3}$

3 ① (じゅんに) $\frac{1}{8}$, $\frac{7}{8}$　② $\frac{5}{6}$
③ $\frac{4}{9}$　④ (じゅんに) $\frac{1}{2}$, 1

4 ① ＞　② ＞　③ ＞　④ ＜　⑤ ＜
⑥ ＜　⑦ ＜　⑧ ＜　⑨ ＝　⑩ ＝

5 ① $\frac{2}{5}$, $\frac{3}{5}$, $\frac{4}{5}$　② $\frac{1}{7}$, $\frac{1}{5}$, $\frac{1}{3}$
③ $\frac{3}{16}$, $\frac{3}{11}$, $\frac{3}{10}$　④ $\frac{2}{9}$, $\frac{7}{9}$, 1, $\frac{11}{9}$

2 ③ 目盛り2つ分が1です。1を2で割った1つ分なので$\frac{1}{2}$です。

3 ④ 3を6個に分けた2つ分が1になります。1個分は$\frac{1}{2}$，2個分は$\frac{2}{2}$すなわち，1です。

4 分母が同じ分数どうしでは，分子の大きい方が大きい分数です。
分子が同じ分数どうしでは，分母の小さい方が大きい分数です。
⑨ $\frac{5}{5}$は1を5つに分けた5つ分ということなので，1と同じになります。よって，$\frac{5}{5}=1$です。
⑩ $\frac{2}{2}=\frac{3}{3}=1$です。

5 ④ $1=\frac{9}{9}$と考えれば分母が同じです。
分子を比べると$2<7<9<11$なので
$\frac{2}{9}<\frac{7}{9}<1<\frac{11}{9}$となります。

12 分数

☆☆ 発展レベル ●本冊→76ページ

1 ① $\frac{4}{5}$ ② 5 ③ $\frac{1}{13}$ ④ $\frac{1}{8}$

2 ①

② (じゅんに) $\frac{3}{5}$, $\frac{3}{5}$

3 ① $1\frac{1}{3}$ ② $1\frac{1}{4}$ ③ $2\frac{1}{2}$
   ④ $3\frac{1}{3}$ ⑤ $\frac{6}{5}$ ⑥ $\frac{9}{7}$
   ⑦ $\frac{7}{3}$ ⑧ $\frac{18}{5}$

4 ① < ② < ③ >
   ④ > ⑤ > ⑥ >

5 ① $\frac{7}{7}$, $\frac{6}{7}$, $\frac{2}{7}$, $\frac{1}{7}$
   ② $\frac{4}{5}$, $\frac{4}{7}$, $\frac{4}{10}$, $\frac{4}{11}$
   ③ $\frac{10}{7}$, $1\frac{1}{7}$, $\frac{7}{7}$, $\frac{2}{7}$
   ④ $1\frac{1}{2}$, $\frac{3}{3}$, $\frac{3}{4}$, $\frac{3}{10}$

6 ①

② $\frac{6}{7}$ m

7 ① $\frac{10}{20}$ ② $\frac{25}{50}$
   ③ 92 ④ 79 ⑤ $\frac{35}{70}$

1 ③ $\frac{6}{13}$ は $\frac{1}{13}$ が6つ集まったものです。
   ④ $1=\frac{8}{8}$ です。$\frac{8}{8}$ は $\frac{1}{8}$ が8つ集まったものです。

2 ① $\frac{8}{5}$ は1を5等分したものを8個分集めたものなので，左から8個分の目盛りを塗ります。
   ② 8=5+3なので $\frac{8}{5}=\frac{5}{5}+\frac{3}{5}$ と考えます。

3 ① 4÷3=1あまり1なので $\frac{4}{3}=1\frac{1}{3}$ です。

③ 5÷2=2あまり1なので $\frac{5}{2}=2\frac{1}{2}$ となります。
⑤ 1×5+1=6なので $1\frac{1}{5}=\frac{6}{5}$ です。
⑦ 2×3+1=7なので $2\frac{1}{3}=\frac{7}{3}$ です。

5 ③ 分母が同じなので，分子の大きい順です。
$1\frac{1}{7}=\frac{8}{7}$ なので，$\frac{10}{7}>1\frac{1}{7}>\frac{7}{7}>\frac{2}{7}$ となります。
④ $1\frac{1}{2}=\frac{3}{2}$ と考えれば分子が同じなので
$1\frac{1}{2}>\frac{3}{3}>\frac{3}{4}>\frac{3}{10}$ となります。

6 ① 目盛り1つが $\frac{1}{7}$ を表しているので，
   かほさんは　　3目盛り分
   ゆうなさんは　9目盛り分
   りんかさんは　8目盛り分
   塗ればよいことになります。
② 差は目盛り6個分なので $\frac{6}{7}$ mです。

7 分母は分子の2倍の数になっています。
① 分子は10なので，分母は10×2=20より20になります。よって，$\frac{10}{20}$ です。
② 分子は25なので，分母は25×2=50
③ 分母は46×2=92です。
④ 158÷2=79より，分子は79になります。
⑤ 分子と分母の和は，分子の3倍になるので，105÷3=35より，分子は35で，分母は35×2=70になります。よって，$\frac{35}{70}$ です。

☆☆☆ トップレベル ●本冊→78ページ

1 ① $\frac{1}{10}$ ② $\frac{1}{10}$
   ③ $\frac{1}{100}$ ④ $\frac{1}{6}$
   ⑤ $\frac{21}{10}$ または $2\frac{1}{10}$ ⑥ $\frac{17}{10}$ または $1\frac{7}{10}$

2 ① $\frac{3}{5}$, $\frac{1}{5}$, $\frac{1}{7}$ ② $\frac{9}{8}$, $\frac{5}{6}$, $\frac{5}{8}$
   ③ $\frac{4}{5}$, $\frac{3}{4}$, $\frac{2}{3}$ ④ $\frac{8}{9}$, $\frac{6}{7}$, $\frac{5}{6}$
   ⑤ $\frac{11}{13}$, $\frac{9}{11}$, $\frac{3}{5}$

⑫ 分数　37

3

0 ———①——————④—②—— 1 ——————③⑦——⑥⑤—— 2

4 （それぞれじゅんに）
① 2, 3　　② 2, 3
③ 2, 4　　④ 3, 6

5 ① (1) 17番目　(2) $\frac{2}{6}$

(3) $\frac{1}{1}, \frac{2}{2}, \frac{3}{3}, \frac{4}{4}, \frac{5}{5}, \frac{6}{6}$

② (1) 120　(2) $\frac{117}{13}$　(3) 16番目

---

1 ① 1Lは10dLなので，1dLは$\frac{1}{10}$Lです。

② 1mmの10倍が1cmなので，1mmは$\frac{1}{10}$cmです。

③ 1cmの100倍が1mなので，1cmは$\frac{1}{100}$mです。

④ 10分の6倍が1時間なので，10分は$\frac{1}{6}$時間です。

⑤ 1dLは$\frac{1}{10}$Lなので，21dLは$\frac{21}{10}=2\frac{1}{10}$Lです。

⑥ 1mmは$\frac{1}{10}$cmなので，17mmは$\frac{17}{10}=1\frac{7}{10}$cmです。

2 ① $\frac{3}{5}>\frac{1}{5}$，$\frac{1}{5}>\frac{1}{7}$より，$\frac{3}{5}>\frac{1}{5}>\frac{1}{7}$です。

② $\frac{9}{8}$だけ1より大きいです。また，$\frac{5}{6}>\frac{5}{8}$より，$\frac{9}{8}>\frac{5}{6}>\frac{5}{8}$となります。

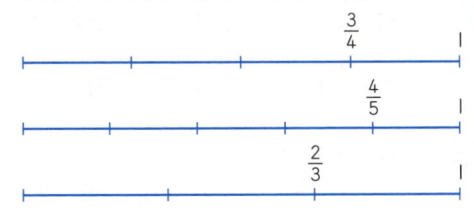

③ 図をかくと次のようになります。

　　　　　　　　　　$\frac{3}{4}$　　1
|———|———|———|———|

　　　　　　　　　　　$\frac{4}{5}$　1
|——|——|——|——|——|

　　　　　　　$\frac{2}{3}$　　　　1
|————|————|————|

🐻 受験指導の立場から

③については，1との違いに着目して次のように考えても構いません。

$\frac{3}{4}$は1より$\frac{1}{4}$小さい。　$\frac{4}{5}$は1より$\frac{1}{5}$小さい。

$\frac{2}{3}$は1より$\frac{1}{3}$小さい。

$\frac{1}{5}<\frac{1}{4}<\frac{1}{3}$なので，$\frac{4}{5}>\frac{3}{4}>\frac{2}{3}$となります。

④，⑤も同じようにして考えることができます。

---

3 1目盛りが$\frac{1}{9}$になっています。

⑤ $2\frac{1}{9}=\frac{19}{9}$なので2から1目盛り分です。

⑥ $\frac{6}{3}$は2と同じ数です。

⑦ 1は9目盛り分で9÷3＝3から$\frac{1}{3}$は3目盛り分だから，$\frac{5}{3}$は3×5＝15(目盛り)分です。

4 ① $\frac{1}{2}$は1を2つに分けた1つ分なので，$\frac{1}{4}$の2つ分で，$\frac{1}{6}$の3つ分です。

③ 2は1の2つ分なので，$\frac{1}{2}$の4つ分です。

④ 3は1の3つ分なので，$\frac{1}{2}$の6つ分です。

🐻 受験指導の立場から

分数は，このように分母，分子に同じ数をかけることによって同じ大きさの分数をつくっていくことができます。

5 ① (1) $\left|\frac{1}{1}\right|\frac{2}{2},\frac{1}{2}\left|\frac{3}{3},\frac{2}{3},\frac{1}{3}\right|$…とグループに分けていくと，分母5の最後の分数までには1＋2＋3＋4＋5＝15(個)あり，$\frac{5}{6}$はその2つ後に出てくるので15＋2＝17(番目)です。

(2) $\frac{5}{6}$の3つ後に出てくるので$\frac{5}{6}, \frac{4}{6}, \frac{3}{6}, \boxed{\frac{2}{6}}$

② (1)分母＋分子は101，102，103，…で，101からはじまり1ずつ増えていく数です。よって，20番目の分数の分子と分母の和は101＋1×(20－1)＝120になります。

(2)分子は4ずつ増え，分母は3ずつ減っていきます。分子は1＋4×(30－1)＝117で，分母は100－3×(30－1)＝13です。よって，$\frac{117}{13}$

(3)最初，分母は分子より99大きいのですが，その差は7ずつ小さくなっていきます。

99÷7＝14あまり1より，15番目の分数と16番目の分数を調べます。

15番目…分子：1＋4×(15－1)＝57，

分母：100－3×(15－1)＝58より，$\frac{57}{58}$

また，これより　16番目…$\frac{57+4}{58-3}=\frac{61}{55}$

13 分数のたし算・ひき算

★ 標準レベル ●本冊→80ページ

1 ① $\frac{2}{3}$　② $\frac{5}{7}$　③ $\frac{7}{8}$
　④ $\frac{9}{10}$　⑤ $\frac{9}{11}$　⑥ $\frac{13}{19}$
　⑦ $\frac{2}{9}$　⑧ $\frac{3}{5}$　⑨ $\frac{2}{7}$
　⑩ $\frac{7}{11}$　⑪ $\frac{2}{3}$　⑫ $\frac{1}{5}$

2 ① $\frac{6}{7}$　② $\frac{10}{11}$　③ $1\frac{11}{12}$　④ $1\frac{11}{13}$
　⑤ $\frac{8}{13}$　⑥ $\frac{1}{15}$　⑦ $\frac{2}{7}$　⑧ $\frac{3}{5}$

3 式 $\frac{3}{5}+\frac{1}{5}=\frac{4}{5}$　答え $\frac{4}{5}$L

4 式 $\frac{5}{7}+\frac{17}{7}=\frac{22}{7}=3\frac{1}{7}$　答え $3\frac{1}{7}$m

5 式 $\frac{3}{5}-\frac{2}{5}=\frac{1}{5}$
　答え たくろう君が $\frac{1}{5}$L 多い

6 式 $\frac{11}{6}-\frac{5}{6}=\frac{6}{6}=1$
　答え ゆうかさんが 1時間多い

7 (それぞれじゅんに)
　① 1, 3, 5　② 3, 3, 5
　③ 4, 8　④ 18, 36

1 ① $\frac{1}{3}+\frac{1}{3}=\frac{1+1}{3}=\frac{2}{3}$
　⑦ $\frac{7}{9}-\frac{5}{9}=\frac{7-5}{9}=\frac{2}{9}$
　⑪ $1-\frac{1}{3}=\frac{3}{3}-\frac{1}{3}=\frac{3-1}{3}=\frac{2}{3}$
　⑫ $1-\frac{4}{5}=\frac{5}{5}-\frac{4}{5}=\frac{5-4}{5}=\frac{1}{5}$

2 ③ $\frac{5}{12}+\frac{7}{12}+\frac{11}{12}=\frac{5+7+11}{12}=\frac{23}{12}=1\frac{11}{12}$
　④ $\frac{5}{13}+\frac{8}{13}+\frac{11}{13}=\frac{5+8+11}{13}=\frac{24}{13}=1\frac{11}{13}$
　⑦ $1-\frac{3}{7}-\frac{2}{7}=\frac{7-3-2}{7}=\frac{2}{7}$
　⑧ $2-\frac{4}{5}-\frac{3}{5}=\frac{10-4-3}{5}=\frac{3}{5}$

7 ① 線分図に表すと次のようになります。

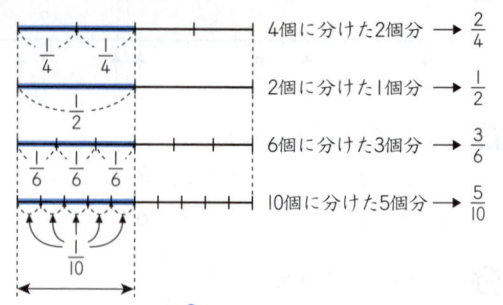

4個に分けた2個分 → $\frac{2}{4}$
2個に分けた1個分 → $\frac{1}{2}$
6個に分けた3個分 → $\frac{3}{6}$
10個に分けた5個分 → $\frac{5}{10}$

これから, $\frac{1}{2}=\frac{2}{4}$ のように, 分母と分子に同じ数を掛けたり割ったりしても, 同じ大きさになることがわかります。

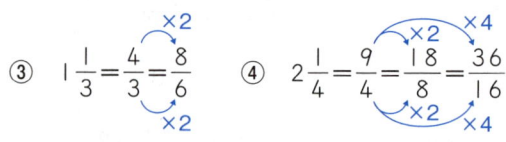

よって, $\frac{2}{4}=\frac{1}{2}=\frac{3}{6}=\frac{5}{10}$ となります。

③ $1\frac{1}{3}=\frac{4}{3}=\frac{8}{6}$　④ $2\frac{1}{4}=\frac{9}{4}=\frac{18}{8}=\frac{36}{16}$

★★ 発展レベル ●本冊→82ページ

1 ① $\frac{2}{5}$　② 1　③ $\frac{8}{9}$
　④ $1\frac{3}{7}$　⑤ $1\frac{5}{12}$　⑥ 1
　⑦ $\frac{5}{7}$　⑧ $\frac{7}{9}$　⑨ 3　⑩ $1\frac{3}{5}$

2 ① 式 $\frac{2}{5}+1\frac{1}{5}+\frac{7}{5}=3$　答え 3L
　② 式 $\frac{2}{5}+1\frac{1}{5}-\frac{7}{5}=\frac{1}{5}$　答え $\frac{1}{5}$L

3 (それぞれじゅんに)
　① 2, 3, 5　② 10, 15, 25
　③ 6, 9, 12　④ 4, 7, 10

4 ① うさぎのほうが $\frac{1}{7}$m 長い
　② かめが $\frac{1}{7}$m 前

5 $\frac{2}{9}$

13 分数のたし算・ひき算 39

1 ② $\frac{5}{7}-\frac{2}{7}+\frac{4}{7}=\frac{5-2+4}{7}=\frac{7}{7}=1$

④ $\frac{5}{7}+\frac{1}{7}+\frac{4}{7}=\frac{5+1+4}{7}=\frac{10}{7}=1\frac{3}{7}$

⑥ $\frac{8}{11}+\frac{1}{11}+\frac{2}{11}=\frac{8+1+2}{11}=\frac{11}{11}=1$

⑦ $1-\frac{5}{7}+\frac{3}{7}=\frac{7-5+3}{7}=\frac{5}{7}$

⑨ $1\frac{1}{2}+\frac{3}{2}=\frac{3}{2}+\frac{3}{2}=\frac{3+3}{2}=\frac{6}{2}=3$

⑩ $2\frac{1}{5}-\frac{3}{5}=1\frac{6}{5}-\frac{3}{5}=1\frac{6-3}{5}=1\frac{3}{5}$

2 ① $\frac{2}{5}+1\frac{1}{5}+\frac{7}{5}=\frac{2}{5}+\frac{6}{5}+\frac{7}{5}=\frac{2+6+7}{5}$
$=\frac{15}{5}=3$ (L) ←分母・分子が5で割り切れる。

② $\frac{2}{5}+1\frac{1}{5}-\frac{7}{5}=\frac{2}{5}+\frac{6}{5}-\frac{7}{5}=\frac{2+6-7}{5}=\frac{1}{5}$ (L)

3 ① $\frac{1}{4}=\frac{2}{8}=\frac{3}{12}=\frac{5}{20}$ (×2, ×3, ×5)

④ $3\frac{1}{3}=2\frac{1+3}{3}=2\frac{4}{3}=1\frac{4+3}{3}=1\frac{7}{3}=\frac{7+3}{3}$
$=\frac{10}{3}$

4 ① $\frac{3}{7}-\frac{2}{7}=\frac{1}{7}$ (m)

② うさぎが3歩進むと
$\frac{3}{7}+\frac{3}{7}+\frac{3}{7}=\frac{3+3+3}{7}=\frac{9}{7}$ (m)進みます。
かめが5歩進むと
$\frac{2}{7}+\frac{2}{7}+\frac{2}{7}+\frac{2}{7}+\frac{2}{7}=\frac{2+2+2+2+2}{7}$
$=\frac{10}{7}$ (m)進みます。
よって，かめの方が$\frac{10}{7}-\frac{9}{7}=\frac{10-9}{7}=\frac{1}{7}$ (m)
前にいることになります。

5 4人のカードに書かれた数は1より小さいので，分子は1以上8以下の数です。
さやかさんとゆうりさんの数は分子は3で割り切れる数なので，$\frac{3}{9}$と$\frac{6}{9}$になります。
ゆうりさんの数はゆみさんの数より，$\frac{2}{9}+\frac{2}{9}=\frac{4}{9}$
だけ大きいことから，ゆうりさんの数は$\frac{6}{9}$，ゆみさんの数は$\frac{6}{9}-\frac{4}{9}=\frac{2}{9}$となります。

★★★ トップレベル ●本冊→84ページ

1 ① $\frac{2}{9}$　② 2　③ $\frac{1}{5}$
④ $1\frac{1}{3}$　⑤ $9\frac{1}{5}$

2 ① $\frac{4}{11}$　② $\frac{1}{3}$　③ $\frac{11}{12}$　④ $\frac{7}{17}$

3 ①

$\frac{2}{15}$	$\frac{3}{5}$	$\frac{4}{15}$
$\frac{7}{15}$	$\frac{5}{15}$	$\frac{1}{5}$
$\frac{6}{15}$	$\frac{1}{15}$	$\frac{8}{15}$

②

$\frac{2}{5}$	$\frac{7}{15}$	$\frac{2}{15}$
$\frac{1}{15}$	$\frac{5}{15}$	$\frac{3}{5}$
$\frac{8}{15}$	$\frac{1}{5}$	$\frac{4}{15}$

4 (それぞれじゅんに)
① 30, 50　② 8, 9, 208

5 ① $\frac{12}{11}$ g　② $\frac{20}{11}$ g　③ $\frac{5}{11}$ g

1 ① $\frac{7}{9}-\left(\frac{2}{9}+\frac{3}{9}\right)=\frac{7}{9}-\frac{5}{9}=\frac{2}{9}$

② $3-\left(2\frac{1}{2}-\frac{3}{2}\right)=3-\left(\frac{5}{2}-\frac{3}{2}\right)=3-\frac{2}{2}$
$=3-1=2$

③ $\left(\frac{3}{10}+\frac{5}{10}\right)-\left(\frac{7}{10}-\frac{1}{10}\right)$
$=\frac{8}{10}-\frac{6}{10}=\frac{2}{10}=\frac{1}{5}$

④ $2\frac{5}{6}-1\frac{1}{6}-\left(\frac{5}{6}-\frac{3}{6}\right)=1\frac{4}{6}-\frac{2}{6}=1\frac{2}{6}=1\frac{1}{3}$

⑤ $10\frac{1}{10}=9\frac{11}{10}$ より
$10\frac{1}{10}-\frac{8}{10}-\frac{1}{10}=9\frac{11}{10}-\frac{8}{10}-\frac{1}{10}$
$=9\frac{3}{10}-\frac{1}{10}=9\frac{2}{10}=9\frac{1}{5}$

(別解) $10\frac{1}{10}$は10と$\frac{1}{10}$なので，
$10\frac{1}{10}-\frac{1}{10}=10$となることに着目すると

13 分数のたし算・ひき算

$10\frac{1}{10} - \frac{1}{10} - \frac{8}{10} = 10 - \frac{8}{10} = 9\frac{10}{10} - \frac{8}{10}$
$= 9\frac{2}{10} = 9\frac{1}{5}$

2 計算できるところは先に計算しておきます。

① $\frac{2}{11} + \frac{3}{11} - \square = \frac{1}{11}$ より $\frac{5}{11} - \square = \frac{1}{11}$

　よって $\square = \frac{5}{11} - \frac{1}{11} = \frac{4}{11}$

② $\frac{2}{15} + \frac{7}{15} + \square = \frac{14}{15}$ より $\frac{9}{15} + \square = \frac{14}{15}$

　よって $\square = \frac{14}{15} - \frac{9}{15} = \frac{5}{15} = \frac{1}{3}$

③ $\square - \frac{7}{12} = \frac{4}{12}$

　よって $\square = \frac{4}{12} + \frac{7}{12} = \frac{11}{12}$

④ $\frac{13}{17} - \frac{8}{17} - \frac{3}{17} = \square - \frac{5}{17}$ より

　$\frac{2}{17} = \square - \frac{5}{17}$

　よって $\square = \frac{2}{17} + \frac{5}{17} = \frac{7}{17}$

3 ①

$\frac{2}{15}$	エ	イ
ア	$\frac{5}{15}$	カ
$\frac{6}{15}$	オ	ウ

ア…縦の和より $1 - \frac{2}{15} - \frac{6}{15} = \frac{7}{15}$

イ…斜めの和より $1 - \frac{6}{15} - \frac{5}{15} = \frac{4}{15}$

ウ…斜めの和より $1 - \frac{2}{15} - \frac{5}{15} = \frac{8}{15}$

エ…横の和より $1 - \frac{2}{15} - \frac{4}{15} = \frac{9}{15} = \frac{3}{5}$

オ…横の和より $1 - \frac{6}{15} - \frac{8}{15} = \frac{1}{15}$

カ…縦の和より $1 - \frac{4}{15} - \frac{8}{15} = \frac{3}{15} = \frac{1}{5}$

②

ア	オ	ウ
$\frac{1}{15}$	$\frac{5}{15}$	イ
エ	カ	$\frac{4}{15}$

ア…斜めの和より $1 - \frac{5}{15} - \frac{4}{15} = \frac{6}{15} = \frac{2}{5}$

イ…横の和より $1 - \frac{1}{15} - \frac{5}{15} = \frac{9}{15} = \frac{3}{5}$

ウ…縦の和より $1 - \frac{9}{15} - \frac{4}{15} = \frac{2}{15}$

エ…縦の和より $1 - \frac{6}{15} - \frac{1}{15} = \frac{8}{15}$

オ…横の和より $1 - \frac{6}{15} - \frac{2}{15} = \frac{7}{15}$

カ…横の和より $1 - \frac{8}{15} - \frac{4}{15} = \frac{3}{15} = \frac{1}{5}$

4 ① $\frac{5}{6} = \frac{25}{30} = \frac{50}{60}$ （×5, ×10）

② $\frac{3}{8} = \frac{9}{24} = \frac{27}{72} = \frac{78}{208}$ （×3, ÷9, ×26）

5 ① 表のいちばん大きな数の $\frac{24}{11}$ は，最も重いおもり2個の合計になります。

$\frac{24}{11} = \frac{12}{11} + \frac{12}{11}$ より $\frac{12}{11}$ (g)

② 和のとり方は次の6通りあります。

A＋A，A＋B，A＋C，B＋B，B＋C，C＋C

この6つの和をすべて加えると，すべてのおもりを4つずつ加えたことになります。

すべての和は

$\frac{10}{11} + \frac{15}{11} + \frac{24}{11} + \frac{8}{11} + \frac{17}{11} + \frac{6}{11}$

$= \frac{10+15+24+8+17+6}{11} = \frac{80}{11}$

で，$\frac{80}{11} = \frac{20}{11} + \frac{20}{11} + \frac{20}{11} + \frac{20}{11}$ より $\frac{20}{11}$ (g)

③ 表のいちばん小さな数の $\frac{6}{11}$ は，いちばん軽いおもり2個の合計になります。

$\frac{6}{11} = \frac{3}{11} + \frac{3}{11}$ より

いちばん軽いおもりの重さは $\frac{3}{11}$ (g) になるので，

$\frac{20}{11} - \frac{12}{11} - \frac{3}{11} = \frac{5}{11}$ (g)

14 小 数

☆ 標準レベル ●本冊→86ページ

1. ① (じゅんに) 小数, 小数点, $\frac{1}{10}$の位 (小数第一位)
   ② (じゅんに) 3, 1, 4, 5.26

2. あ 0.3　　い 0.9　　う 1.5
   え 2.6

3. ① <　　② >　　③ =
   ④ <　　⑤ >　　⑥ =

4. ① 0.473　② (じゅんに) 3, 64
   ③ (じゅんに) 8.25, 82.5
   ④ (じゅんに) 0.8, 0.91
   ⑤ (じゅんに) 7.92, 0.792

5. ① (1) 0.04　　(2) 0.09
      (3) 0.12　　(4) 0.003
      (5) 0.055
   ② (1) 0.04　　(2) 0.008
      (3) 0.017　(4) 0.0243
      (5) 0.0081　(6) 0.125

2 1目盛りは0.1です。それぞれ0から何目盛りか読み取り, 0.1が何個集まったかを考えます。

3 ③ 0.1は$\frac{1}{10}$と同じです。
  ⑥ $\frac{2}{5} = \frac{4}{10} = 0.4$なので$2\frac{2}{5} = 2\frac{4}{10} = 2.4$です。

4 ① 0.1が4こで0.4, 0.01が7こで0.07, 0.001が3こで0.003なので0.473です。
  ② 小数点の位置は, 10倍すると右に1つ, 100倍すると右に2つずれます。
     0.3 →10倍→ 3　　0.64 →100倍→ 64
  ④ 小数点の位置は, $\frac{1}{10}$倍すると左に1つ, $\frac{1}{100}$倍すると左に2つずれます。
     8 →$\frac{1}{10}$倍→ 0.8　　91 →$\frac{1}{100}$倍→ 0.91

5 ① 数が$\frac{1}{10}$倍されて出てきます。
  ② 数が$\frac{1}{100}$倍されて出てきます。

☆☆ 発展レベル ●本冊→88ページ

1. ① 0.25　② 0.093　③ 0.497
   ④ 0.106　⑤ 0.53

2. ① エ, ア, イ, ウ, オ (1〜3の数直線上)
   ② オ, ウ, ア, イ, エ (0.1〜0.3の数直線上)

3. ア 0.23　　イ 2.3
   ウ $\frac{23}{100}$　　エ $2\frac{3}{10}$

4. ① 1, 0.8, 0.3
   ② 0.5, 0.1, 0
   ③ 0.21, 0.12, 0.102
   ④ 0.95, 0.59, 0.095
   ⑤ 1.01, 1.001, 0.11
   ⑥ 3.55, 3.05, 0.3555

5. ① 300m　　② 0.86km
   ③ 25cm　　④ 0.003km
   ⑤ 0.13kg　⑥ 36dL

6. ① 2m 70cm　② 53kg 400g
   ③ 5L 3dL　　④ 2m 65cm 4mm

7. ① 42195m　② 4219500cm
   ③ 42195000mm

1 次のようになります。

小数点↓

	一の位	$\frac{1}{10}$の位	$\frac{1}{100}$の位	$\frac{1}{1000}$の位
①	0	2	5	
②	0	0	9	3
③	0	4	9	7
④	0	1	0	6
⑤	0	5	3	

2 ① 1目盛りが0.1です。
  ② 1目盛りが0.01です。

3 ウ 0.23は, 1を100個に分けた23個分なので, 分数で表すと, $\frac{23}{100}$となります。
  エ 2.3は, 2と, 1を10個に分けた3個分を合

14 小数

わせた数なので，分数で表すと$2\frac{3}{10}$となります。

5 ① 1kmは1000mです。
② 1mは0.001kmです。
③ 1mは100cmです。
④ 1cmは0.00001kmです。
⑤ 1gは0.001kgです。
⑥ 1Lは10dLです。

6 ① 0.7m=70cm
② 0.4kg=400g
③ 0.3L=3dL
④ 0.654m=65.4cm，0.4cm=4mm

7 ①1km=1000m ②1m=100cm
③1cm=10mm を用います。

☆☆☆ トップレベル ●本冊→90ページ

1 ① 2	② 0.01	③ 19	
④ 17	⑤ 530		
2 ア 1.051	イ 1.056		
ウ 1.065	エ 1.071		

3 ① 5.604, 5.614, 5.624, 5.634, 5.644, 5.654, 5.664, 5.674, 5.684, 5.694
② 5.654, 5.664, 5.674, 5.684, 5.694
③ 5.604, 5.614, 5.624
④ 5.604, 5.614, 5.624, 5.634

4 ① 6.5 ② 0.204 ③ 627
④ 8.35 ⑤ 49.1 ⑥ 0.003074

5 ① 0.303 ② 0.11 ③ 243
④ 800 ⑤ 0.105

6 ① りんかさん ② みかさん

1 ① 0.001が5個で0.005になります。残り0.2は0.1が2個集まったものです。
② 0.01が84個集まると0.84になります。
③ 0.1が5個で0.5になります。残り0.019は0.001が19個集まったものです。
④ 0.1が17個集まると1.7になります。
⑤ 0.01が530個集まると5.3になります。

2 1目盛りは0.001です。

3 ① □には0から9までの数が入ります。
② 5.654はあてはまります。
③ 5.634はあてはまりません。
④ 5.634はあてはまります。

4 ① 小数点が右に1つずれます。
$0.65 \xrightarrow{10倍} 6.5$
② 小数点が左に1つずれます。
$2.04 \xrightarrow{\frac{1}{10}倍} 0.204$
③ 小数点が右に2つずれます。
$6.27 \xrightarrow{100倍} 627$
④ 小数点が右に3つずれます。
$0.00835 \xrightarrow{1000倍} 8.35$
⑤ 小数点が左に2つずれます。
$4910 \xrightarrow{\frac{1}{100}倍} 49.1$
⑥ 小数点が左に3つずれます。
$3.074 \xrightarrow{\frac{1}{1000}倍} 0.003074$

5 ① 0.01が30個で0.3，0.001が3個で0.003なので0.303になります。
② 0.01の10倍が0.1，0.001の10倍が0.01なので0.11になります。
③ 0.01の243倍が2.43です。
④ 0.001の800倍が0.8です。
⑤ 0.01の10倍が0.1，0.001の5倍が0.005なので0.105になります。

6 ① 0.1km=100m，$\frac{300}{1000}$km=300mなので，いちばん遠いのは300mのりんかさんです。
② 35.5dL=3.55L，$3\frac{9}{10}$L=3.9L，0.0035kL=3.5Lなので，いちばんたくさん水が入るびんを持っているのは$3\frac{9}{10}$Lのみかさんです。

15 小数のたし算・ひき算

☆ 標準レベル ●本冊→92ページ

1 ① 9.9　② 16.3
　③ 0.3　④ 0.8

2 ① 12.9　② 5.9　③ 15.9
　④ 10.3　⑤ 20.6　⑥ 13.7
　⑦ 3.2　⑧ 1.2　⑨ 0.4
　⑩ 1.9　⑪ 3.6　⑫ 0.3

3 ① 8.06　② 15.55　③ 16.09
　④ 6.374　⑤ 7.455　⑥ 16.21

4 ① 3.41　② 1.8　③ 0.46
　④ 0.06　⑤ 3.83　⑥ 1.27

5 1.7m

6 38.1kg

7 6.084

2 ④　　　1
　　　　7.7
　　　+ 2.6
　　　―――
　　　 10.3

　⑤　　　1
　　　　0.9
　　　+19.7
　　　―――
　　　 20.6

　⑨　7
　　　8.2
　　　－7.8
　　　―――
　　　　0.4

　⑩　2 1
　　　3.3
　　　－1.4
　　　―――
　　　　1.9

3 ⑤　　7.13
　　　+0.325
　　　――――
　　　 7.455

　⑥　　　1
　　　　 8.5
　　　+ 7.71
　　　――――
　　　 16.21

4 ①　　5.98
　　　－2.57
　　　―――
　　　 3.41

　②　 2
　　　3.7̸7
　　　－1.97
　　　―――
　　　 1.80

　③　0 1 1
　　　1.2̸3̸
　　　－0.77
　　　―――
　　　 0.46

　④　　2.58
　　　－2.52
　　　―――
　　　 0.06

　⑤　 3
　　　4.6̸7
　　　－0.84
　　　―――
　　　 3.83

　⑥　 6
　　　5.7̸6
　　　－4.49
　　　―――
　　　 1.27

7 いちばん大きな数は9.653, いちばん小さな数は3.569なので, その差は
9.653－3.569＝6.084となります。

☆☆ 発展レベル ●本冊→94ページ

1 ① 0.8　② 4.83　③ 109.78
　④ 1.111　⑤ 4.999　⑥ 16.49

2 ① 0.95　② 11.1　③ 0.582

3 ① 1.05　② 11.04　③ 1.87
　④ 2.8

4 ① 式 2.6＋12.5＋4.5＝19.6
　　答え 19.6dL
　② 式 1.5－0.45＋0.56＝1.61
　　答え 1.61L
　③ 式 3.4－2.5＝0.9
　　答え みちよさんが0.9km遠い
　④ 式 6.5－2$\frac{3}{10}$－1.4＝2.8
　　答え 2.8m
　（2$\frac{3}{10}$は2.3でもいいです。）

5 （それぞれじゅんに）① 1, 1.25
　② 7.2, 6.5　③ 1.6, 3.2

1 たすものとひくものをそれぞれ先に計算しておき, 最後にまとめてひき算を計算します。
　①　　 1
　　　 9.8
　　　+0.8
　　　――
　　　10.6

　　　 0 1
　　　11.4̸
　　　－10.6
　　　―――
　　　　0.8

　②　 1
　　　13.25
　　　+ 3.07
　　　――――
　　　 16.32

　　　 5 2
　　　16.3̸2̸
　　　－11.49
　　　―――
　　　　4.83

2 ① $\frac{1}{10}$＝0.1です。
　0.8＋0.1＋0.05＝0.95
　② 1$\frac{3}{10}$＝1.3, $\frac{1}{10}$＝0.1です。
　12.5－1.3－0.1＝11.1
　③ 2$\frac{3}{10}$＝2.3です。
　3－0.118－2.3＝0.582

4 ③ 2500m＝2.5kmなので
　3.4－2.5＝0.9(km)みちよさんが0.9km遠い。
　④ 2$\frac{3}{10}$m＝2.3m, 140cm＝1.4mなので
　6.5－2.3－1.4＝6.5－3.7＝2.8(m)

15 小数のたし算・ひき算

5 ① 右の数は左の数より0.25大きくなっています。
② 右の数は左の数より0.7小さくなっています。
③ 右の数は左の数を2回たしたものになっています。
0.2＝0.1＋0.1
0.4＝0.2＋0.2
　　　⋮

☆☆☆ トップレベル ●本冊→96ページ

1 ① 9.181　② 5.179　③ 19.877
　　④ 4.63　⑤ 11.07

2 ① 1.15　② 13.943　③ 3.525

3 ① 29.13　② 7.2　③ 30

4 ① 0.72　② 0.7　③ 2.8
　　④ 0.8　⑤ 484.8

5 ① 式 $2\frac{3}{4}-0.5-0.85=1.4$
　　答え 1.4m
　② 式 $38.5-15\frac{3}{5}-4.5=18.4$
　　答え 18.4km

6 ① 75.139　② 97.351

1 たすものとひくものをそれぞれ先に計算しておき、最後にまとめてひき算を計算します。

①
```
   1 1
   4.02
 + 5.98
  10.00
```
```
   9 9 9 1
  10.000
 -  0.819
   9.181
```

②
```
   1 1
   5.47
 + 0.569
   6.039
```
```
   5 9 1
   6.039
 - 0.86
   5.179
```

③
```
   48.4
 +  0.2
   48.6
```
```
   1 1
   19.8
 +  8.923
   28.723
```
```
   3 1 7 5 9 1
   48.600
 - 28.723
   19.877
```

④
```
   10.2
 +  1.43
   11.63
```
```
   1 1 1
   1.235
 + 5.765
   7.000
```
```
   1
  11.63
 -  7.
   4.63
```

⑤
```
   1 1
   2.72
   5.03
 + 5.76
  13.51
```
```
   4 1
  13.51
 - 2.44
  11.07
```

2 ① $2\frac{1}{10}=2.1$なので，
$2\frac{1}{10}+0.25-1.2$
$=2.1+0.25-1.2$
$=0.9+0.25$
$=1.15$

② $4\frac{1}{2}=4.5$なので，
$4\frac{1}{2}+19.5-10.057$
$=4.5+19.5-10.057$
$=24-10.057$
$=13.943$

③ $4\frac{1}{5}=4\frac{2}{10}=4.2$なので，
$4\frac{1}{5}-\{2-(1.5-0.175)\}$
$=4.2-(2-1.325)$
$=4.2-0.675$
$=3.525$

3 先に計算できるところはしておきます。
① $\frac{1}{4}=\frac{1\times25}{4\times25}=\frac{25}{100}=0.25$なので，
$12.12-\frac{1}{4}+□=41$は
$12.12-0.25+□=41$
$11.87+□=41$より
$□=41-11.87=29.13$

② $\frac{1}{2}=\frac{5}{10}=0.5$なので，
$23\frac{1}{2}-(12.45+□)=3.85$は
$23.5-(12.45+□)=3.85$
$12.45+□=23.5-3.85=19.65$より
$□=19.65-12.45=7.2$

③ $□-(13.5+6\times3-3.75)=2.25$より
$□-(13.5+18-3.75)=2.25$
$□-(31.5-3.75)=2.25$
$□-27.75=2.25$
$□=2.25+27.75=30$

4 ① 2780g=2.78kgなので
5−1.5−□=2.78　　3.5−□=2.78
□=3.5−2.78=0.72

② 139dL=13.9Lなので　6+7.2+□=13.9
13.2+□=13.9
□=13.9−13.2=0.7

③ 26dL=2.6Lなので　7.3−1.9−□=2.6
5.4−□=2.6
□=5.4−2.6=2.8

④ mに直すと，0.0028km=2.8m,
0.00025km=0.25mなので
2.8+0.25+□=803.05
3.05+□=803.05
よって　□=803.05−3.05=800
800m=0.8km

5 ① $\frac{3}{4}=\frac{3\times25}{4\times25}=\frac{75}{100}=0.75$なので，
$2\frac{3}{4}-0.5-0.85=2.75-1.35=1.4$(m)

② $\frac{3}{5}=\frac{3\times2}{5\times2}=\frac{6}{10}=0.6$なので，
$38.5-15\frac{3}{5}-4.5$
=38.5−15.6−4.5
=38.5−20.1
=18.4(km)

6 ① 75より大きい数，75より小さい数の両方を調べます。75より大きい数は75.139で，75との差は75.139−75=0.139
75より小さい数は73.951で，75との差は75−73.951=1.049
よって，75.139がいちばん近い数です。

② 大きい順に書いていきます。
1番目　97.531
2番目　97.513
3番目　97.351

16 小数のかけ算・わり算

☆ 標準レベル　●本冊→98ページ

1 ① 6.9　② 26.8　③ 73.17
④ 37　⑤ 209.2　⑥ 56560
⑦ 2.7　⑧ 3.9　⑨ 0.24
⑩ 1.72　⑪ 1.5

2 ① 式 8.7×3=26.1　答え 26.1g
② 式 136.5×2=273　答え 273cm
③ 式 0.85×6+1.7=6.8
答え 6.8kg
④ 式 2.4×5×30=360　答え 360L
⑤ 式 2.5÷5=0.5　答え 0.5kg
⑥ 式 0.81÷9=0.09　答え 0.09m
⑦ 式 (2+4)÷5=1.2　答え 1.2L

1 ①　　2.3　　　②　　6.7
　　×　　3　　　　　×　　4
　　　　6.9　　　　　　26.8
↑右から1つ目に小数点を打ちます。

③　　8.13　　　④　　74
　×　　　9　　　　×　0.5
　　　73.17　　　　　37.0　←最後の0は消します。

⑤　　5.23　　　⑥　　70.7
　×　　40　　　　×　　800
　　209.20　　　　56560.0
↑0ははみ出させて書きます。

受験指導の立場から

小数の入った計算は，次のように進めましょう。
●小数×整数・整数×小数
① 小数点がないものとして計算します。
② かけた小数と答えの小数点の右のけた数が同じになるように，答えに小数点を付けます。
③ 小数点の右側にある0で，不要なものは消します。
●小数×右端に0がある整数
① 0を省いて計算します。
② 省いておいた0を答えに付けたします。
③ 小数点を付けます。

46　16　小数のかけ算・わり算

商にはわられる数の小数点を上げます。

⑦
```
      2.7
   2)5.4
     4
     14
     14
      0
```

⑧
```
      3.9
   2)7.8
     6
     18
     18
      0
```

0の中に4は0回です。

⑨
```
      0.24
   4)0.96
     8
     16
     16
      0
```

⑩
```
      1.72
   5)8.60
     5
     36
     35
     10  ←0を付けたして
     10    計算を続けるこ
      0    とができます。
```

小数点を忘れないように。

⑪
```
      1.5
   6)9.0
     6
     30
     30
      0
```

② ①
```
      8.2
   6)49.7
     48
      1 7
      1 2
      0.5
```

②
```
      0.6
   9)6.0
     5 4
     0.6
```

あまりの小数点はわられる数と同じ位置に打ちます。

③
```
      12.0 ← 1/10の位まで
   3)36.2    とあるので,
     3       この0は必
     6       要な0です。
     6
     0.2
```

④
```
      0.8
   6)5.2
     4 8
     0.4
```

⑤
```
      2.5
   7)17.8
     14
      3 8
      3 5
      0.3
```

⑥
```
      8.0 ←必要な0です。
   9)72.5
     72
      0.5
```

③ ④　8mを整数回とるので商は一の位まで求め, 残りは余りとします。
25.5÷8=3あまり1.5より
残りは1.5mです。

```
      3
   8)25.5
     24
     1.5
```

⑤　77÷5=15.4, 75.6÷8=9.45なので, テープが15.4−9.45=5.95(cm)長くなります。

☆☆ 発展レベル ●本冊→100ページ

1 ① 36　② 55.44　③ 2.183
④ 32.49　⑤ 40.85　⑥ 3442.8

2 ① 8.2あまり0.5　② 0.6あまり0.6
③ 12.0あまり0.2　④ 0.8あまり0.4
⑤ 2.5あまり0.3　⑥ 8.0あまり0.5

3 ① 式 3.75×18=67.5
　　答え 67.5kg
② 式 14×2×0.85=23.8
　　答え 23.8点
③ 式 6×0.75×0.75=3.375
　　答え 3.375m
④ 式 25.5÷8=3あまり1.5
　　答え 1.5m
⑤ 式 77÷5=15.4
　　75.6÷8=9.45
　　15.4−9.45=5.95
　　答え テープが5.95cm長い

☆☆☆ トップレベル ●本冊→102ページ

1 ① 1.62　② 0.329
③ 1296　④ 23460

2 ① 6.4あまり0.1　② 2.5あまり1.8
③ 7.6あまり0.7　④ 1.0あまり7

3 ① 70　② 18
③ 253.3　④ 48

4 ① 36.9あまり0.8　② 0.0425

5 ① 式 □×11=105.16　答え 9.56
② (1) 100倍　(2) 5.43

1 ② 4.7 × 0.07 = 0.329　③ 4.8 × 270 = 1296.0

2 ① 108.9 ÷ 17 = 6.4 あまり 0.1
② 74.3 ÷ 29 = 2.5 あまり 1.8
③ 403.5 ÷ 53 = 7.6 あまり 0.7
④ 90.0 ÷ 83 = 1.0 あまり 7.0　←必要な0です。　←不要な0です。

3 ① $\square = 15 \times 4.6 + 1 = 69 + 1 = 70$
② $\square = (226.2 - 10.2) \div 12 = 216 \div 12 = 18$
③ $\square = 46 \times 5.5 + 0.3 = 253 + 0.3 = 253.3$
④ $\square = (4046.5 - 14.5) \div 84 = 4032 \div 84 = 48$

4 ① まちがえて82で割ったので,もとの数は
$82 \times 12.6 + 0.8 = 1033.2 + 0.8 = 1034$
よって,正しい答えは $1034 \div 28 = 36.9$ あまり 0.8 です。

② ある数を $\square$ とすると $\square \times 16 = 10.88$
したがって,ある数は $10.88 \div 16 = 0.68$ となります。
よって,正しい答えは $0.68 \div 16 = 0.0425$ となります。

5 ① ある数 $\square$ の小数点を右に1つ移すとその数は10倍になります。よって
$\square + \square \times 10 = 105.16$ より
$\square \times 11 = 105.16$
よって $\square = 105.16 \div 11 = 9.56$

② (1) 小数点が右に2つ移動したのと同じことなので,100倍になります。
(2) 正しい答えを $\square$ とすると,差が537.57なので,
$\square \times 100 - \square = 537.57$
となり, $\square \times 99 = 537.57$
$\square = 537.57 \div 99 = 5.43$

復習テスト3　●本冊→104ページ

① ① 0.01　② 19　③ 37　④ 1500

② ① $\dfrac{4}{2}, \dfrac{3}{2}, \dfrac{2}{2}$　② $2, \dfrac{9}{5}, 1\dfrac{3}{5}$
③ $1, \dfrac{8}{10}, 0.3$　④ $0.101, 0.05, 0$

③ ① $\dfrac{2}{13}$　② $\dfrac{7}{3}$　③ $\dfrac{8}{3}$
④ $\dfrac{1}{5}$　⑤ 9.52　⑥ 13.83

④ ① 3.8　② 6.525

⑤ ① 式 $2.75 - 0.5 - 0.85 = 1.4$
$1.4 \times 100 = 140$
答え 140cm

② 式 $4\dfrac{1}{4} + 5\dfrac{3}{4} - 2\dfrac{1}{4} = 7\dfrac{3}{4}$
答え $7\dfrac{3}{4}$ kg

③ 式 $12.6 \times 6 - 0.5 \times 5 = 73.1$
答え 73.1cm

④ 式 $82.4 \div 25 = 3$ あまり 7.4
答え 3本いり,あまりは7.4dL

③ ④ $1\frac{4}{5}-1-\frac{3}{5}=\frac{4}{5}-\frac{3}{5}=\frac{1}{5}$

⑤ $24.25-11.3-5.03+1.6$
$=(24.25+1.6)-(11.3+5.03)$
$=25.85-16.33=9.52$

⑥ $7.21+12.5-1.28-4.6$
$=(7.21+12.5)-(1.28+4.6)$
$=19.71-5.88=13.83$

④ ① $\{(25.5-6)-(2-1.5)\}\div 5$
$=(19.5-0.5)\div 5=19\div 5=3.8$

② $\{100.5-(12.8+3\times 4)\times 3\}\div 4$
$=\{100.5-(12.8+12)\times 3\}\div 4$
$=(100.5-24.8\times 3)\div 4$
$=(100.5-74.4)\div 4=26.1\div 4=6.525$

⑤ ① $2.75-0.5-0.85=1.4$(m)$=140$(cm)

② $4\frac{1}{4}+5\frac{3}{4}-2\frac{1}{4}=7\frac{1+3-1}{4}=7\frac{3}{4}$(kg)

③ のりしろ部分が合計5か所あるので
$12.6\times 6-0.5\times 5=75.6-2.5=73.1$(cm)
となります。

④ $8.24L=82.4dL$なので，
$82.4\div 25=3$(本)あまり7.4(dL)となります。

17 ものの計りょう

☆ 標準レベル　●本冊→106ページ

1 ① (1) ア 100　イ 1000
　　　　ウ 0.001
　　(2) エ 100　オ 0.1
　　(3) カ 1　　キ 0.01
　　(4) ク 1000　ケ 100000
　② (1) ア 10　イ 0.001
　　　　ウ 1000
　　(2) エ 0.1　オ 0.0001
　　　　カ 100
　　(3) キ 1000　ク 10000
　③ (1) ア 1000　イ 0.001
　　(2) ウ 1000　エ 1000000
　　(3) オ 1　　カ 0.001

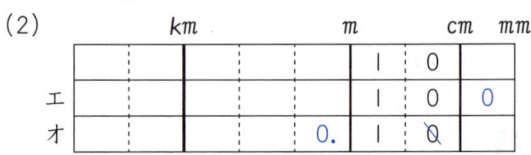

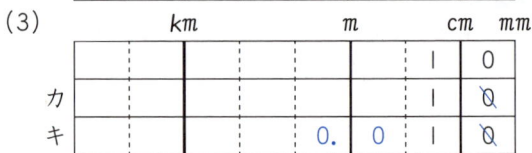

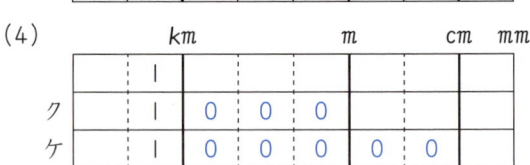

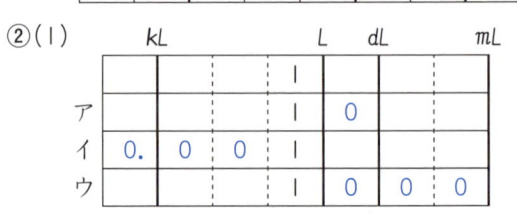

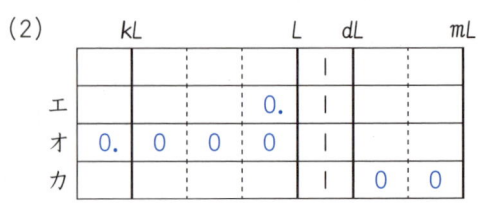

2 ① 7.3　　② 80.3
　③ 6030　④ 45
　⑤ 2.5　　⑥ 940
　⑦ 30　　⑧ 5.2

3 ① 13　　② 4.2
　③ 52　　④ 2070
　⑤ 2300　⑥ 0.45

4 ① 7000, 7000000
　② 3500　③ 0.78
　④ 5500　⑤ 0.25
　⑥ 0.8　　⑦ 600

5 1342.8kg

1 慣れないうちは，表にして考えます。
①
(1)
	km		m		cm	mm
ア				1		
イ				1	0	0
ウ	0.	0	0	1		

(2)
	km		m		cm	mm
					1	0
エ				1	0	0
オ			0.	1	0	

(3)
	km		m		cm	mm
					1	0
カ					1	0
キ			0.	0	1	0

(4)
	km		m		cm	mm
		1				
ク		1	0	0	0	
ケ		1	0	0	0	0

②(1)
	kL		L	dL	mL
			1		
ア			1	0	
イ	0.	0	0	1	
ウ			1	0	0	0

(2)
	kL		L	dL	mL
			1		
エ			0.	1	
オ	0.	0	0	1	
カ			1	0	0

17 ものの計りょう　49

(3)

	kL		L	dL	mL
	1				
キ	1	0	0	0	
ク	1	0	0	0	0

③(1)

	t		kg		g
				1	
ア				1	0　0　0
イ	0.	0　0　1			

(2)

	t		kg		g
	1				
ウ	1	0　0　0			
エ	1	0　0　0	0　0　0		

(3)

	kg		g		mg
			1	0　0　0	
オ			1	0　0　0	
カ	0.	0　0　1	0　0　0		

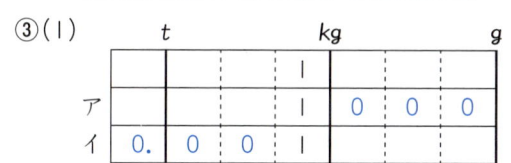

2

	km		m		cm	mm
①			7.	3	0	
②				8	0.	3
③	6	0	3	0		
④					4	5
⑤	2.	5	0	0		
⑥			9	4	0	
⑦			0.	3	0	
⑧			5.	2	0	

3

	kL		L	dL	mL
①			1	3	
②			4.	2	
③			5	2.	0　0
④			2.	0	7　0
⑤	2.	3	0	0	
⑥	0.	4	5	0	

4

	kg		g		mg
①	7	0　0　0			
	7	0　0　0	0　0　0		
②	3.	5			
③	0.	7	8	0	

	t		kg		g
④	5.	5	0　0		

	kg		g		mg
⑤			0.	2　5	0

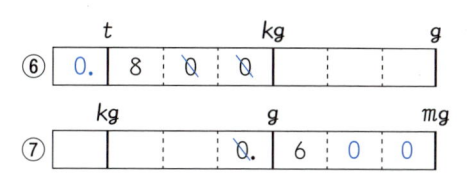

	t		kg		g
⑥	0.	8	0　0		

	kg		g		mg
⑦			0.	6	0　0

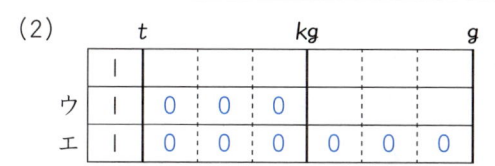

5　1.25t＝1250kg
　　1250＋65＋27.8＝1342.8(kg)

☆☆ 発展レベル　●本冊→108ページ

1 ① 2.1　② 5　③ 8　④ 2300

2 ① 205　② 2.28　③ 100
　④ 0.7　⑤ 31　⑥ 0.95

3 ① 1400　② 1547
　③ 214　④ 870

4 ① 1.2　② 1.3
　③ 6300　④ 41.8
　⑤ 0.44　⑥ 1.2

5 ① ＜　② ＞　③ ＜　④ ＞

6 ① ＞　② ＜　③ ＜　④ ＜

7 ① ＜　② ＜　③ ＜　④ ＜

8 ① 810　② 2240　③ 18000
　④ 570　⑤ 8150　⑥ 415
　⑦ 776　⑧ 5010　⑨ 19882

1 ① 12dL＋9dL＝21dL＝2.1L
　② 300mL＋4700mL＝5000mL＝5L
　③ 8400mL－7600mL＝800mL＝8dL
　④ 108dL－85dL＝23dL＝2300mL

2 ① 120cm＋85cm＝205cm
　② 3.04km－0.76km＝2.28km
　③ 48g＋52g＝100g
　④ 1.67kg－0.97kg＝0.7kg
　⑤ 4dL＋27dL＝31dL
　⑥ 2.05L－1.1L＝0.95L

3 ① 470g＋930g＝1400g
　② 2000g－453g＝1547g
　③ 30g＋184g＝214g
　④ 1020g－150g＝870g

17 ものの計りょう

4
① 800m＋400m＝1200m＝1.2km
② 50cm＋80cm＝130cm＝1.3m
③ 5000m＋1300m＝6300m
④ 6.8m＋35m＝41.8m
⑤ 1km－0.56km＝0.44km
⑥ 1900m－700m＝1200m＝1.2km

5
① (460cm＜480cm)
② (730m＞700m)
③ (0.254m＜2m)
④ (3030m＞330m)

6
① (4.5L＞4.4L)
② (51L＜490L)
③ (0.18L＜1.002L)
④ (7.7L＜72L)

7
① (300g＜315g)
② (4500kg＜9000kg)
③ (4.5g＜45g)
④ (60kg＜610kg)

8
①
```
   km   m   cm
   0.006 3
+      1 80
   0.008 10
```
②
```
   m   cm  mm
   3.1
-     86 0
   2.24 0
```
③
```
   g     mg
   104
-   86 000
    18 000
```
④
```
   t    kg
   0.16
+     410
     .570
```
⑤
```
   kg   g   mg
   0.003 2
+      4 950
   0.008 150
```
⑥
```
   L    mL
   0.34
+    75
   .415
```
⑦
```
   kL   L
   0.8
-    24
    .776
```
⑧
```
   dL   mL
   49
+  1 10
   50 10
```
⑨
```
   km   m   cm  mm
   0.200 00
-      1 18 0
   0.198 82
```

★★★ トップレベル ● 本冊→110ページ

1 ① 8   ② 13
③ 4.3   ④ 16

2 ① 20.74   ② 17.54
③ 16.5   ④ 2.48

3 ① 825.784   ② 14.4
③ 75.78

4 ① 165   ② 2.05
③ 315   ④ 1800   ⑤ 400

5 ① 6160   ② 14.68
③ 95.6   ④ 104

6 500g

7 1km590m

8 1291はい分と2dL

9 194.4kg

1
① 16dL－8dL＝8dL
② 2dL＋11dL＝13dL
③ 5.7L－1.4L＝4.3L
④ 0.8L＋15.2L＝16L

2
① 12.5km＋8.24km＝20.74km
② 23m－5.46m＝17.54m
③ 3.9cm＋12.6cm＝16.5cm
④ 0.8g＋1.68g＝2.48g

3
①
t		kg		g
		3.	7	
			8	0
0.	5	2		
				4
+		3	0	2
8	2	5.	7	8 4

② 320g×45＝14400g＝14.4kg

③
t		kg		g		mg
0.	0	4				
		2	8.	5		
			3	7	0	
+		6	9	1	0 0 0	
	7	5.	7	8	0 0 0	

4 ① 55mm×30=1650mm=165cm
② 82m×25=2050m=2.05km
③ 450cm×70=31500cm=315m
④ 9000m÷5=1800m
⑤ 3600m÷9=400m

5 □の単位にそろえてから計算します。
① 0.88km→880m
12mm×5000=60000mm=60m
5340m+880m-60m=6160m
② 0.0102km=10.2m
48cm=0.48m
280000mm=280m
10.2m+0.48m+280m-276m=14.68m
③ 3700mg×8=29600mg→29.6g
0.084kg=84g
29.6g+150g-84g=95.6g
④ 0.32t=320kg
45200g=45.2kg
10800000mg=10.8kg
320kg-160kg-45.2kg-10.8kg=104kg

6 4kg=4000gより 4000g÷8=500g

7 60cm×2650=159000cm=1590mより
1km590m

8 645.7L=6457dL, 500mL=5dL
6457÷5=1291あまり2
したがって1291はいと2dL

9 ガソリンの重さは
0.8×18=14.4(kg)
180+14.4=194.4(kg)

18 平面図形(1)

☆ 標準レベル　●本冊→114ページ

1 あ 135度　い 75度
う 15度　え 35度

2 ① 270　② 30
③ $\frac{1}{2}$　④ 2

3 ① ○　② ○　③ ×　④ ×

4 あ 70度　い 125度

5 あ 46度　い 52度
う 58度　え 145度　お 78度

6 ① 15.7cm　② 20.56cm
③ 9.42cm

1 三角定規の角度は次のようになっています。

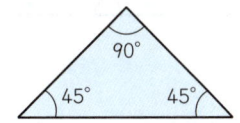

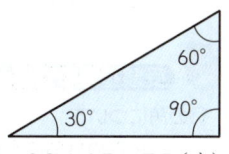

あ=90+45=135(度)　い=30+45=75(度)
う=45-30=15(度)　え=90-55=35(度)

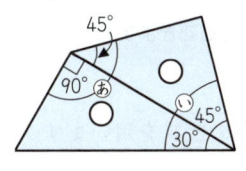

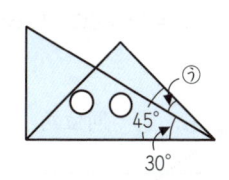

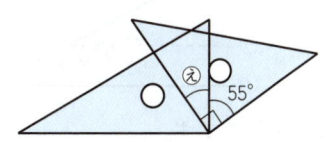

2 1直角=90度をもとに考えます。
① 90×3=270(度)
② 90の$\frac{1}{3}$とは，90を3で割った1つ分。
すなわち 90÷3=30(度)
③ 45は90の半分。すなわち$\frac{1}{2}$なので
$\frac{1}{2}$直角といいます。(慣例で分数にします。)
④ 180は90の2倍なので，2直角

3 ① 1辺の長さが5cmの正三角形がかけます。

18 平面図形(1)

② 2つの辺の長さがそれぞれ10cmの二等辺三角形がかけます。

③ 10+10=20(cm)なので、短い辺2本を合わせると、もう1本の辺と同じ長さの直線になってしまい、三角形はかけません。④も同様にかけません。

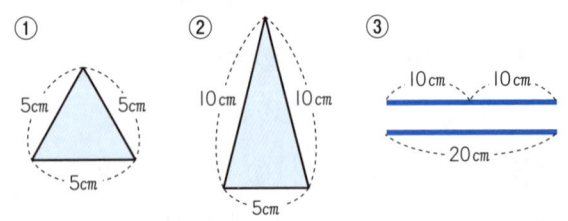

4 三角形の内角の和は180度です。

あ 180−(40+70)=70(度)

い ⑤の角度は 180−(80+45)=55(度)

一直線の角は180度だから

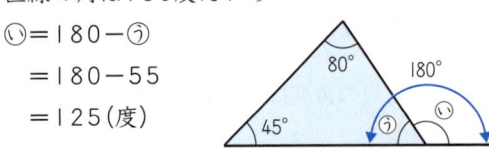

い=180−⑤
　=180−55
　=125(度)

受験指導の立場から

いの角について
　三角形の外角の大きさは、それと隣り合わない他の2つの内角の大きさの和に等しい
という性質があるので
　い=45+80=125(度)　ともできます。

5 あ、い：同位角、⑤：錯角の性質を用います。

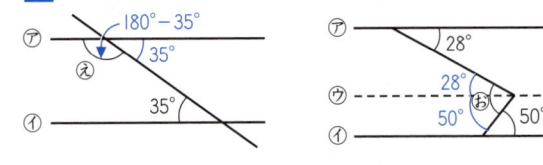

え：錯角の35度を使って解きます。

お：⑦と①に平行な線⑨のところにできる錯角を使って 50+28=78(度) とします。
（通常は、⑨は自分でかき入れます。）

6 ① 円周：直径×3.14より

5×3.14=15.7(cm)

② 色の部分のまわり(太線)の長さは、扇形(半円)の弧と半径の2つ分(直径)をあわせた長さになります。

円周は、8×3.14=25.12(cm)だから、弧は

25.12÷2=12.56(cm)

ゆえに、12.56+8=20.56(cm)

③ 1×2×3.14=6.28(cm)…大きい円の円周
　　直径
1×3.14=3.14(cm)…小さい円の円周

だから、6.28+3.14=9.42(cm)

☆☆ 発展レベル　●本冊→116ページ

1	あ 360度	い 540度	⑤ 720度
2	あ 139度	い 64度	⑤ 156度
	え 102度	お 84度	か 65度
3	あ 75度	い 126度
4	あ 44度	い 59度
5	70度
6	125.6cm
7	69.68cm

1 図のように線をひくと

四角形…三角形が2つ、五角形…三角形が3つ
六角形…三角形が4つに分割できます。

三角形の内角の和は180°だから

四角形の内角の和は　180°×2=360°
五角形の内角の和は　180°×3=540°
六角形の内角の和は　180°×4=720°です。

受験指導の立場から

n角形の内角の和は(n=3, 4, 5, …)
180×(n−2)(度)となります。

2 向かいあう角、同位角・錯角の角度を移していきます。

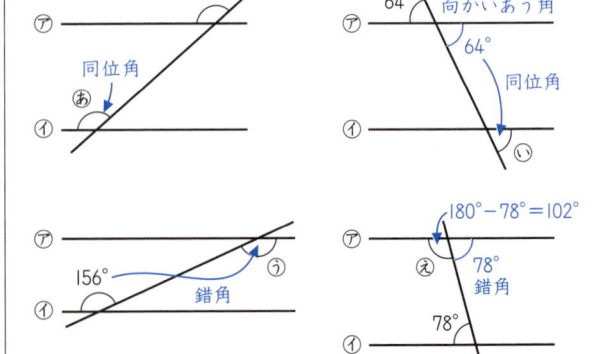

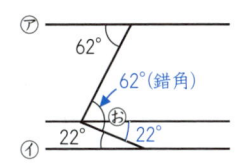

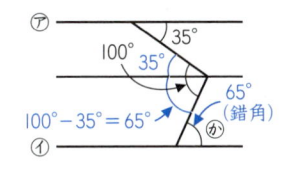

18 平面図形(1) 53

```
③ 34度
④ 27こ
⑤ 33こ
⑥ ① 53.68cm  ② 37.12cm
  ③ 86.8cm
⑦ ① 33.12cm  ② 37.68cm
  ③ 13.42cm
```

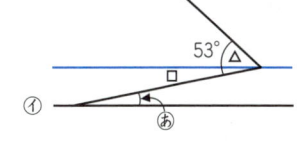

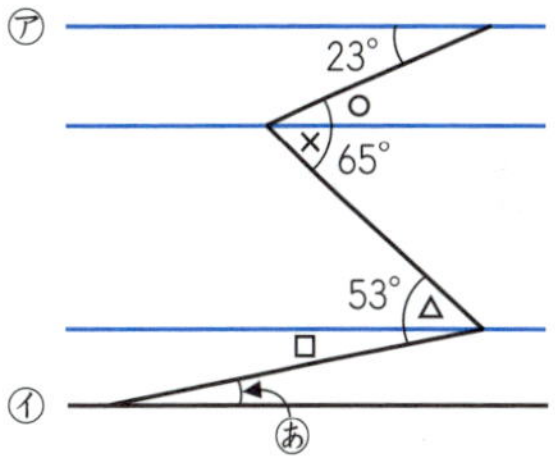

① 平行な線をひきます。
  ⑤ ○=23度
    ×=65-23
      =42(度)
    △=×=42度
    □=53-42
      =11(度)
    ⑤=□=11度
  ⑥ ○=180-138
      =42(度)
    ×=○=42(度)
    △=75-42
      =33(度)
    □=△=33度
    また, ▲=180-150=30(度)
    ●=▲=30度
    だから, ⑥=□+●=33+30=63(度)

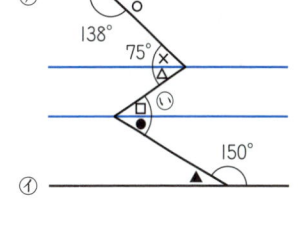

② 左の図は, 5時30分なので, 短針は5と6のちょうどまん中をさしています。
  ⑤の角は, 360度を12に分けた1つ分の半分。
  360÷12=30(度)より 30÷2=15(度)
  右の図は, 9時30分なので, 短針は9と10のちょうどまん中をさしています。
  ⑥の角は, 360度を12に分けた3つ分と半分。
  30×3+15=105(度)

③ ●=180-(82+38)
    =60(度)
  向かいあう角は等しいので, ×=86度だから,
  ⑤=180-(60+86)
    =34(度)

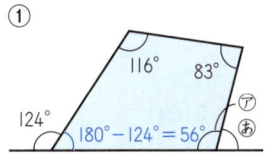

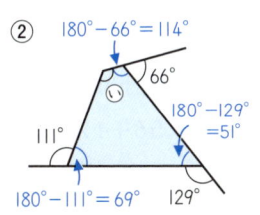

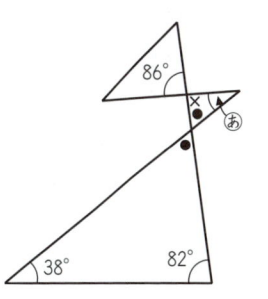

③
① ⑦ 360-(56+83+116)=105(度)
   ⑤ 180-⑦=180-105=75(度)
② 360-(69+51+114)=126(度)

④ ① ○=203-180=23(度)
    ×=67-23=44(度)
    向かいあう角は等しいので,
    ⑤=×=44(度)
  ② ○=360-302=58(度)
    ⑥=117-58=59(度)

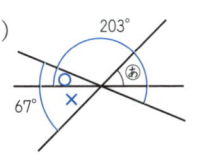

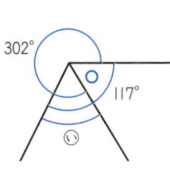

⑤ (180-40)÷2=70(度)

⑥ 10×2=20(cm)…直径の長さ
  20×3.14=62.8(cm)…円周の長さ
  2まわりなので 62.8×2=125.6(cm)

⑦ 半径…12÷2=6(cm) ⑦=⑥=6×2=12(cm)
  これに, 直径12cmの円周をたすと, まわりの長さになります。
  12×2+12×3.14
  ⑦+⑥ 弧の長さ
  =24+37.68
  =61.68(cm)
  また, 結び目に8cm使うのだから,
  61.68+8=69.68(cm)

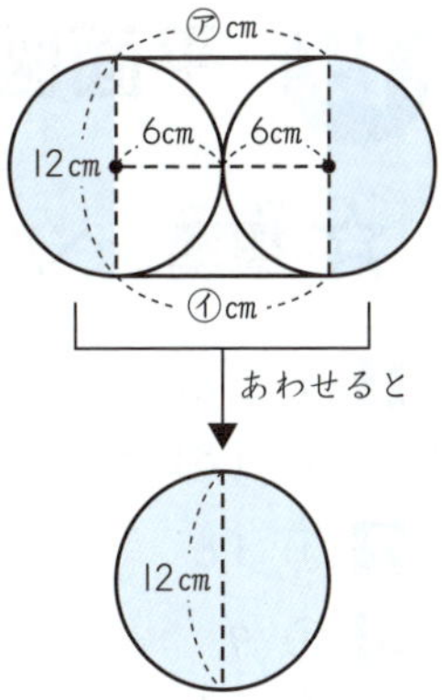

直径12cmの円になる。

★★★ トップレベル●本冊→118ページ

① ⑤ 11度 ⑥ 63度
② ⑤ 15度 ⑥ 105度

4

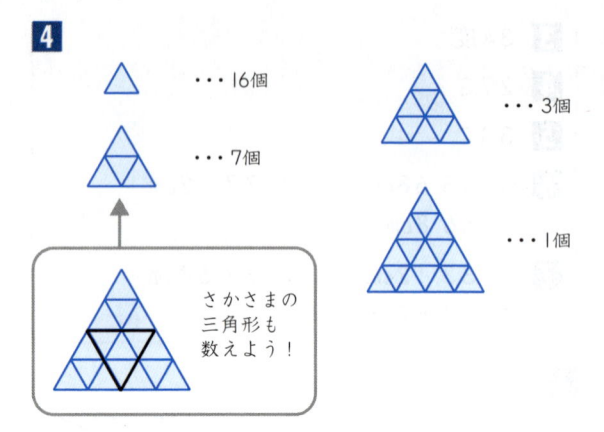

△ ···16個
△ ···7個
△ ···3個
△ ···1個

さかさまの三角形も数えよう！

だから 16＋7＋3＋1＝27（個）

5 それぞれの形と大きさで考えます。

◇の形（ひし形）…3方向に3個ずつ
3×3＝9（個）

△の形（台形）…3方向に4個ずつ
4×3＝12（個）

◇の形（平行四辺形）…3方向に2個ずつ
2×3＝6（個）

△の形（台形）…3方向に1個ずつ
1×3＝3（個）

△の形（台形）…3方向に1個ずつ
1×3＝3（個）

9＋12＋6＋3＋3＝33（個）

6 ① 中心角270度のおうぎ形は，
円を4つに分けた（中心角90度）1つ分の3つ分。
弧：8×2×3.14÷4×3
　＝8×2÷4×3×3.14
　＝12×3.14＝37.68（cm）
だから，37.68＋8×2＝53.68（cm）
　　　　　弧　　　半径

② 中心角240度のおうぎ形は，円を3つに分けた（中心角120度）1つ分の2つ分。
弧：6×2×3.14÷3×2
　＝6×2÷3×2×3.14
　＝8×3.14＝25.12（cm）
だから，25.12＋6×2＝37.12（cm）

③ 中心角300度のおうぎ形は，円を12個に分けた（中心角30度）1つ分の10個分。
12×2×3.14÷12×10
＝12×2÷12×10×3.14

＝20×3.14＝62.8（cm）
だから，62.8＋12×2＝86.8（cm）

7 ① ㋐ 8×2×3.14÷4
　　　　直径
　＝8×2÷4×3.14
　＝4×3.14＝12.56（cm） 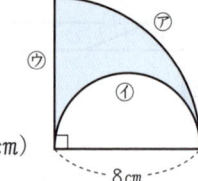
㋑ 8×3.14÷2＝12.56（cm）
㋒ 8cmより
12.56＋12.56＋8＝33.12（cm）

② ㋐：6×2×3.14÷2＝6×3.14＝18.84（cm）
㋑：㋑を2つくっつけると円になるので
6×3.14＝18.84（cm）
したがって　18.84＋18.84＝37.68（cm）

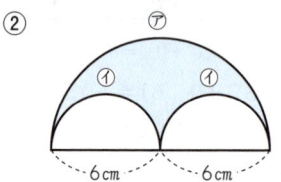

③ ㋐＝4×2×3.14÷4
　　㋐の直径
　＝6.28（cm）
㋑＝2×2×3.14÷4
　　㋑の直径
　＝3.14（cm）
㋒＝4－2＝2（cm）
だから，6.28＋3.14＋2×2＝13.42（cm）
　　　　㋐　　㋑　　㋒

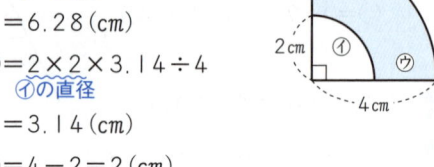

19 平面図形（2）

☆ 標準レベル　●本冊→120ページ

1 ① 25cm² ② 180cm²
③ 180cm² ④ 75cm²

2 ① 16 ② 20 ③ 10

3 ① 9 ② 14
③ 26 ④ 6

4 ① 50000 ② 3
③ 4600000 ④ 9500
⑤ 13000 ⑥ 24

5 ① 12cm ② 2cm

19 平面図形(2) 55

1 ① $5×5=25(cm^2)$ ② $9×20=180(cm^2)$
③ $24×15÷2=180(cm^2)$
④ $15×10÷2=75(cm^2)$

2 ① $4×□=8×8$　$4×□=64$
　　$□=64÷4=16(cm)$
② 正方形の1辺は　$40÷4=10(cm)$
　　したがって，正方形の面積は
　　$10×10=100(cm^2)$
　　$5×□=100$　$□=100÷5=20(cm)$
③ $□×□=100$　$10×10=100$ より
　　$□=10$　すなわち　$10cm$

3 ① 正方形の面積は，1辺×1辺で求められるので，$□×□=81(cm^2)$
　　□には同じ数が入るので，
　　$9×9=81$ だから，$□=9(cm)$
② 長方形の面積は，たて×横で求められるので，
　　$□×8=112(cm^2)$　$□=112÷8=14(cm)$
③ $7×□=182(cm^2)$ より
　　$□=182÷7=26(cm)$
④ 正方形の面積は，1辺×1辺で求められるので，
　　$□×□=36(cm^2)$
　　□には同じ数が入るので，
　　$6×6=36$　だから，$□=6(cm)$

4 $1m^2=10000cm^2$ より
　$m^2→cm^2$ へは　数字を10000倍
　$cm^2→m^2$ へは　数字を $\frac{1}{10000}$ にします。
① 5.0000 →50000より　$50000cm^2$
　　（×10000）
② $30000.$ →3より　$3m^2$
　　（×$\frac{1}{10000}$）
③ 460.0000 →4600000より
　　（×10000）
　　$4600000cm^2$
④ $95000000.$ →9500より　$9500m^2$
　　（×$\frac{1}{10000}$）

$1ha=10000m^2$，$1a=100m^2$ です。
$ha→m^2$ へは10000倍，$m^2→a$ へは $\frac{1}{100}$ にします。
⑤ 1.3000 →13000より　$13000m^2$
　　（×10000）
⑥ $2400.$ →24より　$24a$
　　（×$\frac{1}{100}$）

5 ① Aの半径は，$4÷2=2(cm)$
　　Bの半径は，$6÷2=3(cm)$
　　Cの半径は，$8÷2=4(cm)$
　　$2+6+4=12(cm)$
② $4+6+8=18(cm)$…Dの直径
　　Dの半径は，$18÷2=9(cm)$
　　直線ABと円との交点のうち，A側の方をPとすると　$PB=4+3=7(cm)$，$PD=9cm$
　　すなわち　$BD=9-7=2(cm)$

☆☆ 発展レベル　●本冊→122ページ

1 ① $1148cm^2$ ② $848m^2$
　③ $2.25a$
2 ① 2.6 ② 12
　③ 10 ④ 12
3 ① 6600 ② 18 ③ 38.44
4 ① 27 ② 30 ③ 10
　④ 1 ⑤ 44
5 ① 19 ② 72 ③ 3.4 ④ 400

1 ① $28×41=1148(cm^2)$
② $16×53=848(m^2)$
③ $15×15=225(m^2)=2.25(a)$

2 ① $□m=△cm$ とすると，
　　$△×50=13000(cm^2)$
　　$△=13000÷50=260(cm)$ より　$2.6m$
② $□×□=144(m^2)$ より　$□=12(m)$
③ $12×□÷2=60$ より　$6×□=60$
　　$□=60÷6=10(cm)$
④ $□×10÷2=60$　$□×5=60$
　　$□=60÷5=12(cm)$

3 ① $1.2m=120cm$ より
　　$120×55=6600(cm^2)$
② $240×750=180000(cm^2)$ より　$18m^2$
③ $620×620=384400(cm^2)$ より　$38.44m^2$

4 ① $100÷4=25(m)$…正方形の1辺
　　$25×25=625(m^2)$…正方形の面積
　　$625+50=675(m^2)$…長方形の面積
　　$675÷25=27(m)$

② 1.5m=150cm, 6×150=900(cm)
900=30×30だから，正方形の1辺は，30cm
③ 12×12=144(cm²)…正方形の面積
144÷18=8(cm)…長方形の横
18-8=10(cm)長い。
④ 4m=400cm
400÷2=200(cm)…たて+横
200-70=130(cm)…長方形の横
70×130=9100(cm²)…長方形の面積
9100+900=10000(cm²)…正方形の面積
10000=100×100
だから，正方形の1辺は100cmより 1m
⑤ 40÷4=10(cm)…正方形の1辺
12×12-10×10=144-100=44(cm²)

5 ① □×□=361について
10×10=100, 20×20=400
より，□は10より大きく20より小さい数です。
同じ数を2回かけあわせて一の位が1になる数
の一の位は1か9なので9に見当づけると
19×19=361(cm²) ゆえに □=19(cm)
② 1.8m²=18000cm², 2.5m=250cmより
□×250=18000(cm²)
□=18000÷250=72(cm)
③ 5.1m²=51000cm²
□m=△cmとすると，
150×△=51000(cm²)
△=51000÷150=340(cm)より 3.4m
④ 1ha=10000m²より
16ha=160000m²
160000=400×400より □=400(m)

☆☆☆ トップレベル●本冊→124ページ

1 ① 1m52cm ② 2m60cm
   ③ 3m36cm
2 ① 11こ ② 31こ ③ 32こ
3 ① 20 ② 25 ③ 33

1 ① 1m28cm=128cm, 1m40cm=140cm
128÷8=16(cm)…横(短い方)
(図1)と(図2)において

140-128=12(cm)
12÷4=3(cm)
したがって，カードのたての長さは，横より3
cm長いので 16+3=19(cm)
よって 19×8=152(cm)
すなわち 1m52cm
② (図4)のまわりの長さは，下の右の図のまわ
りの長さと同じになります。
16+19=35(cm) 35×2=70(cm)
19×5×2=190(cm)
70+190=260(cm)→2m60cm

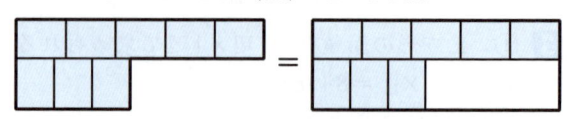

③ (図3)と(図5)で，長方形が隣り合う部分は
どちらも7か所あり，長さも同じなので，まわ
りの長さも同じになります。

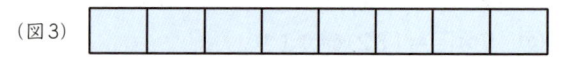

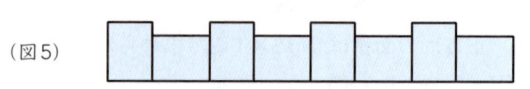

(図3)

(図5)

19×8×2=304(cm)
16×2=32(cm)
304+32=336(cm)→3m36cm

2 ① 小さい正方形が8個と大きい正方形が3個
より 8+3=11(個)
② 右の図のように正方形
の中心に記号をつけると
数えやすくなります。
3+3+3+4+3+3+3
=22(個)…小
中が8個，大が1個あるの
で 22+8+1=31(個)
③ 5+5+4+3+2
=19(個)…小
4+3+2+1=10(個)…中
2+1=3(個)…大
19+10+3=32(個)

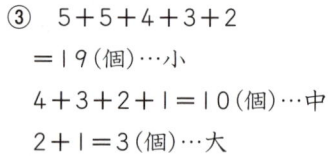

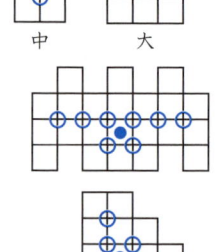

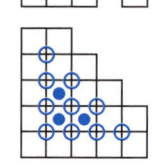

3 ① 右のように☆部分をおくと
青色部分＋☆＝20＋☆
よって，青色部分は20

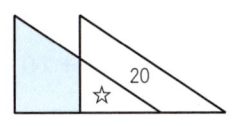

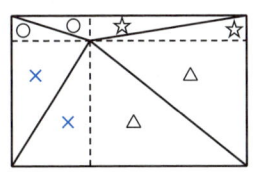

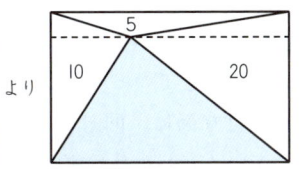

②
上の図のように，辺に平行な線をひいて，分割し，同じ面積になるところを○，☆，×，△とすると求める部分は ×と△の部分です。
○と☆をあわせた部分が5なので
10＋20＋×＋△－(○＋☆)＝2×(×＋△)
　　　　　色部分
すなわち ×＋△＝30－5＝25

③ 下の図のように，辺に平行な線をひき，分割します。

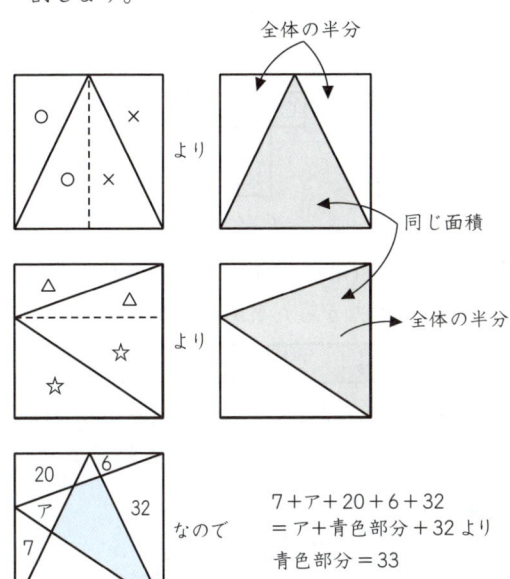

7＋ア＋20＋6＋32
＝ア＋青色部分＋32 より
青色部分＝33

20 立体図形(1)

☆ 標準レベル　●本冊→128ページ

1 ① ㋐：立方体　㋑：直方体
㋒：直方体

② ㋐：6面　正方形
㋑：6面　長方形
㋒：6面　長方形と正方形
③ ㋐：8こ　㋑：8こ
㋒：8こ
④ ㋐：12本　㋑：12本
㋒：12本

2 (じゅんに) ① 6，正方形
② 12，8
③ 平行，すい直

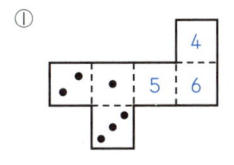

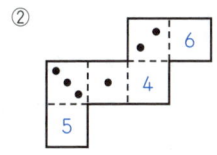

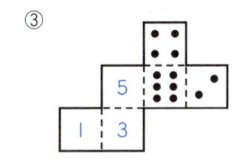

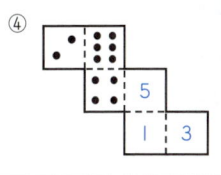

3 ① 172cm　② 120g

4 ① 135cm　② 95cm

5

3 ① 20cmが4本，15cmが4本，8cmが4本あるので 20×4＋15×4＋8×4＝172(cm)
② 頂点は8個あるので 15×8＝120(g)

4 ① たて：10cmが4つ分，横：10cmが4つ分，高さ：10cmが4つ分だから
10×4＋10×4＋10×4＋15＝135(cm)
　　　　　　　　　　　　　　結び目
(たて)　(横)　(高さ)

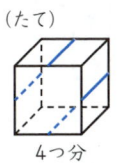

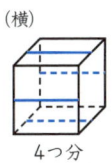

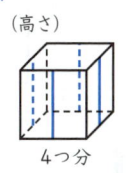

4つ分　4つ分　4つ分

② たて：10cmが2つ分，横：20cmが2つ分
高さ：5cmが4つ分だから
10×2＋20×2＋5×4＋15＝95(cm)
　　　　　　　　　　　　結び目

5 さいころは向かいあう面(平行な面)の目の数が下のようになります。
1⟷6　2⟷5　3⟷4

それぞれの展開図で，向かいあう面は同じ記号の面になります。

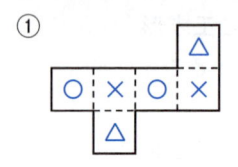

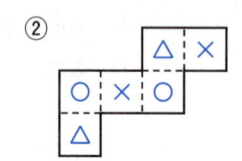

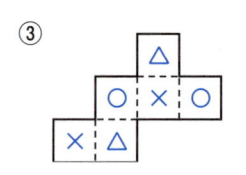

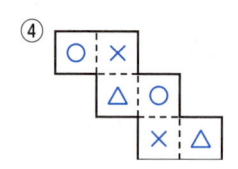

① ② ③ ④

高さ：20cmが4つ分だから
20×4＋20×4＋20×4＋25＝265(cm)
　　　　　　　　　　　　　結び目

② たて：20cmが2つ分，横：30cmが2つ分，
高さ：10cmが4つ分だから
20×2＋30×2＋10×4＋25＝165(cm)

4 できあがったところをイメージしていってもよいが，平行な面に，同じ印をつけていくとわかりやすいです。平行な面が3組できると，立方体になります。 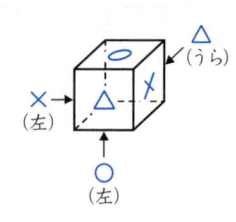
(右図)11種類しかないので覚えておくとよいでしょう。(本冊p141参照)

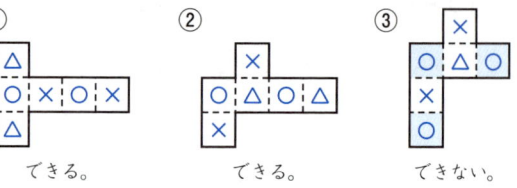

① できる。　② できる。　③ できない。
④ できる。　⑤ できない。　⑥ できる。 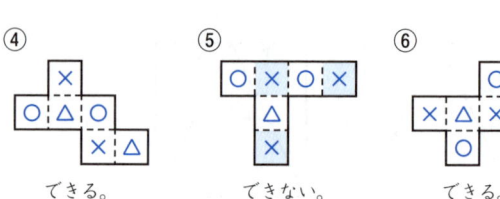

5 向かいあう(平行な)面で矢印が同じ向きになる3つの面がつながった展開図は，下の4通りです。

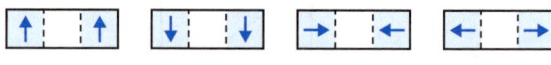

1つの辺を切りはなしてちがう辺をくっつけることで，上のどれかの形をつくります。

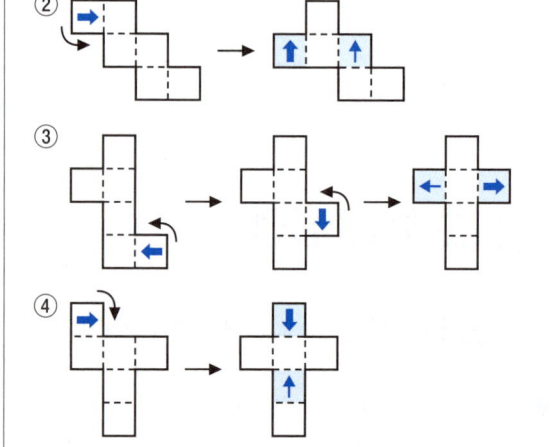

② →　③ →　④ →

☆☆ 発展レベル　●本冊→130ページ

1 ① 面え
② 面あ，面う，面お，面か
③ 辺ウキ，辺エク，辺アオ
④ 辺アイ，辺オカ，辺イウ，辺カキ

2 ① 265cm　② 165cm

3 ① 平行　② すい直

4 ① ○　② ○　③ ×
　④ ○　⑤ ×　⑥ ○

5 ① ② ③ ④

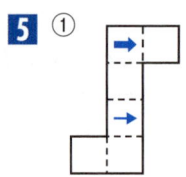

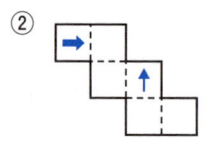

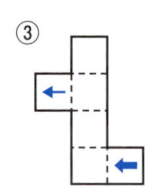

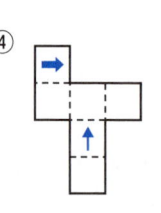

1 ① 向かいあっている面が平行な面です。(1面)
② ①以外の面が垂直な面です。(4面)
③ 同じ向きの辺が平行な辺です。(3辺)
④ くっついている辺が垂直な辺です。(4辺)
(注意)面，辺，頂点を答えるときは，最初に「面」，「辺」，「点」を必ずつけよう。

2 ① たて：20cmが4つ分，横：20cmが4つ分，

20 立体図形(1)

☆☆☆ トップレベル ●本冊→132ページ

1 ① 辺エウ，辺クキ，辺オカ
　② 辺アエ，辺アオ，辺イウ，辺イカ

2 2m80cm

3 ① 面○，面○，面え，面か
　② 点エ　　　③ 10cm

4 ① 40　　　② 30
　③ 54　　　④ 120

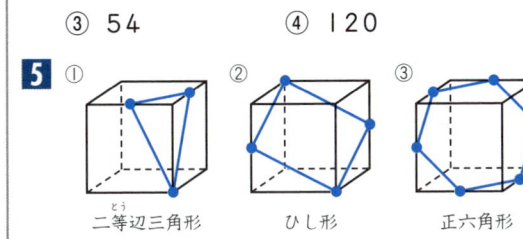

5 ① 二等辺三角形　② ひし形　③ 正六角形

---

2 一重で考えると25cm…2か所，20cm…2か所，10cm…4か所　だから
(25×2+20×2+10×4)×2+20
=280(cm)より
　↑結び目
　2回まわす
2m80cm

3 ① あとおが平行になります。それ以外の面が，あと垂直な面です。
② 辺ウイと辺ウエが重なるので，点イが重なるのは点エです。
③ 面かと面うが平行なので，クキはシサと同じ長さになります。また，面○とえが平行なので，スシとサカが同じ長さです。したがってクキ＝シサ＝シカーサカ＝13-3＝10(cm)

4 ① 表に出ている目の数の合計が最大になるのは，かくれている2面が最小になるとき，すなわち，1と1のときです。
2×(2+3+4+5+6)=2×20=40
② ①と同じように考えて，かくれている面の目の数を，もっとも大きい6にします。表に出ている面は，1，2，3，4，5になるので，
(1+2+3+4+5)×2=30

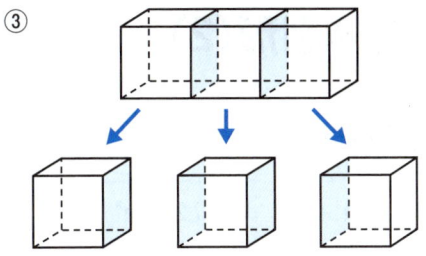

③ まん中のサイコロのかくれている2面は，必ずあわせて7になります。したがって，左右の2個のサイコロのかくれている2面をともに1になるようにします。したがって
(2+3+4+5+6)×2
　　　左右
+(1+2+3+4+5+6-7)=54
　　　まん中
④ どのサイコロも3面がかくれるので，かくれる3面が1，2，3になるようにします。したがって (4+5+6)×8=120

5 下の図のようになります。まず，同じ面の上の点どうしを結びます。下の色の三角形はすべて直角三角形となります。

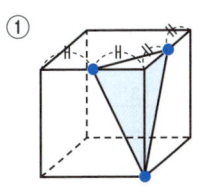

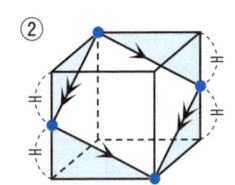

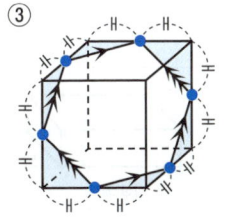

① 2個の直角三角形は，形も大きさも同じなので，切り口の三角形の2辺の長さが等しくなります。したがって二等辺三角形です。
② 4個の直角三角形は，形も大きさも同じなので，切り口の四角形の辺の長さはすべて等しくなります。したがってひし形です。(2本の対角線の長さがちがうので正方形とはなりません。)
③ 6個の直角二等辺三角形は，形も大きさも同じなので，切り口の六角形の辺の長さはすべて等しくなります。したがって正六角形です。

21 立体図形(2)

☆ **標準レベル** ●本冊→134ページ

1	① 105cm³	② 729cm³
	③ 840cm³	④ 1728m³
2	① 0.12	② 7.2
	③ 5.6	④ 3000000
3	① 180cm³	② 84cm³
4	① 14cm³	② 27cm³ ③ 10cm³
5	① 23こ	② 184cm³

1 ① 7×3×5=105(cm³)
② 9×9×9=729(cm³)
③ 7×15×8=840(cm³)
④ 12×12×12=1728(m³)

2 1m³=1000000cm³, 1L=1000cm³,
1dL=100cm³の関係を用います。
換算表(本冊127ページ)にあてはめて考えても
よいです。

	m³					cm³
	kL		L	dL		mL
①	0.	1	2	0	0	0
②			7.	2	0	0
③			5.	6	0	
④	3	0	0	0	0	0

3 ① 組み立てると、右のような直方体になるから
6×10×3=180(cm³) 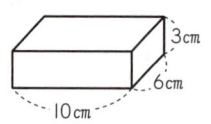
② 4×7×3=84(cm³)

4 ① 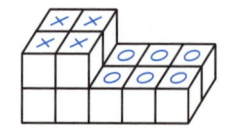
上から1段目… 4個
2段目…4+6=10(個)
○が6個増える
だから、4+10=14(個)
1つの立方体の体積…1×1×1=1(cm³)
より 1×14=14(cm³)

② 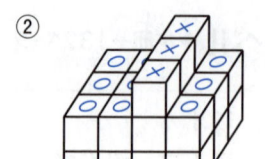
1段目…(×が) 3個
2段目… 12(個) ○が9個増える
3段目… 12(個) 同じ
だから、3+12+12=27(個)
より 1×27=27(cm³)

③ 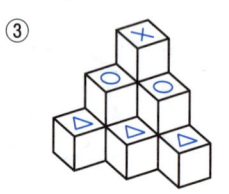
1段目…(×が) 1個
2段目…1+2=3(個) ○が2個増える
3段目…3+3=6(個) △が3個増える
だから、1+3+6=10(個)
より 1×10=10(cm³)

5 ① 1段目…1
2段目…1+2=3(個)
3段目…3+5=8(個)
4段目…8+3=11(個)より
1+3+8+11=23(個)
② 2×2×2=8(cm³)より 8×23=184(cm³)

🐻 **受験指導の立場から**
積み木の個数を数えるとき、上の段から数えていきます。上から n段目(n=2, 3, 4, …)の個数は
(n−1)段目の真下の積み木+上から見たときに見える積み木の個数なので、すなわち
(n−1)段目の個数＋n段目で新たに増えた個数
として求めると楽に求められます。

☆☆ **発展レベル** ●本冊→136ページ

1	① 5	② 4
	③ 20	④ 6
2	① 5m	② 3cm
3	① 192cm³	② 40cm³
4	① 210cm³	② 236m³

21 立体図形(2) 61

5 ① 288cm³ ② 224cm³
③ 208cm³
6 ① 800m³ ② 45cm³

1 公式にあてはめて考えます。
① □×10×4=200より □×40=200
□=200÷40=5(cm)
② 15×8×□=480より 120×□=480
□=480÷120=4(cm)
③ □×□×□=8000
2×2×2=8, 10×10×10=1000より
20×20×20=8000
したがって □=20(cm)
④ 7×11×□=462
77×□=462より □=462÷77=6(cm)

2 ① 横を□mとすると 12×□×15=900
12×□=900÷15=60
□=60÷12=5(m)
② 立方体の体積…6×6×6=216(cm³)
直方体の高さを□cmとすると,
9×8×□=216より 72×□=216
□=216÷72=3(cm)

3 ① 組み立てると,右のような直方体になります。 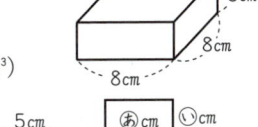
8×8×3=192(cm³)
② どうしは平行な面となるので,
あ…5(cm)より,
い…9-5=4(cm) 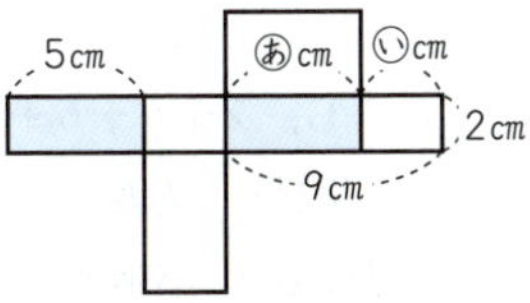
組み立てると右のような直方体になります。だから 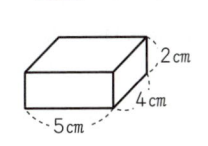
4×5×2=40(cm³)

4 ① 大きい直方体の体積から,小さい直方体の体積をひきます。
大きい直方体…6×10×4=240(cm³)
小さい直方体…3×5×2=30(cm³)より
240-30=210(cm³)
② 大きい直方体…7×8×6=336(m³)
小さい直方体…5×5×4=100(m³)より
336-100=236(m³)

5 ① 上から1段目… 6個
2段目… 6+6=12(個) ⎫6個増える
3段目… 12+6=18(個) ⎭6個増える
よって,6+12+18=36(個)
1つの立方体の体積は2×2×2=8(cm³)より
8×36=288(cm³)
② 1段目… 4個
2段目… 4+4=8(個) ⎫4個増える
3段目… 8+8=16(個) ⎭8個増える
だから,4+8+16=28(個)
1つの立方体の体積は2×2×2=8(cm³)より
8×28=224(cm³)
③ 1段目… 1個
2段目… 1+2=3(個) ⎫2個増える
3段目… 3+3=6(個) ⎬3個増える
4段目…6+10=16(個) ⎭10個増える
だから,1+3+6+16=26(個)
1つの立方体の体積は2×2×2=8(cm³)より
8×26=208(cm³)

6 ① 大きい直方体の体積から,小さい直方体の体積をひきます。
大きい直方体…(8+4)×15×5=900(m³)
小さい直方体…4×(15-10)×5=100(m³)
より 900-100=800(m³)
② 大きい直方体…3×6×4=72(cm³)
小さい直方体…3×3×3=27(cm³)
だから,72-27=45(cm³)

☆☆☆ **トップレベル** ● 本冊→138ページ

1 ① 1.5 ② 6
2 ① 8 ② 12 ③ 18
3 ① 6こ ② 10こ
③ いちばん多いとき:12こ
いちばん少ないとき:10こ
④ いちばん多いとき:14こ
いちばん少ないとき:11こ
4 ① 55こ ② 49こ ③ 75こ

62　21　立体図形(2)

5　いちばん多いとき：45こ
　　いちばん少ないとき：24こ

1　① 1.2m＝120cm
　　□m＝△cmとすると
　　△×120×40＝720000
　　△×120＝720000÷40＝18000
　　　　△＝18000÷120＝150(cm)
　　150cm＝1.5mなので　□＝1.5
　② 0.000216m³は，216cm³
　　□×□×□＝216
　　6×6×6＝216より　□＝6

2　① 9(たて)×横×高さ＝144より
　　横×高さ＝144÷9＝16
　　かけて16になる整数の組み合わせは，
　　(横，高さ)＝(16，1)，(8，2)，(4，4)，
　　　　　　　　(2，8)，(1，16)
　　横がたて(9cm)より短く，高さより長くなるの
　　は，横8cm，高さ2cmだけです。
　② 6×6×48＝1728(cm³)
　　6×6×6×8＝1728
　　6×6×6×2×2×2＝1728より
　　12×12×12＝1728
　③ たて×横×7(高さ)＝252
　　たて×横＝252÷7＝36
　　たて＋横＝20
　　かけて36になる整数の組み合わせは，
　　(1，36)，(2，18)，(3，12)，(4，9)，
　　(6，6)の5通り
　　その中でたして20になるのは，2と18の組み
　　合わせだけです。たてが横より長いので，た
　　ては18cmです。

3　① ま上から見た図に高さの個
　　数を書きこむと，右の図のよう
　　になります。したがって　1×2＋2×2＝6(個)
　② 同様に
　　4＋3＋2＋1＝10(個)
　③ ま上から見た図に個数を書き
　　こむと，㋐と㋑，㋒と㋓につい
　　てはどちらかが2個で片方は2
　　個か1個の場合が考えられます。

したがって
　一番多いとき…1×4＋2×4＝12(個)
　一番少ないとき
　　…1×4＋1×2＋2×2＝10(個)
④ ま上から見た図に個数を書き
　こむと，㋐と㋑についてはどち
　らも2個かまたはどちらかが2
　個で片方が1個の場合が考えられ，㋒と㋓につ
　いては，どちらも3個か，またはどちらかが3
　個で片方が2個か1個の場合が考えられます。
　一番多いとき
　　…1×4＋2×2＋3×2＝14(個)
　一番少ないとき
　　…1×4＋1×2＋2＋3＝11(個)

4　① 1段目… 1個 ⎫+3個
　　　2段目… 4(個) ⎬+5個
　　　3段目… 9(個) ⎬+7個
　　　4段目…16個 ⎬+9個
　　　5段目…25個 ⎭
　　だから，1＋4＋9＋16＋25＝55(個)
　② 1段目… 2個 ⎫+2個
　　　2段目… 4個 ⎬+2個
　　　3段目… 6個 ⎬+3個
　　　4段目… 9個 ⎬+3個
　　　5段目…12個 ⎬+4個
　　　6段目…16個 ⎭
　　だから，2＋4＋6＋9＋12＋16＝49(個)
　③ 1段目… 4個 ⎫+4個
　　　2段目… 8個 ⎬+7個
　　　3段目…15個 ⎬+7個
　　　4段目…22個 ⎬+4個
　　　5段目…26個 ⎭
　　だから，4＋8＋15＋22＋26＝75(個)

5　ま上から見た図に高さの個数を書きこんで考え
　ます。

　一番多いとき　　　　一番少ないとき

1	2	3	2	1
1	2	3	2	1
1	2	3	2	1
1	2	3	2	1
1	2	3	2	1

1	●	▲	■	1
1	0	▲	0	1
1	●	0	■	1
1	0	▲	0	1
1	●	▲	■	1

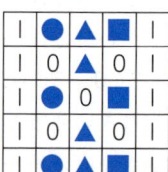

一番多いとき
　…1×5×2+2×5×2+3×5=45（個）
一番少ないとき
　…●3か所のうちどれか1か所が2個でその
　　他は1個
　　▲4か所のうちどれか1か所が3個でその
　　他は1個
　　■3か所のうちどれか1か所が2個でその
　　他は1個
だから{1×5+(2+1×2)}×2+3+1×3=24
（補足）
一番少ないときの0個になる部分の決め方については，次の通りです。
① まず，上から見たとき，格子になっているので，外側から1列目の部分は必ず，積み木がないといけません。
② 最も少ない場合，端から2列目については1個飛ばしに積み木のあるところ，ないところがないといけません。（2個連続で積み木のないところがあると，格子にはなりません）
③ 3列目の0個の部分も，2列目の0個の部分と連続しないようにします。
　なお，最も少ない場合，上から見た図は下のようになります。色のある部分が積み木のあるところ，ない部分は積み木のないところです。

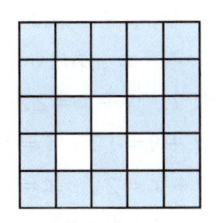

復習テスト4　●本冊→142ページ

1. ① 30　② （じゅんに）3，80
　③ 60.5　④ 0.524
2. ① 9100　② 1910
　③ 4　④ 33
3. 86度
4. ① 56.54cm　② 28.56cm
　③ 24.56cm
5. ① 144cm²　② 121cm²
6. ① 90cm²　② 150cm²　③ 60cm²
7. ① 405　② （じゅんに）0.734，0.734
　③ 7

2. ① 5.7km+3.4km=9.1km=9100m
　② 2.5kg−590g=2.5kg−0.59kg
　　　　　　　　=1.91kg=1910g
　③ 16dL+24dL=40dL=4L
　④ 5200mL−1900mL=3300mL
　　　　　　　　　=33dL

3. アとイに平行な直線をひくと，錯角で角が移せて
61+25=86（度）
となります。

4. ① 半円は，中心角180°のおうぎ形です。
　弧の部分：11×2×3.14÷2
　　　　　=11×3.14=34.54
　直線部分：11×2=22（cm）より
　　34.54+22=56.54（cm）
　② 中心角が90度なので，円を4つに分けた1つ分となります。
　弧の部分：8×2×3.14÷4
　　　　　=4×3.14=12.56（cm）
　直線部分：8+8=16（cm）より
　　12.56+16=28.56（cm）
　③ 360÷120=3より，円を3つに分けた1つ分となります。
　弧：6×2×3.14÷3
　　=12÷3×3.14=4×3.14=12.56（cm）

直線部分：6＋6＝12(cm)
　　　　　12.56＋12＝24.56(cm)

⑤ ① 8×18＝144(cm²)
　② 11×11＝121(cm²)

⑥ ① 2つの長方形に分けます。
　　3×18＋3×12＝3×(18＋12) ←計算の工夫
　　　　　　　　　＝3×30＝90(cm²)
　② 欠けている部分も含めた大きな長方形から欠けている部分をひきます。
　　12×15－6×(15－5－5)
　　＝180－6×5＝180－30＝150(cm²)
　③ 色の部分を端に寄せると，白い部分の面積が求められます。白い部分の面積は 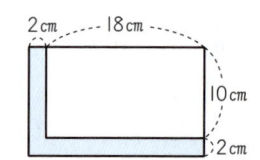
　　10×18＝180(cm²)
　　より，これを大きい長方形の面積からひいて
　　12×20－180＝240－180＝60(cm²)

⑦ ① 1L＝1000cm³より 0.405L＝405cm³
　② 734000cm³＝0.734m³
　　　×1/1000000
　　1m³＝1kLより0.734m³＝0.734kL
　③ 高さを□mとすると
　　25×16×□＝2800
　　400×□＝2800　　□＝28÷4＝7

22 いろいろな文章題

☆ 標準レベル　　●本冊→144ページ

1 ① 7人　　② 14人
2 10人
3 ① 36　　② オ
4 ① ×　② 1番 ○　2番 ×　4番 ○
5 ① ア 5　イ 0　ウ 1
　② ア 6　イ 1　ウ 2
　③ ア 1　イ 9　ウ 8
　④ ア 9　イ 1　ウ 0

1 表にすると，次のようになります。

	男(人)	女(人)	計(人)
大人(人)	① 7	3	10
子ども(人)	16	② 14	30
計(人)	23	17	40

2 このような図をベン図といいます。

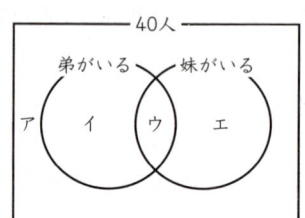

ア：弟も妹もいない，イ：弟はいるが，妹はいない
ウ：弟も妹もいる，エ：弟はいないが，妹はいる
　イ＋ウ＝17，ウ＋エ＝22
ウ＝9より　イ＋9＝17　イ＝17－9＝8
　　　　　9＋エ＝22　エ＝22－9＝13
また，ア＝40－(イ＋ウ＋エ)＝40－(8＋9＋13)
　　　　＝40－30＝10(人)

3 ① 8＋7＋6＋5＋4＋3＋2＋1＝36
　② もし，アの＋を－にしてしまったとすると，7をたさないで7をひいてしまうので，間違えた答えは正しい答えよりも，7＋7＝14だけ小さくなります。つまり，間違えた記号のあとの数の2倍だけ答えが小さくなってしまいます。
　　36－30＝6　6÷2＝3
　　3の前の記号を間違えました。→オ

22 いろいろな文章題　65

4　① ＡとＣをくらべると，1番，2番，4番の答えは同じで，3番だけが違います。点数はＣの方がＡより1点多いので，3番の正しい答えは×になります。

② Ｂは3点なので，1問だけ間違えています。①より，3番の正しい答えは×なので，Ｂは3番だけを間違えたことになります。Ｂは3番のほかは全部正解しているので，正しい答えは1番から順に，○××○になります。

5　① くり上がりに注目すると，ウ＝1と分かります。よって，ア＝5と分かり，イ＝0となります。

② くり上がりに注目すると，イ＝1と分かります。よって，ウ＝2と分かります。
ア＋ア＝12より，ア＝6となります。

③ 一の位に注目すると，ア＋イ＝10と分かります。次に，百の位に注目すると，ア＝1と分かり，イ＝9となり，残りのウは8と分かります。

④ 百の位に注目すると，ア＝9，イ＝1，ウ＝0と分かります。

★★ 発展レベル　●本冊→146ページ

1　31人
2　12
3　① 325　② 65
　　③ ㋐ 9　㋑ 24
4　① 12g　② 16g　③ 7こ
5　① 29
　　② 3だん目　14列目
　　③ 2だん目　15列目

1　ベン図で考えましょう。

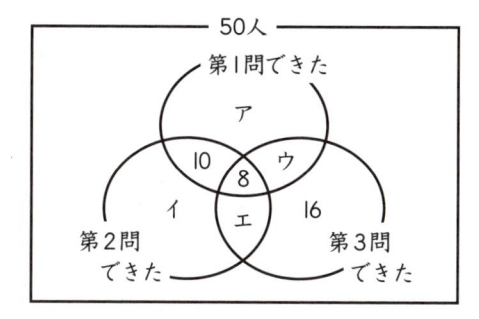

3問とも解けた人は10点で8人，第1問と第2問だけが解けた人は4点で10人，第3問だけが解けた人は6点で16人であることがわかります。
第1問のできた人は，第2問のできた人より10人多いので
　　ア＋ウ＋10＋8＝（イ＋エ＋10＋8）＋10
すなわち　ア＋ウ＝イ＋エ＋10
また，1問も解けなかった人はいないので，
　　ア＋ウ＋イ＋エ＋10＋8＋16＝50
　　ア＋ウ＋イ＋エ＝50－（10＋8＋16）
　　　　　　　　＝50－34＝16

和差算の考えにより
　　ア＋ウ＝（16＋10）÷2＝13（人）
したがって，第1問のできた人は
　　ア＋ウ＋10＋8＝13＋10＋8＝31（人）

2　たし算の前（左）の数は，2，5，8，2，5，8，……と3個ずつのくり返しになっています。
たし算の後（右）の数は，1，4，7，11，11，7，4，1，……と8個ずつの繰り返しになっています。
　62÷3＝20あまり2より
　　前の数は，繰り返しの2番目の数5
　62÷8＝7あまり6より
　　後の数は，繰り返しの6番目の数7
なので，5＋7＝12

3　① 横5列のすべての整数の和とは，すべてのマス目の数の和なので，
　　1＋2＋3＋…＋23＋24＋25　（等差数列の和）
　＝（1＋25）×25÷2
　＝26×25÷2
　＝26÷2×25＝13×25＝325

② 魔方陣では，各列の和は等しいので
　325÷5＝65

③
Ⓐ	18	Ⓑ	2	㋐
10	Ⓓ	19	Ⓒ	3
4		13	20	
23	5	7	Ⓔ	
17	㋑	1	Ⓕ	15

左のように，記号をおくと

66 **22** いろいろな文章題

65−(10+4+23+17)=11 …Ⓐ
65−(19+13+7+1)=25 …Ⓑ
65−(11+18+25+2)=9 …㋐
65−(9+13+5+17)=21 …Ⓒ
65−(3+21+19+10)=12 …Ⓓ
65−(11+12+13+15)=14 …Ⓔ
65−(2+21+20+14)=8 …Ⓕ
65−(17+1+8+15)=24 …㋑

4 ① 左より ○○□□=△△△△…㋐
　　右より △△○=□□…㋑
　㋐の□□は△△○と同じ重さだから
　　○○□□=△△△△ は
　　　‖
　　△△○
　○○△△○=△△△△
　△△を取っても、つりあうから
　　○○○=△△
　○は8gなので、△2つ分：8×3=24(g)
　したがって、△1つ分は　24÷2=12(g)

② ㋑より　□□=12×2+8=32(g)
　□=32÷2=16(g)

③ 左側：12×6+8×4=72+32=104(g)
　右側：16×10=160(g)
　160−104=56　　56÷8=7(個)

5 ① 1+2+3+4+5+6+7+1 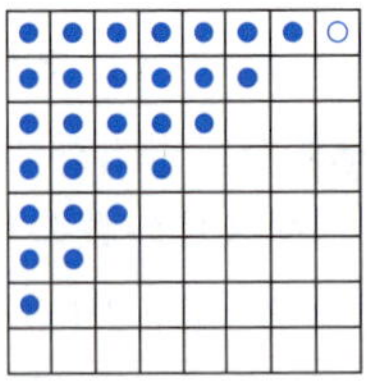
　=(1+7)×7÷2+1
　=8×7÷2+1
　=28+1=29

② 15段目1列目の数は
　(1+15)×15÷2
　=16×15÷2
　=120
　よって、121…1段目16列目
　　　　　122…2段目15列目　…㋐
　　　　　123…3段目14列目

③ 図2に入れた各奇数すべてに1を加え、2で
　割ると、図1と同じになります。
　すなわち　(243+1)÷2=122
　図2における122とは、②の㋐より
　2段目15列目

☆☆☆ トップレベル ● 本冊→148ページ

1 ① 全部：36こ、外がわのまわり：20こ
　② 9こ　　③ 12こ
2 ① 48こ　　② 15こ
3 ①

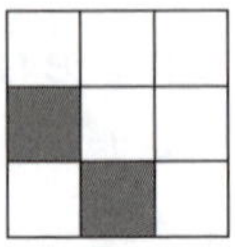

② 99
③ (イ)→(オ)→(ア)→(ウ)→(エ)

1 ① 全体の個数：6×6=36(個)
　外側のまわり：
　右の図のように、4つに
　区切って考えます。 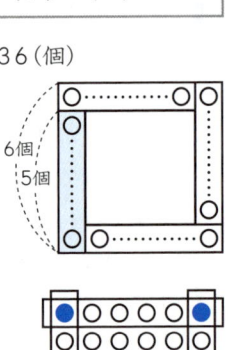
　(6−1)×4=20(個)
　(注意)外側のまわりは
　　6×4=24(個)として
　はいけません。なぜなら、
　角のおはじきを2回数え
　ることになるからです。

② 右の図のように、まわ
　りを4つの部分に区切っ
　て考えます。
　32÷4=8(個) 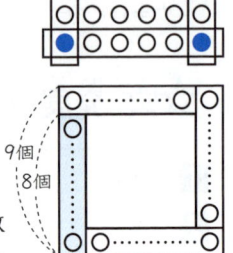
　　…1つ分の個数
　8+1=9(個)…1辺の個数

③ 1辺の個数を□個とすると、□×□=144(個)
　となります。
　あとは、□に数をあてはめていきます。
　10×10=100、20×20=400なので、□は
　10より大きく20より小さな数になります。同
　じ数をかけて一の位が4になるのは、2×2か
　8×8だけ。
　12×12=144　　よって、12個。

2 ① 本冊の図のような中空方陣を2列の中空方
　陣といいます。
　右の図のように、同じ
　形になるように分けて
　いくと、1つ分は 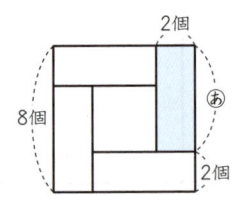
　(8−2)×2=12(個)
　　↑1辺 ↑2列

全部で4つあるので 12×4＝48(個)
② 右の図のように分けると,
1つ分は
144÷4＝36(個)
3列なので,右のあの部分は
36÷3＝12(個)
したがって 12＋3＝15(個)

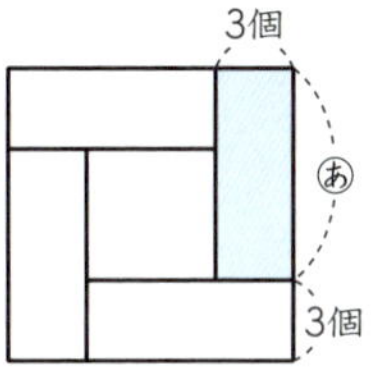

3 1マスで表される数は2の累乗数(2を何回かかけたもの)で,これらの和でいろいろな数を表していきます。
① 10＝8＋2です。
② 1＋2＋32＋64＝99
③ (ア) 1＋256＝257
  (イ) 4＋16＋64＝84
  (ウ) 1＋4＋64＋256＝325
  (エ) 1＋4＋16＋64＋256＝341
  (オ) 2＋8＋16＋32＋128＝186
となります。

64	128	256
8	16	32
1	2	4

23 難問研究

☆ 標準レベル　●本冊→150ページ

1 32cm 8mm
2 ① 28人　② 6人
3 350円
4 34
5 280円
6 14m
7 問題1 24cm³　問題2 72こ
　　問題3 ① 94　② 22こ
　　③ (図)

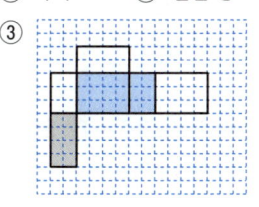

1 つなぎ目の部分は8mmが(10－1)か所となります。
8mm＝0.8cmより 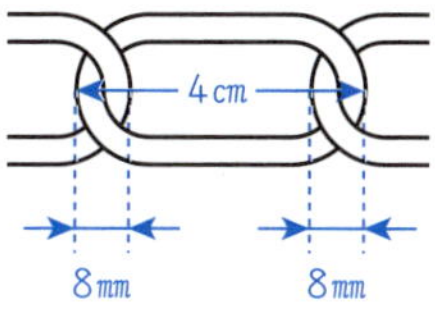
4×10－0.8×(10－1)
＝32.8(cm)
すなわち 32cm8mm

2 ① 12人はトランプをした人数の $\frac{3}{7}$ にあたります。
$\frac{3}{7}$ が12人なので 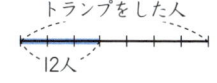
$\frac{1}{7}$ は12÷3＝4人
1は4×7＝28(人)よりこれがトランプをした人数です。

② 同様にカルタをした人の $\frac{2}{3}$ が12人
$\frac{1}{3}$ は6人
1は6×3＝18(人) 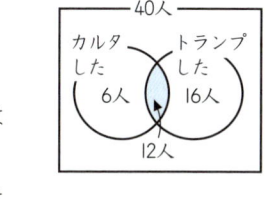
カルタだけをした人は
18－12＝6(人)
トランプだけした人は
28－12＝16(人)
したがって,両方ともしなかった人は
40－(6＋12＋16)＝40－34＝6(人)

3 姉があげたあとの妹の金額は
(1600－300)÷2＝650(円)
これより,はじめに妹の持っていた金額は
650－300＝350(円)

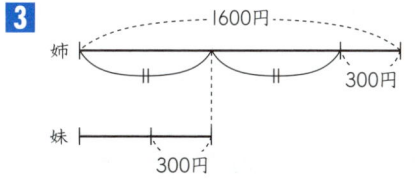

4 $\frac{29}{47}$ の分母・分子に同じ数□を加えた数は $\frac{7}{9}$ と等しい分数,すなわち $\frac{7×○}{9×○}$ (○:整数)となるので $\frac{29＋□}{47＋□}＝\frac{7×○}{9×○}$
分母と分子の差をとると
47－29＝9×○－7×○より
18＝2×○　○＝18÷2＝9

68　23　難問研究

できた分数は
$$\frac{7\times9}{9\times9}=\frac{63}{81}=\frac{29+\boxed{34}}{47+\boxed{34}}$$ であるから
加えた整数は34となります。

5 ケーキ4個とプリン3個で1660円より，ケーキ8個とプリン6個では，1660×2＝3320(円)
また，ケーキ5個とプリン6個で2480円より
　3320－2480＝840(円)…ケーキ(8－5)個分
すなわち，ケーキ3個で840円だから
　840÷3＝280(円)…ケーキ1個分の値段

6 池の周りの長さは　4×21＝84(m)
半径を□mとすると　□×2×3＝84
　□×6＝84　　□＝84÷6＝14(m)

7 問題1：2×4×3＝24(cm³)
問題2：2の倍数：2, 4, 6, 8, 10, 12, …
　　　　3の倍数：3, 6, 9, 12, …
　　　　4の倍数：4, 8, 12, 16, …
より，1辺が12cmの立方体が最小のもの。
　　たては　12÷2＝6(個)
　　横は　　12÷4＝3(個)
　　高さは　12÷3＝4(個)より
たてに6個，横に3個，高さに4個積めばいいので　6×3×4＝72(個)
問題3：①　(3×5＋3×4＋4×5)×2＝94(個)
　　　②　(1×3＋1×2＋2×3)×2＝22(個)

☆☆ 発展レベル　●本冊→152ページ

1 ① 木曜日　② 20通り　③ 16
2 9回
3 550人
4 36.56cm
5 54度
6 ① 11こ
　　② A 22　B 7
　　③ 1276こ

1 ①　うるう年なので366日です。
　　366÷7＝52あまり2
　　火水木金土日月　で1グループと考えると
　　2008年12月31日はグループ2日目の水曜日

なので，2009年1月1日は木曜日
②　最小の数が1段目にあるとき5通り
　　　　　　2段目にあるとき6通り
　　　　　　3段目にあるとき6通り
　　　　　　4段目にあるとき3通り
すなわち　5＋6＋6＋3＝20(通り)
③　最小の数を□とすると，4数は
　　□，□＋1，□＋7，□＋1＋7
これらの和が80なので
　　4×□＋16＝80
　　4×□＝80－16　4×□＝64
　　□＝64÷4＝16

2 得た点数は　74－20＝54(点)
15回とも的に当てていたら
　　8×15＝120より，120点得られています。
1回はずすたびに
　　8＋3＝11(点)得点は減ります。
120－54＝66(点)
より，全勝のときより66点得られる点数が減っているので　66÷11＝6より
6回はずしています。
すなわち，的に当てたのは
　　15－6＝9(回)

3 大人3人と子供5人で4900円
また，大人1人と子供3人で2300円より
　大人3人と子供9人で6900円
だから
　(6900－4900)÷(9－5)
　＝2000÷4＝500(円)…子供1人の入場料
　2300－500×3＝800(円)…大人1人の入場料
800人全員が大人なら，総計は
　800×800＝640000(円)
子供1人と大人1人を入れかえるごとに
　(800－500)円総計が減ります。
減った総計は
　640000－475000＝165000より
　165000÷300＝550(人)
したがって，子供の入場者数は550人

4 右の図のように分けると三角形ＡＢＣは１辺の長さが２＋４＋２＝８(cm)の正三角形，曲線部分は中心角120°のおうぎ形３つの弧

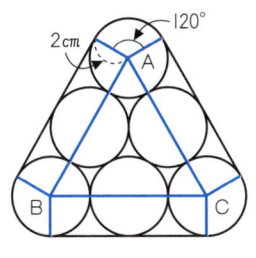

360°−90°−90°−60°＝360°−240°＝120°

より，半径２cmの円周の長さだから

$8×3+2×2×3.14$
$=24+12.56=36.56(cm)$

5 右のように記号をつけると⒤＝⒢なので

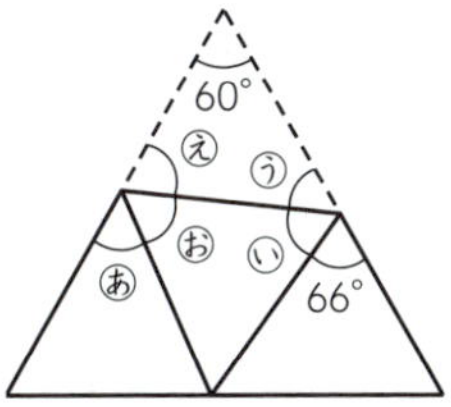

⒢：$(180°−66°)÷2$
　　$=57°$

⒠：$180°−57°−60°$
　　$=63°$

⒠＝⒨ なので

⒜：$180°−63°×2=54°$

6 ① 右の図のようになります。したがって11個です。

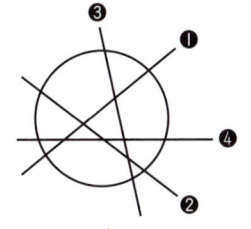

② １本直線が増えるごとに，増加した部分の個数も増えます。したがって，下の表のようになります。

直線の本数	0	1	2	3	4	5	6	7	…
円が分けられた最大の個数	1	2	4	7	11	16	A22	29	37
増加した部分の個数		1	2	3	4	5	6	B7	8

16＋6＝22

③ 50本目の直線をひくと，新たに50個の部分が増えるので

$1+(1+2+3+…+50)$
　　↑増加した部分の個数
$=1+(1+50)×50÷2$
$=1+1275=1276(個)$

★★★ トップレベル　本冊→154ページ

1 角⑦ 30度，角⑦ 15度

2 ① 二りん車：４台，四りん車：５台

②

	二りん車	三りん車	四りん車
	３台	３台	４台
	２台	５台	３台
	１台	７台	２台

3 ① ２　　　② 13

4 ① Ａ ⑤　Ｂ ①　　② Ａ ①　Ｂ ⑤
③ 21回

5 ① 34　　　　② 25
③ １組目　Ａ＝14，Ｂ＝12，Ｃ＝16，
　　　　　Ｄ＝11
２組目　Ａ＝10，Ｂ＝16，Ｃ＝12，
　　　　Ｄ＝15

1 右の図で三角形ＡＢＥは正三角形だから

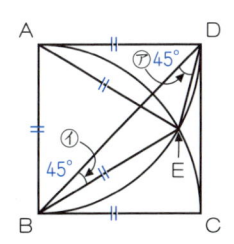

角ＤＡＥ＝90°−60°
　　　　＝30°

また，三角形ＡＥＤは二等辺三角形だから

角ＡＤＥ＝(180°−30°)÷２＝75°

ゆえに　角⑦＝75°−45°＝30°
　　　　角⑦＝60°−45°＝15°

2 ① 三輪車の台数が１台のとき
二輪車，四輪車の台数の合計は９台。
タイヤの合計は　31−3＝28(個)
全部四輪車であるとすると
　　9×4＝36
二輪車と四輪車を１台とりかえると
4−2(個)タイヤが減るから
　　(36−28)÷2＝4
したがって，二輪車４台，四輪車５台

② タイヤの合計の個数は奇数なので三輪車の台数は奇数です。
二輪車，四輪車も１台は展示しているので，タイヤの個数は
(31−2−4＝)25個が最大です。すなわち，三輪車の台数は３，５，７台までです。
三輪車が２台増えると，タイヤは６個ふえるから，二輪車１台と四輪車１台を減らせばよい。
　三輪車が３台のとき

二輪車　3台，四輪車　4台
　三輪車が5台のとき
　　　二輪車　2台，四輪車　3台
　三輪車が7台のとき
　　　二輪車　1台，四輪車　2台

3 ① $2×7×9=126$　$1×2×6=12$
　$1×2=2$
② 1回で6になるものは，16，23，32，61の4個です。
2回で6になるもので，1回で23と61になるものはありません。16になるものは，28，44，82の3個。32になるものは，48，84の2個。
3回で6になるものは，1回目が28のとき47，74の2個。48のとき，68，86の2個。
4回以上はありません。したがって
$4+3+2+2+2=13$(個)

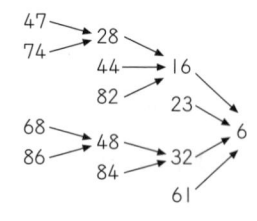

```
47 ↘
74 → 28 ↘
      44 → 16 ↘
      82 ↗    23 ↘
68 ↘             6
86 → 48 ↘    32 ↗
      84 ↗
             61 ↗
```

4 ① AもBも8回ごとに⓪にもどってきます。
Bは⑤→②→⑦→④→①→⑥→③→⓪
のように移動します。$21÷8=2$あまり5より，移動回数5のときと同じ場所にいます。
② 同様に，$2009÷8=251$あまり1より
移動回数1のときと同じ場所にいます。
③ $167÷8=20$あまり7
繰り返し20回の中では必ず1回②で重なり，あまりの7回の中でも1回重なるから
$20+1=21$(回)

5 ① $1+2+3+\cdots+16$
$=(1+16)×16÷2=136$
$136÷4=34$
② $A+5+3+\underline{B+C}+1+6+D=34×2$
$B+C=34-2-4=28$より
$A+8+\underline{28}+7+D=68$
$A+D=68-43=25$
③ 四角形あで　$A+B=26$
　四角形いで　$C+D=27$
　四角形えで　$E+F=24$
　四角形おで　$G+H=23$
B，Cについて，9～16までの数の中で28となるのは13+15，12+16の2組のみ。
$(B, C)=(13, 15)$のとき　$A=13$となり不可
$(B, C)=(15, 13)$のとき　$A=11$，$D=14$，
このとき，残りの9，10，12，16で
　$E+F=24$　$G+H=23$
はできないので不可。
$(B, C)=(12, 16)$のとき
　$A=14$，$D=11$，$E+F=9+15$，
　$G+H=10+13$
$(B, C)=(16, 12)$のとき
　$A=10$，$D=15$，$E+F=11+13$，
　$G+H=9+14$
となり，適します。

実力テスト

●本冊→156ページ

① ① 3003521000
② 2700150000000
③ 46470000000

② ① 1691 ② 7075 ③ 7850
④ 63358 ⑤ 31672
⑥ 29あまり6 ⑦ 30あまり7
⑧ 11あまり34

③ ① 63 ② 690 ③ 110

④

		電車		
		使う	使わない	合計
バス	使う	12人	6人	18人
	使わない	7人	13人	20人
	合計	19人	19人	38人

⑤ ① 24 ② 12

⑥ $\frac{9}{10}, \frac{7}{8}, \frac{5}{6}, \frac{3}{4}, \frac{1}{2}$

⑦ ① $\frac{5}{11}$ ② 4 ③ 1.23
④ 2.88 ⑤ 0.72 ⑥ 3.75
⑦ 0.36 ⑧ 2.4あまり0.5

⑧ ① 263.2 ② 20 ③ 4

⑨ 65度

⑩ 148cm

⑪ ① 700m² ② 21000m³

⑫ 78

---

① ① 2万1000+350万+30億
　=30億352万1000

② 1億2000万+3000万+2兆7000億
　=2兆7001億5000万

③ 28億+450億=478億
　9000万+12億4000万=13億3000万より

```
   4 7 8  ⁷
 − 1 3 3 0 0 0
 ─────────────
   4 6 4 7 0 0 0
       億     万
```

③ ① (5+6+7)+(6+7+8)+(7+8+9)
　=18+21+24=63

② 各項は，まん中の数の3倍なので
　6+9+12+…+63
　　　└─ 20項 ─┘
　=(6+63)×20÷2=690

③ 333÷3=111より
　110+111+112=333
　したがって，第110項。

④ バスを使わない人は(38+2)÷2=20(人)です。

⑤ ① 4×3×2×1=24(通り) (樹系図をかいてもよいです。)

② 下2桁の数が4の倍数のとき，4でわりきれます。したがって，下2桁が24，28，48，64，68，84の6通り，上2桁はそれ以外の2数で，入れかわりも含めて2個ずつできるので
　6×2=12(個)

⑥ 順に，1より
　$\frac{1}{2}, \frac{1}{4}, \frac{1}{6}, \frac{1}{8}, \frac{1}{10}$ だけ小さい数です。

⑦ ⑥
```
      1.5
  ×  2.5
  ─────
      7 5
    3 0
  ─────
    3.7 5
```

⑧
```
         2.4
  15)3 6.5
     3 0
     ───
       6 5
       6 0
       ───
         0.5
```

⑧ ① 0.25t=250kg，1200g=1.2kgより
　250kg+12kg+1.2kg=263.2kg

② (□−12)÷4+8=10
　(□−12)÷4=10−8
　(□−12)÷4=2　□−12=4×2
　□=8+12=20

③ (21+16×□)÷17=5
　21+16×□=17×5
　16×□=85−21　16×□=64
　□=64÷16=4

⑨ 五角形は1つの頂点から3本の対角線で分けられることから，内角の和は 180×3=540(度)
角イの大きさを□とすると
　ア：2×□，ウ：2×□
　エ：□+50　より
2×□+□+2×□+□+50+100=540

$6×□+150=540$
$6×□=390$　$□=390÷6=65(度)$

⑩ 図形の右上の点から反時計回りに1周すると
左に進む長さ：$18+7+6+8=39(cm)$
下に進む長さ：$8+20+4+3=35(cm)$
1周して戻るので
　　右に進む長さも39cm
　　下に進む長さも35cm
したがって　$2×(39+35)=148(cm)$

⑪ ① 　上面：$30×40$
　　　　　　$=1200(m^2)$ 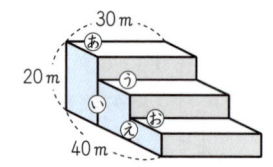
右の図の影部分
　$20×30=600(m^2)$
裏側の部分も同じ面積になるから，青色部分の面積を□m^2とすると
　$□×2+1200×2+600×2=5000$
　$□×2+2400+1200=5000$
　$□×2=5000-2400-1200$
　　　　$=1400$
　$□=1400÷2=700(m^2)$

② 上の図のように長さをあ，い，う，え，おとおきます。
体積は
　$20×$あ$×30+$い$×$う$×30+$え$×$お$×30$
　$=(20×$あ$+$い$×$う$+$え$×$お$)×30$
　　　　　青色部分
　$=700×30=21000(m^3)$

⑫ 正方形は，対角線について，対称（折ったときぴったり重なる）ので 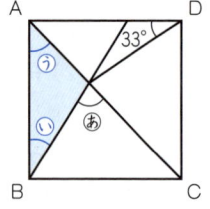
　い　$33°$
　う　$90°÷2=45°$より
　あ　$33°+45°=78°$

おもしろ文章題の解答例

1 センコウ君とデンコウ君

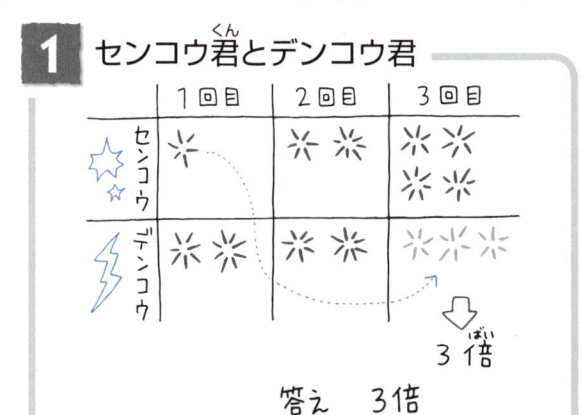

	1回目	2回目	3回目
センコウ	✶	✶✶	✶✶✶✶
デンコウ	✶✶	✶✶✶	✶✶✶✶✶✶

→ 3倍

答え　3倍

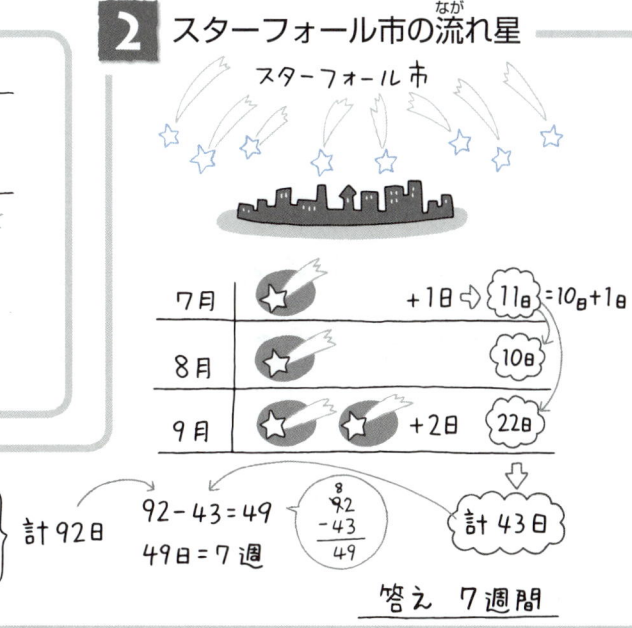

7月 → 31日まで
8月 → 31日まで
9月 → 30日まで
計92日

92 − 43 = 49
49日 = 7週

計43日

答え　7週間

2 スターフォール市の流れ星

7月	☄	+1日 ⇒ 11日 = 10日+1日
8月	☄	10日
9月	☄ ☄	+2日 ⇒ 22日

3 さとう取り合い大会

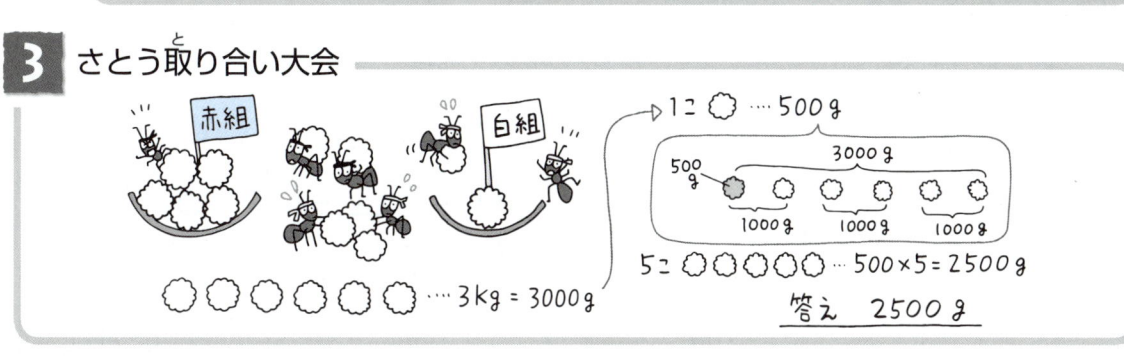

1こ ☁ … 500g

500g + 1000g + 1000g + 1000g = 3000g

5こ ☁☁☁☁☁ … 500 × 5 = 2500g

… 3kg = 3000g

答え　2500g

4 時間を食べるバクバクー

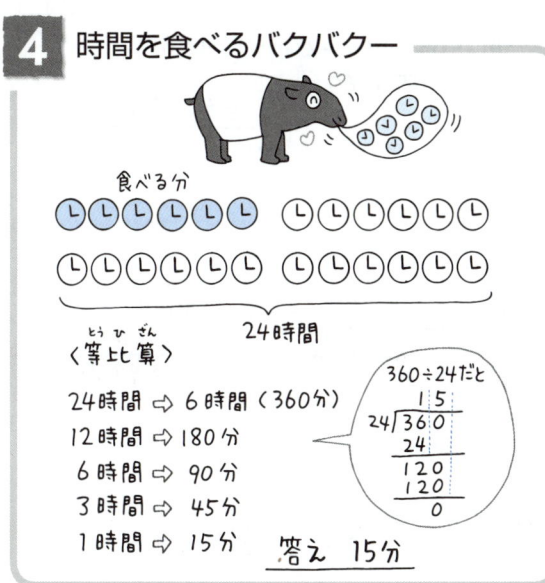

食べる分 🕐🕐🕐🕐🕐　🕐🕐🕐🕐🕐
🕐🕐🕐🕐🕐　🕐🕐🕐🕐🕐

24時間

〈等比算〉

24時間 ⇒ 6時間（360分）
12時間 ⇒ 180分
6時間 ⇒ 90分
3時間 ⇒ 45分
1時間 ⇒ 15分

360 ÷ 24 だと
　　15
24)360
　　24
　　120
　　120
　　　0

答え　15分

5 メエメエさんとメソメソ君

メエメエ　メソメソ

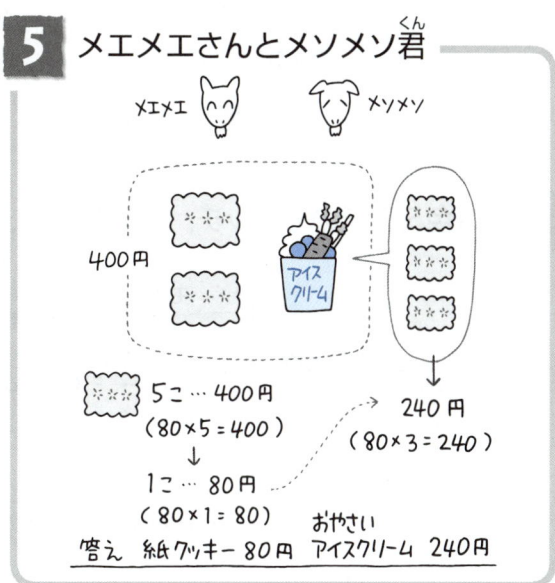

400円

🍪 5こ … 400円
（80 × 5 = 400）
↓
1こ … 80円
（80 × 1 = 80）

240円
（80 × 3 = 240）

答え　紙クッキー 80円　おやさい アイスクリーム 240円

6 みらいのたね

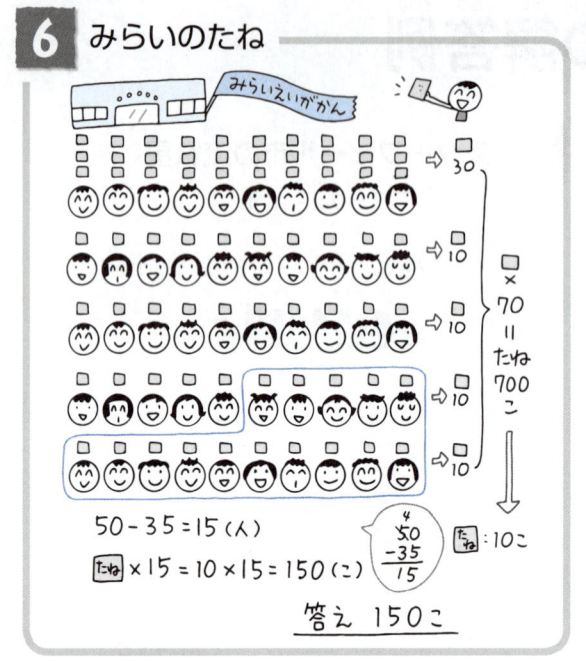

50 − 35 = 15（人）

たね × 15 = 10 × 15 = 150（こ）

$\begin{array}{r}\overset{4}{5}0\\-35\\\hline15\end{array}$

たね：10こ

答え 150こ

7 ブルーカードとホワイトカード

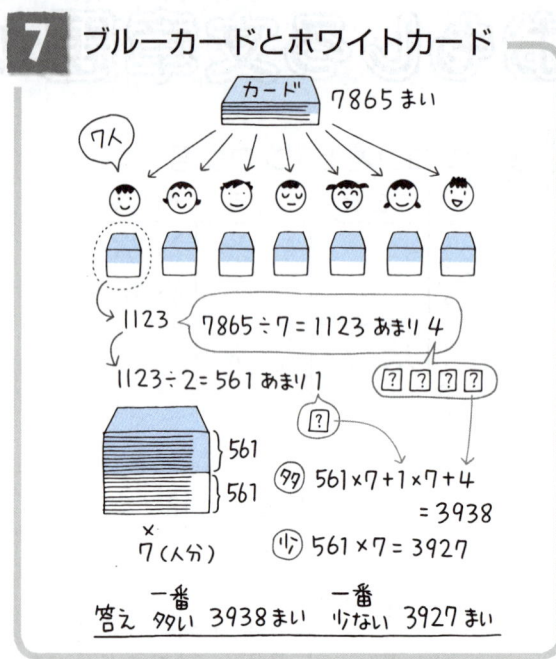

カード 7865まい　7人

7865 ÷ 7 = 1123 あまり 4

1123 ÷ 2 = 561 あまり 1

㋐ 561 × 7 + 1 × 7 + 4 = 3938

㋑ 561 × 7 = 3927

答え 一番多い 3938まい　一番少ない 3927まい

8 きん肉豆ふ

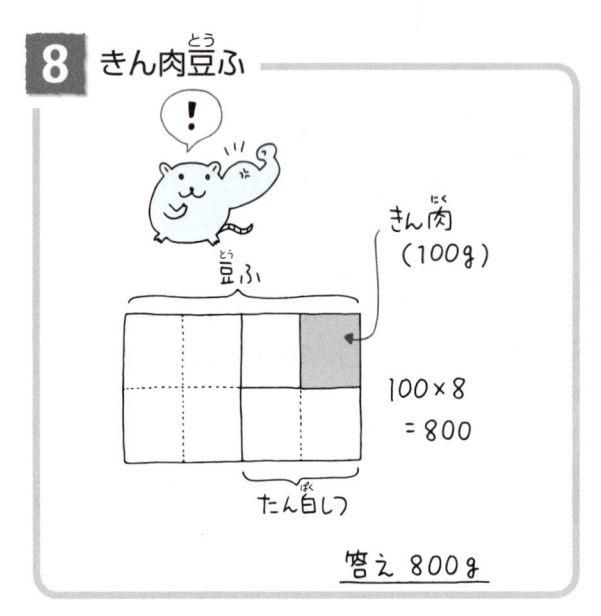

きん肉（100g）
豆ふ
たん白しつ

100 × 8 = 800

答え 800g

9 カメ丸小学校の首のばし大会

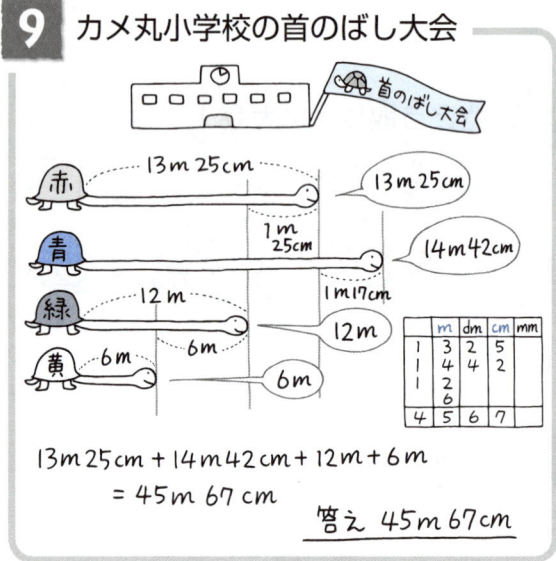

赤 13m25cm
青 14m42cm（1m25cm）
緑 12m（1m17cm）
黄 6m

m	dm	cm	mm
1	3	2	5
1	4	4	2
1	2		
		6	
4	5	6	7

13m25cm + 14m42cm + 12m + 6m = 45m 67cm

答え 45m 67cm

10 3色ミミズのモモッチ, ミドリッチ, アオッチ

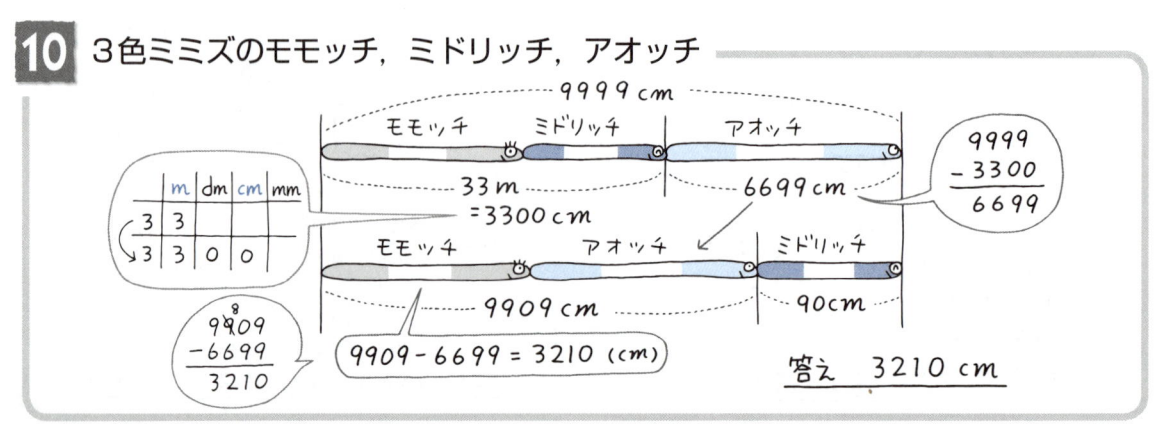

9999cm
モモッチ　ミドリッチ　アオッチ
33m = 3300cm
6699cm

m	dm	cm	mm
3	3		
3	3	0	0

$\begin{array}{r}9999\\-3300\\\hline6699\end{array}$

モモッチ　アオッチ　ミドリッチ
9909cm　90cm

$\begin{array}{r}\overset{8}{9}909\\-6699\\\hline3210\end{array}$

9909 − 6699 = 3210（cm）

答え 3210cm

11 レオン君とミオン君

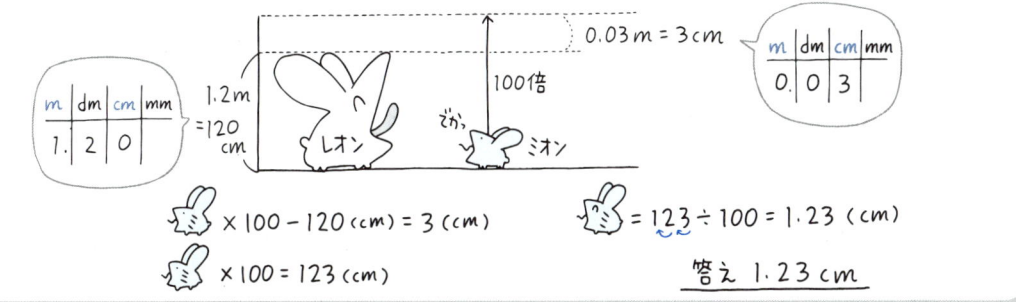

0.03 m = 3 cm

m	dm	cm	mm
1	2	0	

1.2m = 120cm

m	dm	cm	mm
0	0	3	

100倍

☞ ×100 − 120(cm) = 3(cm)
☞ ×100 = 123(cm)

☞ = 123÷100 = 1.23(cm)

答え 1.23 cm

12 まっ赤なビッグ正方形

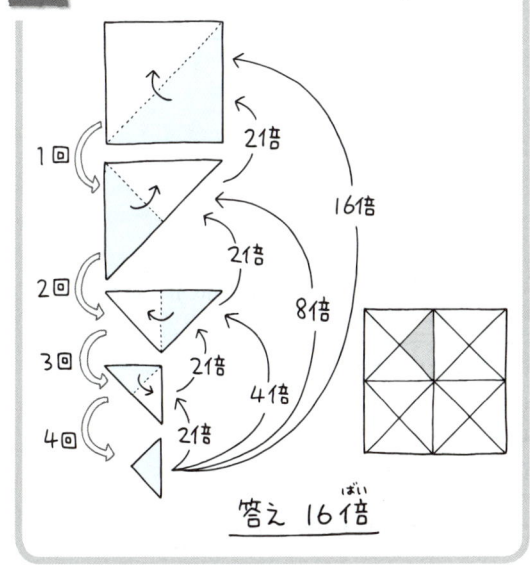

1回 21倍
2回 21倍
3回 21倍
4回 21倍

16倍
8倍
4倍

答え 16倍

13 全校CDとばし大会

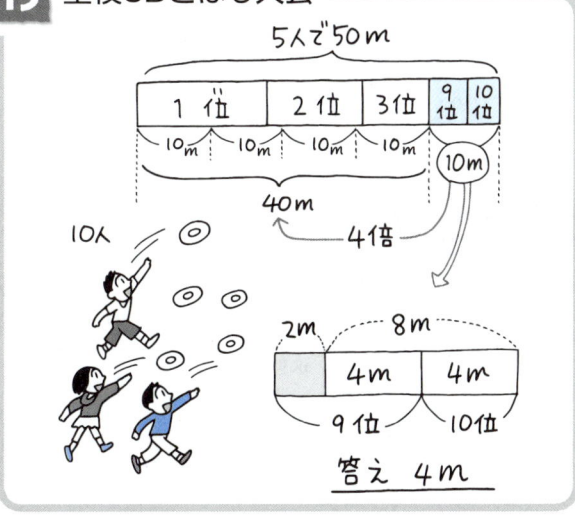

5人で50m
1位・2位・3位・9位・10位
10m ずつ
40m … 4倍

10人

| 2m | 4m | 4m |
9位 10位
8m

答え 4m

14 たまご形ロボットと星形ロボット

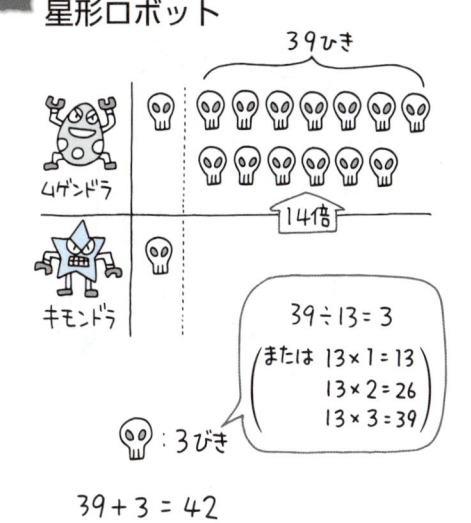

ムゲンドラ：39ひき
キモンドラ：14倍

39÷13 = 3
または 13×1 = 13
     13×2 = 26
     13×3 = 39

👾：3びき

39 + 3 = 42

答え 42ひき

15 シンガポールおうふくレース

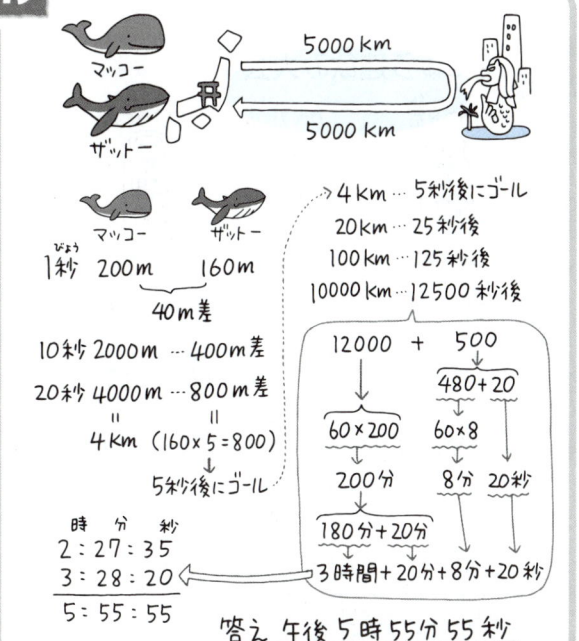

5000 km
5000 km
マッコー　ザットー

1秒 マッコー200m　ザットー160m
40m差

10秒 2000m — 400m差
20秒 4000m — 800m差
" 4km (160×5=800)
5秒後にゴール

4km … 5秒後にゴール
20km … 25秒後
100km … 125秒後
10000km … 12500秒後

12000 + 500
↓   ↓
60×200 480+20
↓   ↓
200分   60×8   20秒
↓   ↓
180分+20分 8分

時 : 分 : 秒
2 : 27 : 35
3 : 28 : 20 ← 3時間+20分+8分+20秒
5 : 55 : 55

答え 午後5時55分55秒

16 うまか棒とドッキリあめ

100円 { 20円, 20円, 20円, 20円, 20円 } ⇒ { 17円, 17円, 17円, 20円, 20円 } + 3円, 3円, 3円

= 49円

⑩ ⑩ ⑩ ⑩ ⑤ ④

49÷5=9 あまり4　　答え 9こ

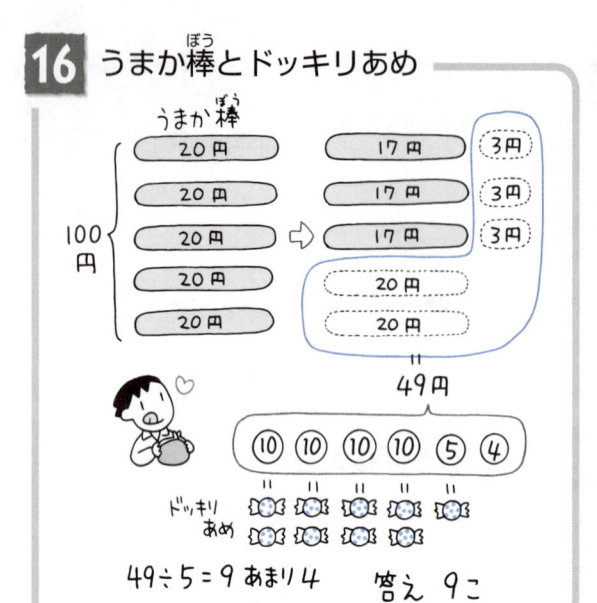

17 ビックラこいた病

きのう　今日　明日

3人　9人　36人

9÷3=3

36÷4=9

37-1=36

37人

答え 3人

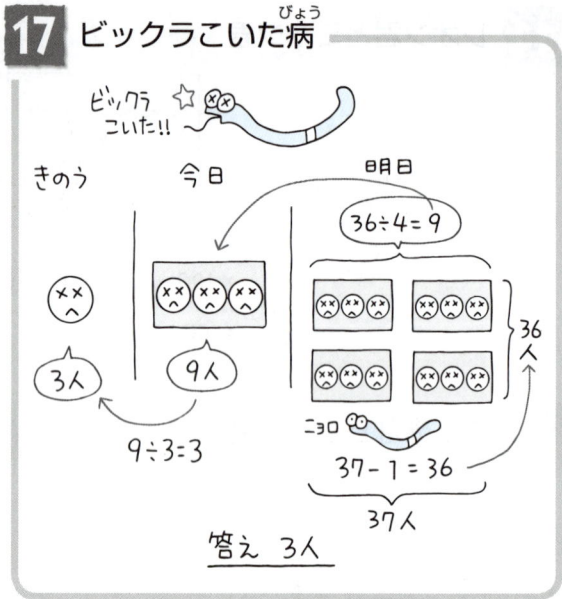

18 花びらプレゼント

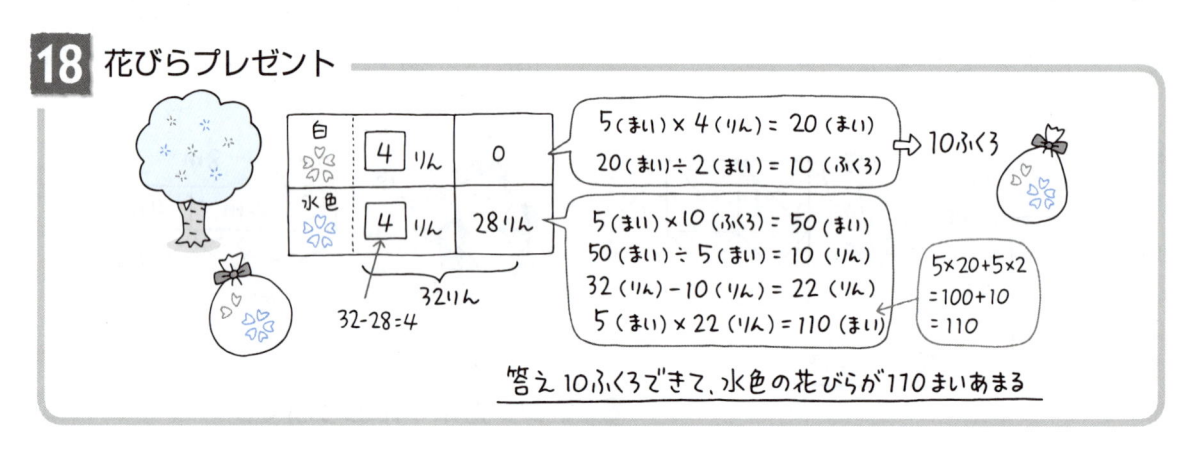

白	4 りん	0
水色	4 りん	28 りん

32りん　32-28=4

5(まい)×4(りん)=20(まい)
20(まい)÷2(まい)=10(ふくろ) ⇒ 10ふくろ

5(まい)×10(ふくろ)=50(まい)
50(まい)÷5(まい)=10(りん)
32(りん)-10(りん)=22(りん)
5(まい)×22(りん)=110(まい)

5×20+5×2
=100+10
=110

答え 10ふくろできて、水色の花びらが110まいあまる

19 牛にゅう速飲み大会

カブト君　　カップト君　　カブット君
200mL　　200mL　　200mL

5分 10本　　4分 8本　　2分 5本
10分 20本　20分 40本　10分 25本
60分 120本　60分 120本　60分 150本

計 390本　(120+120+150)

200×390=78000(mL) → 78L

kL		L	dL	mL
		7 8	0 0	0

答え 78L

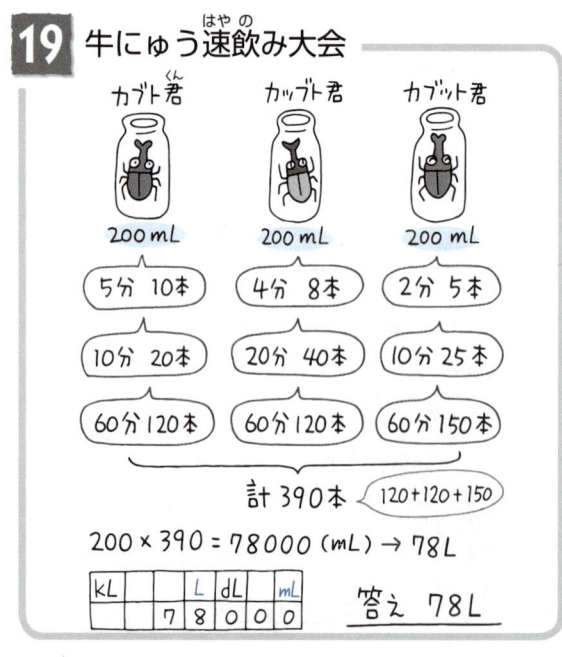

20 ダンゴム市の人口

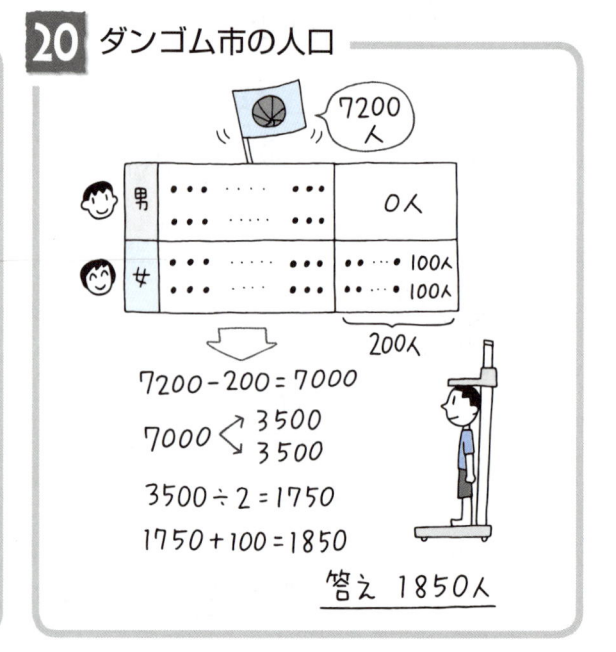

7200人

男 …… 0人
女 …… 100人
　　　 100人
　　　 200人

7200-200=7000
7000 < 3500, 3500
3500÷2=1750
1750+100=1850

答え 1850人

21 全国黄金CDとばし大会

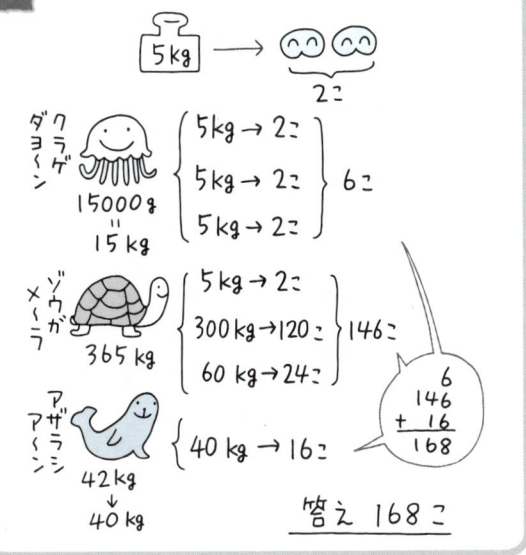

けっか表
- ハジメ … 4まい
- ツギノ … 3まい
- オワリダ … 5まい

計12まい

1まい…9台
10まい…90台
2まい…18台
でもよい

$9 \times 12 = 108$（台）

```
 12
× 9
―――
108
```

THE 黄CD

6mm { 2mm / 2mm / 2mm } 3台 / 3台 / 3台 } 計9台

答え 108台

22 ホッペタオチソーダあめ

5kg → 2こ

クラゲダヨクン 15000g = 15kg
- 5kg → 2こ
- 5kg → 2こ
- 5kg → 2こ } 6こ

ゾウガメーワ 365kg
- 5kg → 2こ
- 300kg → 120こ
- 60kg → 24こ } 146こ

アザラシアベン 42kg → 40kg
- 40kg → 16こ

```
   6
 146
+ 16
―――
 168
```

答え 168こ

23 ダンダンばり

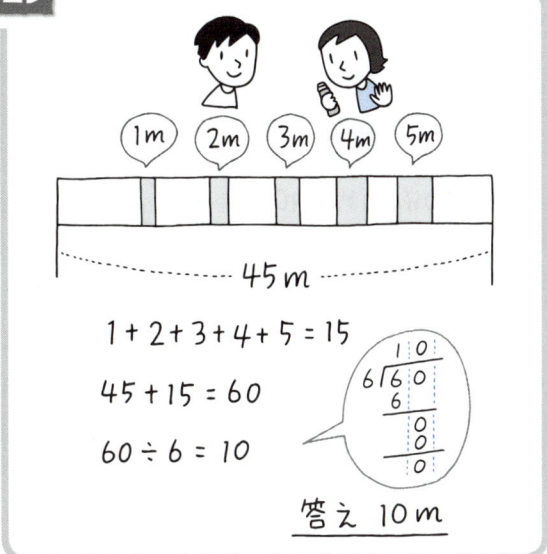

1m 2m 3m 4m 5m

45m

$1+2+3+4+5=15$
$45+15=60$
$60 \div 6 = 10$

```
    10
  ―――
6)60
   6
  ―
   00
```

答え 10m

24 フンボルト族とマゼラン族の人口調さ

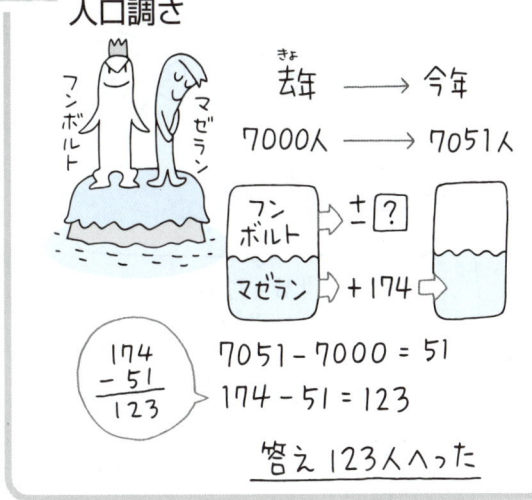

去年 → 今年
7000人 → 7051人

フンボルト ± ?
マゼラン + 174

$7051 - 7000 = 51$
$174 - 51 = 123$

```
 174
- 51
―――
 123
```

答え 123人へった

25 お正月のお楽しみぶくろ

```
   6
× 12
―――
  12
  6
―――
 72
```

$6 \times 12 = 6 \times 10 + 6 \times 2$
$= 60 + 12$
$= 72$

$72 + 8 = 80$　　$80 \div 8 = 10$

答え 10こ

26 ズッコケ君のおつかい

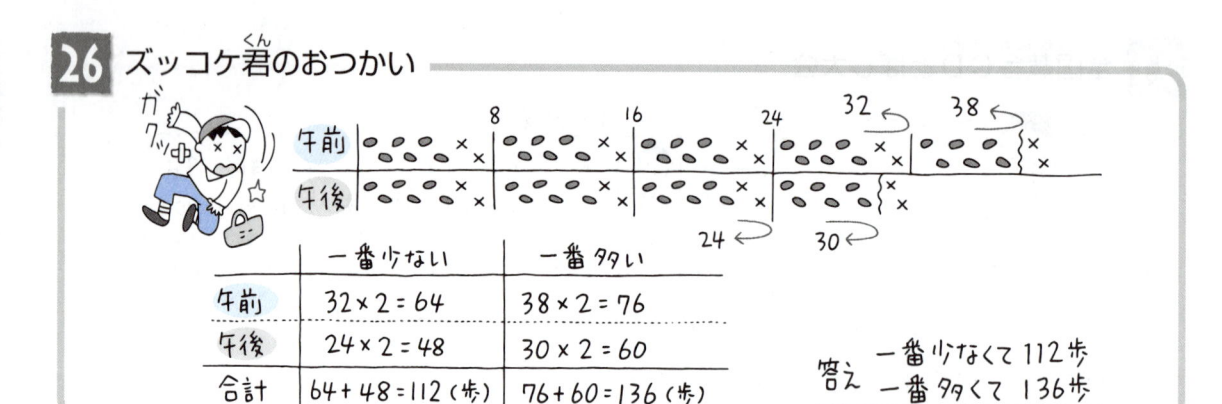

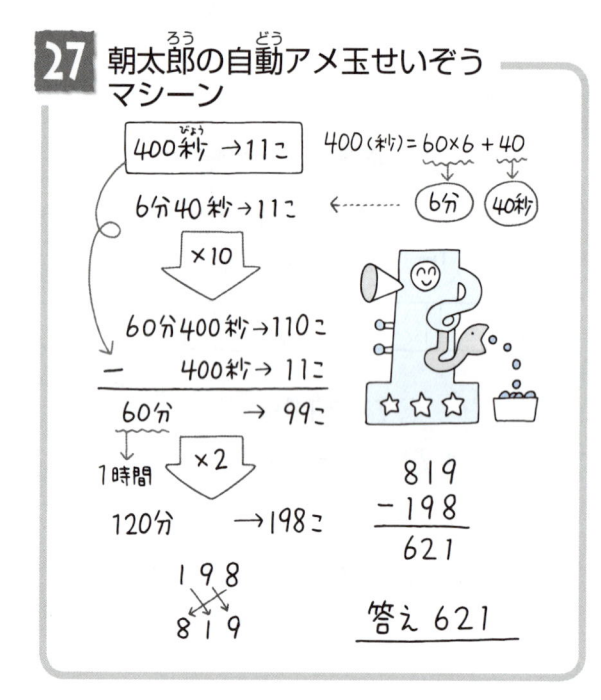

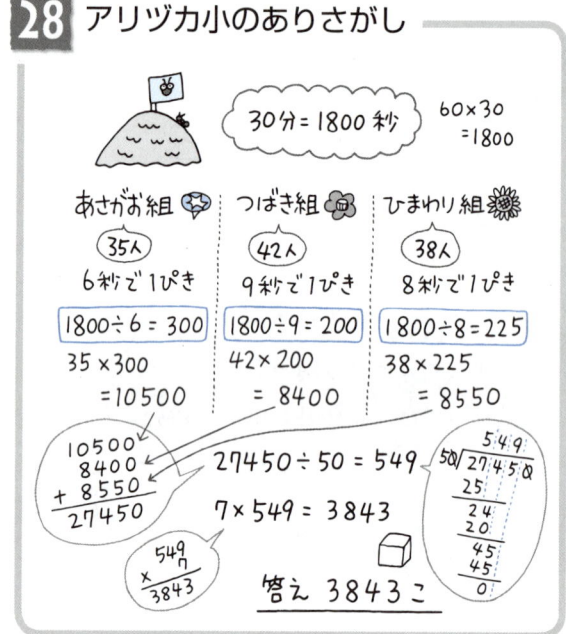

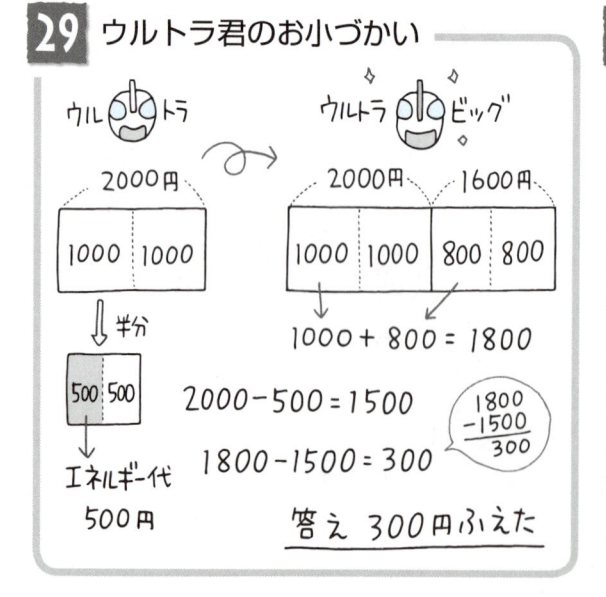

	一番少ない	一番多い
午前	32×2=64	38×2=76
午後	24×2=48	30×2=60
合計	64+48=112(歩)	76+60=136(歩)

答え 一番少なくて 112歩
　　 一番多くて 136歩

27 朝太郎の自動アメ玉せいぞうマシーン

400秒 → 11こ　　400(秒)=60×6+40　→　6分　40秒

6分40秒 → 11こ

×10

60分400秒 → 110こ
−　　400秒 → 11こ
60分　　　→ 99こ

1時間　×2

120分　→ 198こ

```
  1 9 8
× 　　
  8 1 9
```

```
  8 1 9
−　1 9 8
  6 2 1
```

答え 621

28 アリヅカ小のありさがし

30分=1800秒　　60×30=1800

あさがお組	つばき組	ひまわり組
35人	42人	38人
6秒で1ぴき	9秒で1ぴき	8秒で1ぴき
1800÷6=300	1800÷9=200	1800÷8=225
35×300 =10500	42×200 =8400	38×225 =8550

10500
　8400
＋8550
27450

27450÷50=549

7×549=3843

```
  5 4 9
×　　 7
3 8 4 3
```

```
        5 4 9
50) 2 7 4 5 0
      2 5
      ─────
        2 4
        2 0
      ─────
          4 5
          4 5
      ─────
            0
```

答え 3843こ

29 ウルトラ君のお小づかい

ウルトラ 2000円　| 1000 | 1000 |

↓半分
| 500 | 500 |
エネルギー代 500円

ウルトラビッグ 2000円 1600円
| 1000 | 1000 | 800 | 800 |

1000＋800=1800

2000−500=1500
1800−1500=300

```
  1 8 0 0
− 1 5 0 0
      3 0 0
```

答え 300円ふえた

30 巨大ウナギのかばやきとオメデタイステーキ

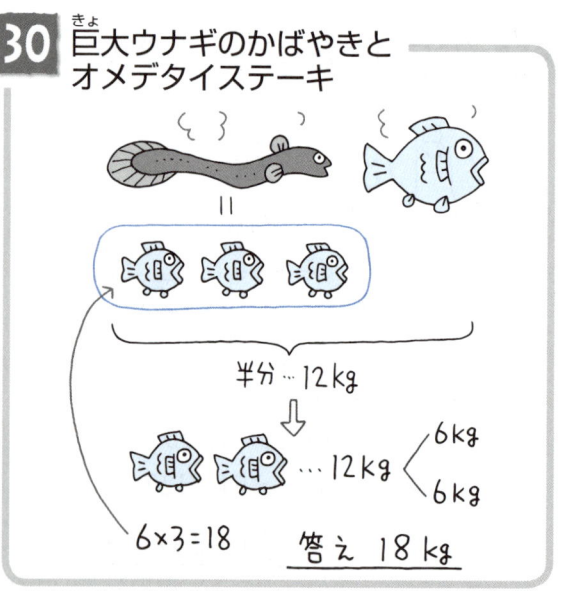

半分…12kg
→　12kg　6kg / 6kg

6×3=18

答え 18kg

79

31 サヨウ君とハンサヨウ君

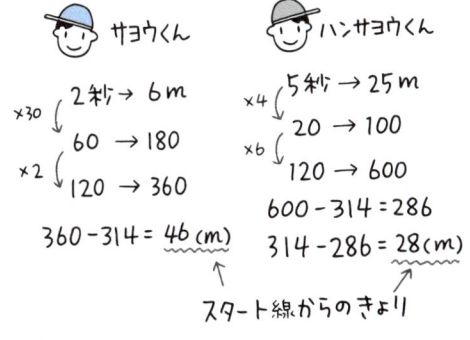

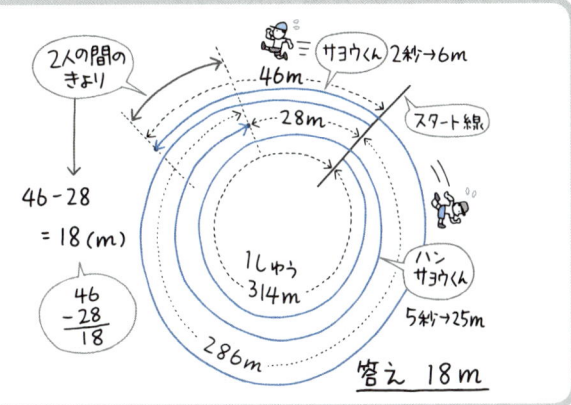

サヨウくん
2秒 → 6m
×30 ↓ 60 → 180
×2 ↓ 120 → 360
360 − 314 = 46 (m) ← スタート線からのきょり

ハンサヨウくん
5秒 → 25m
×4 ↓ 20 → 100
×6 ↓ 120 → 600
600 − 314 = 286
314 − 286 = 28 (m)

2人の間のきょり
46 − 28 = 18 (m)

```
 46
− 28
  18
```

1しゅう 314m
286m
サヨウくん 2秒→6m
ハンサヨウくん 5秒→25m

答え 18m

32 ゾウリクがめの体重そく定

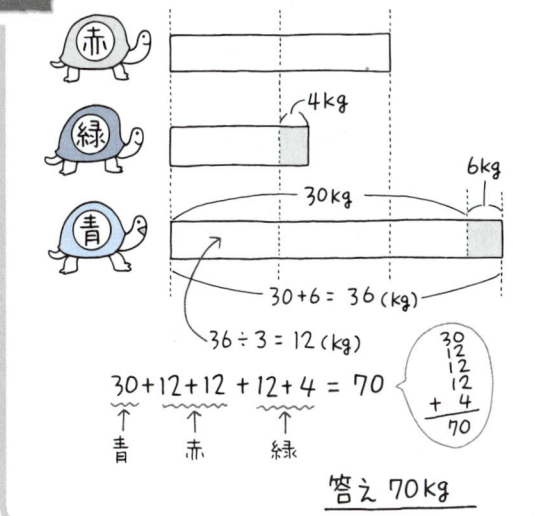

赤
緑 … 4kg
青 … 30kg, 6kg

30 + 6 = 36 (kg)
36 ÷ 3 = 12 (kg)

30 + 12 + 12 + 12 + 4 = 70
↑青 ↑赤 ↑緑

```
 30
 12
 12
 12
+ 4
 70
```

答え 70kg

33 ヒモヘビさん

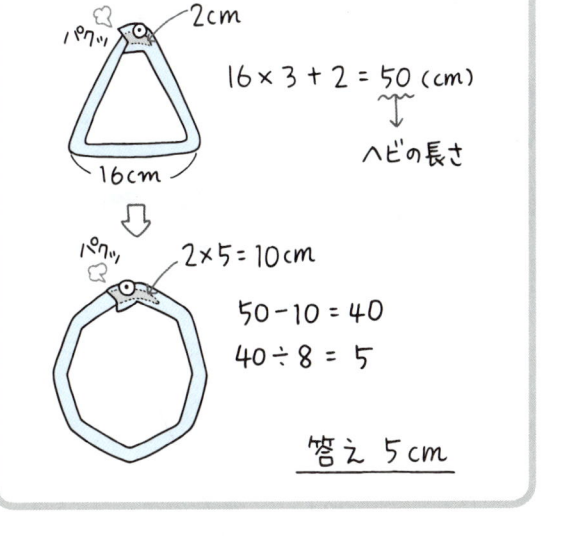

2cm / 16cm
16 × 3 + 2 = 50 (cm) ← ヘビの長さ

2 × 5 = 10cm
50 − 10 = 40
40 ÷ 8 = 5

答え 5cm

34 UFO用ざぶとんがたクッション

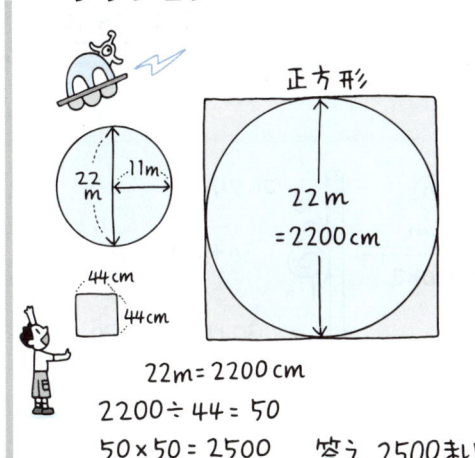

正方形 22m = 2200cm
22m / 11m
44cm / 44cm

22m = 2200cm
2200 ÷ 44 = 50
50 × 50 = 2500

答え 2500まい

35 赤へび君と青へび君

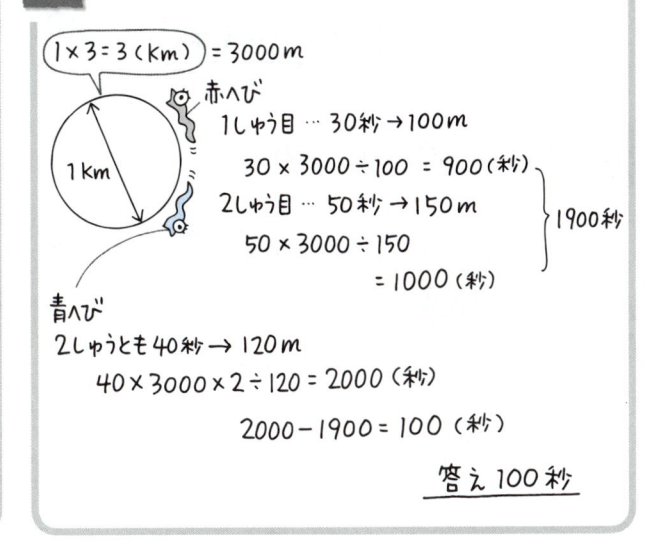

1 × 3 = 3 (km) = 3000m
1km

赤へび
1しゅう目 … 30秒 → 100m
30 × 3000 ÷ 100 = 900 (秒)
2しゅう目 … 50秒 → 150m
50 × 3000 ÷ 150 = 1000 (秒)
} 1900秒

青へび
2しゅうとも 40秒 → 120m
40 × 3000 × 2 ÷ 120 = 2000 (秒)

2000 − 1900 = 100 (秒)

答え 100秒

36 クマゼミの大声大会

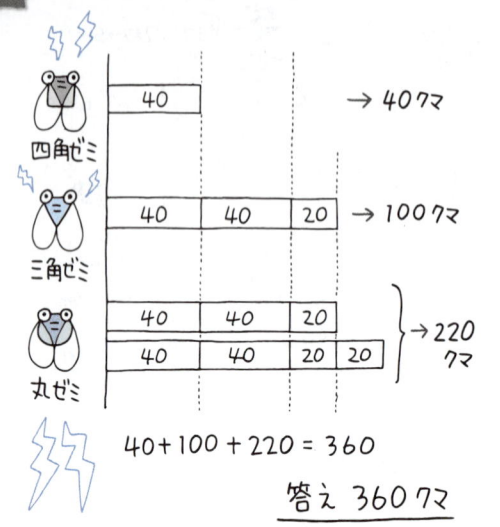

四角ゼミ: 40 → 40クマ
三角ゼミ: 40 40 20 → 100クマ
丸ゼミ: 40 40 20 / 40 40 20 20 → 220クマ

40 + 100 + 220 = 360

答え 360クマ

37 サンタさんのクリスマスカード

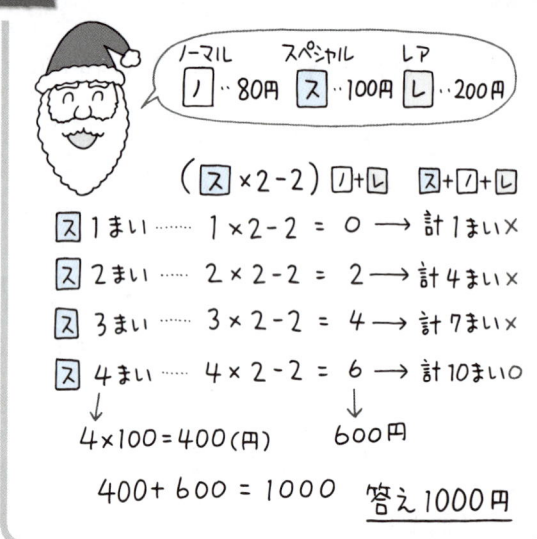

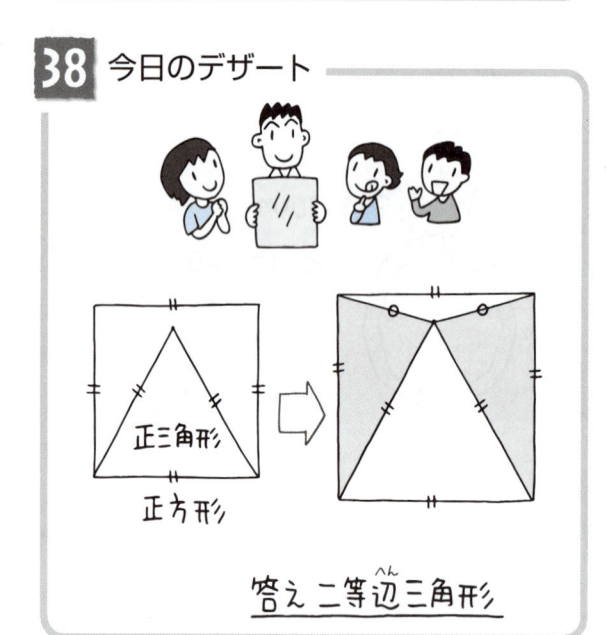

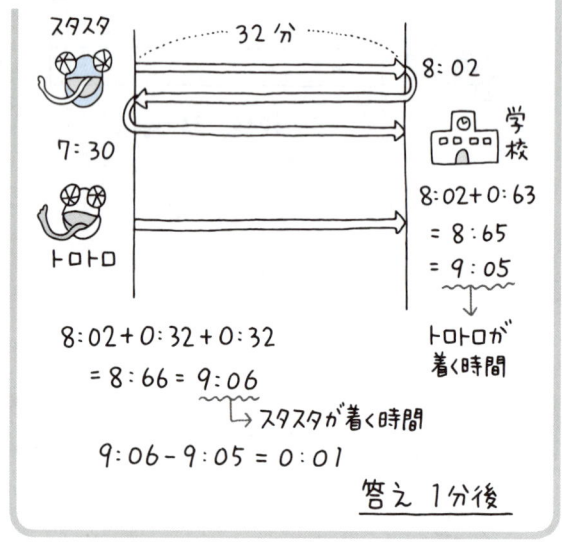

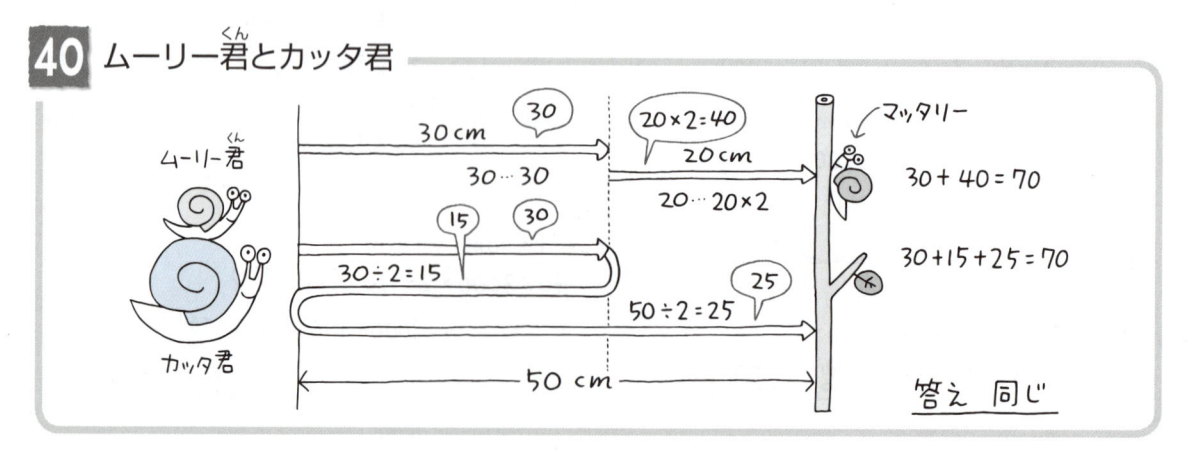

ノーマル ノ…80円　スペシャル ス…100円　レア レ…200円

(ス×2−2) ノ+レ　ス+ノ+レ

- ス 1まい …… 1×2−2 = 0 → 計1まい ✗
- ス 2まい …… 2×2−2 = 2 → 計4まい ✗
- ス 3まい …… 3×2−2 = 4 → 計7まい ✗
- ス 4まい …… 4×2−2 = 6 → 計10まい ○

4×100 = 400(円)　600円

400 + 600 = 1000

答え 1000円

38 今日のデザート

正三角形 → 正方形

答え 二等辺三角形

39 スタスタトロトロ兄弟カメレオン

スタスタ 7:30 → 8:02　32分
トロトロ

8:02 + 0:63
= 8:65
= 9:05
→ トロトロが着く時間

8:02 + 0:32 + 0:32
= 8:66 = 9:06
→ スタスタが着く時間

9:06 − 9:05 = 0:01

答え 1分後

40 ムーリー君とカッタ君

ムーリー君: 30cm (30) / 20×2=40 20cm / 30…30 20…20×2
カッタ君: 30÷2=15 (15) (30) / 50÷2=25 (25) / 50cm

マッタリー
30 + 40 = 70
30 + 15 + 25 = 70

答え 同じ

B